农家致富金钥匙丛书

实用养蜂技术

李炳焜 主编

海峡出版发行集团 | 福建科学技术出版社
THE STRAITS PUBLISHING & DISTRIBUTING GROUP | FUJIAN SCIENCE & TECHNOLOGY PUBLISHING HOUSE

图书在版编目（CIP）数据

实用养蜂技术/李炳焜主编．—福州：福建科学技术出版社，2011.7（2021.1重印）
（“农家致富金钥匙”丛书）
ISBN 978-7-5335-3859-0

Ⅰ．①实…　Ⅱ．①李…　Ⅲ．①养蜂　Ⅳ．①S89

中国版本图书馆CIP数据核字（2011）第063478号

书　　名　实用养蜂技术
　　　　　“农家致富金钥匙”丛书
主　　编　李炳焜
出版发行　海峡出版发行集团
　　　　　福建科学技术出版社
社　　址　福州市东水路76号（邮编350001）
网　　址　www.fjstp.com
经　　销　福建新华发行（集团）有限责任公司
排　　版　福建科学技术出版社排版室
印　　刷　福建省金盾彩色印刷有限公司
开　　本　889毫米×1194毫米　1/32
印　　张　9
字　　数　229千字
印　　次　2021年1月第1版第8次印刷
书　　号　ISBN 978-7-5335-3859-0
定　　价　19.80元

目 录

一、概述

我国是养蜂古国，也是世界养蜂大国。蜂群总数、蜂蜜产量和蜂王浆产量均居世界首位。养蜂是具有经济、保健、授粉增产和生态等多方面的效益。

（一）经济效益与保健效益

养蜂是一种投资少、收益大的经济产业。在福建山区，只要投资三五千元，就可以办起一个小型蜂场，经过一年时间，不仅可以收回投资成本，而且尚有盈利。

养蜂是一种生产周期短、见效快的速效产业。在南方荔枝花期，只要气候适宜，一个上继箱的意大利蜂（简称意蜂）采集强群，可以采收30～50千克蜂蜜、1千克以上的王浆；一个5框群的中华蜜蜂（简称中蜂），也可以采收10～15千克的蜂蜜。

养蜂是一种对农业有利无害的产业。养蜂不占耕地，不消耗粮食。蜜蜂是在各种野生蜜粉源植物和农作物及果树的花上采集花蜜和花粉为食，不与农业争水、争地、争生长空间，而且通过蜜蜂授粉对作物有明显的增产效益。

养蜂是一种容易推广的产业。养蜂生产设备简单，技术要求不很高，也不需要办理任何营业执照或许可证。不论在广大山区丘陵或平原地带，凡有生长蜜粉植物的地方，任何人都可以就地取材置办养蜂设备，稍加培训学习就可以从事养蜂。

养蜂生产的主要产品有蜂蜜、蜂王浆、蜂花粉、蜂胶和蜂毒等。这些产品都具有较高的营养价值和药理作用，对人体的健康有着显著的保健效益。

（二）授粉增产效益与生态效益

利用蜜蜂为农作物、果树、蔬菜、牧草、中药材等栽培植物传授花粉，从而大幅度地提高这些栽培植物的产量和质量，其增产的经济价值远远超过蜂产品本身的价值。

蜜蜂以植物的花粉、花蜜为食料，并在采集花粉、花蜜的过程中为植物传授花粉，两者在互利的条件下相互适应，相互依存，这是长期自然选择、不断进化、不断完善的结果。随着隐花植物进化到显花植物，授粉昆虫才随之而发展起来。植物的花器与蜜蜂的形态结构及其生理上的巧妙适应，在遗传上形成了它们之间的内在联系。如果没有花粉、花蜜，蜜蜂就不能生存和繁荣；反之，如果没有授粉昆虫，植物不能传授花粉，显花植物也不能传宗接代。显花植物经过几千万年的自然选择和不断进化，为避免自花授粉，产生了较为完善的适应异花授粉的花器，从而保持种群的生存和繁盛。这种适应表现有雌雄异株、雌雄异花和自花不孕三种形式。这三种类型的植物，大部分必须借助昆虫授粉，如缺乏授粉昆虫，则无法正常受精结实。在当今大量施用农药致使授粉昆虫日益减少的情况下，利用蜜蜂授粉更是现代农业重要的组成部分。蜜蜂除了在形态和生理上具有对授粉的高度适应性外，还具有授粉专一性、蜜蜂群居性、食物贮存性、蜂群可移性和可驯养等特性，因此蜜蜂是最理想的授粉昆虫。

随着现代农业的发展，利用蜜蜂为栽培作物授粉，提高农作物的产量和质量，日益受到世界各国的重视。例如美国 400 万群蜜蜂中，就有 100 多万群被租用为农作物授粉，其授粉的增产价值为 200 亿美元，比蜂产品收入高 143 倍。我国从 20 世纪 50 年代开始，对蜜蜂授粉进行了试验研究，结果证明有明显的增产效果。

仅从蜜蜂能为植物传授花粉、提高植物的生产能力来看，它所带来的生态效益就已经非常显著。再说养蜂不使用农药化肥，没有排污物，不会污染环境，也是一种生态效益。另外，发展养蜂必须栽培蜜粉源植物，保护山林草地，将养蜂生产与发展果树、造林绿化紧密地结合起来，可促进生态环境的改善。

二、蜜蜂生物学

（一）个体生物学

蜜蜂个体生物学是研究组成蜂群各种个体的生活及其职能的科学，包括了蜜蜂各种个体的发育、蜂王的生活、工蜂的生活和雄蜂的生活等内容。

1. 蜜蜂各种个体的发育

蜜蜂是全变态的昆虫，虽然蜂王和工蜂是由受精卵发育而成，雄蜂是由未受精卵发育而成，但各种个体发育都要经过卵、幼虫、蛹和成虫四个形态不同的发育阶段。蜂王、工蜂和雄蜂的发育都各有特点，各阶段发育的时间也不一样。现将中蜂和意蜂各阶段发育时间列于表1。

表1　中蜂与意蜂各阶段发育时间比较

蜂种		发育时间（天）			
		卵期	幼虫期	封盖期	全程
中蜂	蜂王	3	4.5～5	6.5～7	14～15
	工蜂	3	4.5～5	10～12	17.5～20
	雄蜂	3	6～6.5	14～15	23～24
意蜂	蜂王	3	5.5	7.5	16
	工蜂	3	6	12	21
	雄蜂	3	6.5	14.5	24

蜜蜂在发育过程中，要求最适宜的温度为33～35℃。温度偏高，蜜蜂的发育较快，提前出房；温度偏低，蜜蜂的发育缓慢，延迟出房。无论是提前或延迟出房的蜜蜂，发育都不正常。

蜂王刚产下的卵呈香蕉状，乳白色，略透明，头粗尾细，上面附有黏液，以稍细的一端黏在巢房底中央，稍粗的一端是头部，向着巢房口。卵经过3天将要孵化时，在能活动的一端，先是出现微弱的“点头”，后来出现强烈的“弯腰”活动，随后卵膜产生裂隙并突然出现液滴，卵膜逐渐溶解，即呈现出新月形的幼虫。刚孵化的幼虫就能吮吸王浆。无论蜂王、工蜂和雄蜂的幼虫，在孵化后3天内的食料全是王浆，从第四天起，工蜂和雄蜂的幼虫开始由工蜂饲喂用花粉和蜂蜜混合而成的蜂粮；而蜂王的幼虫一直食用王浆，且王浆供应量很充足。虽然工蜂和蜂王的幼虫都是受精卵孵化出来的，但由于食料不同，且工蜂巢房也比较小，所以，工蜂的性器官发育不完全。至于雄蜂则是由未受精卵发育而成的无父之子。

刚孵化的幼虫体重不到1毫克，在6天中能吃掉200多毫克的食料。工蜂幼虫在第一天，体重能增加5倍；在第二天，体重可增加到30倍；在第六天，大约可增加到刚孵化时体重的1500倍。蜂王在幼虫期间，体重可增加到3000倍。幼虫每隔36小时要蜕皮1次。每一只幼虫自孵化至封盖止，哺育蜂平均每日喂1300次左右，在6天幼虫期内，需去照顾和饲喂幼虫1万多次，差不多每分钟1次。因此，检查蜂群，取脾摇蜜都会妨碍哺育蜂对幼虫的哺育。

工蜂幼虫到第六天便停止吃东西，并伸直了身体。它以许多小刺把身体固定在巢房里，此时胃和直肠已经接通，将粪便排泄在巢房底。工蜂随即用蜂蜡和花粉的混合物把这个巢房封上盖。封盖后，幼虫开始做茧。蜂王幼虫做茧需要1天，工蜂需要2天，雄蜂需要3天。已经做茧的幼虫便进入蛹期。蜂蛹为游离蛹，初呈白色，渐转黄褐色，并逐渐从一个虫形变成蜂形，体内各器官也逐渐成熟，到了后期长出了翅膀。雄蜂体大，蛹盖也特别突出。中蜂的雄蜂蛹，后期蛹盖呈尖笠状，中央有透气孔。蛹成熟后，幼蜂即啃破盖从巢房中爬出来。从封盖至出房这阶段称“封盖子”。

2. 蜂王的生活

蜂王是生殖器官发育完全的雌性蜂。它的任务专司产卵，是蜂群成员共同的母亲，所以也称母蜂。

蜂王的生殖器官非常发达，尤其在产卵盛期，卵巢特别膨大，因此腹部很长，其腹尾三节常伸出翅后。蜂王没有采集花粉的器官，蜡腺也退化；处女王的螫针略呈弯曲，不螫人，只有在与其他蜂王相斗或破坏王台时才使用。交尾产卵后，螫针作为导卵器，卵由螫针的基部下方产出。蜂王的吻很短，蜜囊也很小，但上颚很发达。处女王羽化时能自己啃破王台封口厚实的半茧出房。

蜂王除产卵外，还维持着蜂群的正常生活秩序，在蜂群中起着核心的作用。蜂王的上颚腺能分泌一种称为“蜂王物质”的外激素，通过饲喂它的工蜂，并借助工蜂之间相互交换食料的特性将蜂王物质传给蜂群。每只工蜂只要得到 0.13 微克的蜂王物质，卵巢就不能发育，也不会筑造王台。蜂群失去蜂王后，蜂王物质也随之消失，工蜂就会失常，体色变黑，卵巢即会发育并筑造王台。

蜂群在平时一般不会筑造王台培育蜂王，只有在自然分蜂季节，或蜂王衰老残伤和失去蜂王时，才会筑造王台培育新的蜂王。

在自然分蜂季节，当蜂群旺盛时，工蜂常筑造几个至十几个自然王台，培育新王并进行分蜂。而蜂王衰老残伤时，工蜂一般仅筑造一两个王台，培育一只新王进行自然交替而不行分蜂。当蜂群失去蜂王时，约经一日，工蜂会紧急改造工蜂房中 3 日龄以内的幼虫培育新王，改造王台的数目多达十几个，并有几个王台连在一起的现象，但当第一只处女王出台后，其余的王台即全遭破坏而不行分蜂。

刚出房的处女王，色淡柔软，腹部修长。经 1～2 天，其腹部收缩，轻巧活泼。5～6日龄的处女王，性成熟进入发情期，会于晴暖无风的午后2～4时飞出巢外进行婚飞，并散发蜂王激素吸引雄蜂出巢，在空中经过追逐竞选后与一只健壮的雄蜂进行交配。与处女王交配的雄蜂，由于生殖器被处女王阴道吸拔而脱落。因此，处女王交配成功返巢时，尾部有拖带一小段白色线状物，俗称“交尾标志”，这就是雄蜂的生殖器官。处女王第一次交尾后，如受精不足，还会进行第二次甚至多次交尾。但从它开始产卵以后，即终身不再交尾，因它的贮精囊中已贮藏了上百万个精子，可供其一生产卵受精之用。

处女王通常不产卵。但在没有雄蜂或天气不利错过发情交配时，处女王也会产未受精卵培育雄蜂。因此，过期未交尾甚至已产未受精卵的处女王应尽早去掉。

处女王一般在交尾后2～3天开始产卵。在正常情况下，每个巢房产一粒卵。蜂王通常在群势最集中的蜂巢中央的巢脾而稍偏巢门一侧的巢房开始产卵，其后逐渐以螺旋形顺序扩大，再依次向左右巢脾发展。每一巢脾中产卵范围常呈椭圆形，俗称“卵圈”，并以中央巢脾的卵圈最大，左右巢脾常依次渐小。蜂王能产受精卵或未受精卵，受精卵一般产在工蜂巢房或王台里，未受精卵产在雄蜂巢房里。在蜂王产卵力旺盛和缺少巢房的情况下，会发生蜂王重复产卵的现象。

蜂王产卵力的高低，与蜜蜂品种、亲代性能、个体生理条件、蜂群内部情况，以及环境条件都有密切关系。例如意蜂蜂王的产卵力比中蜂蜂王强，在繁殖期，中蜂蜂王一般日产卵量仅有600～1000粒，而意蜂蜂王日产卵量可达1200～1800粒，每1000粒意蜂卵重约300毫克，相当于蜂王自身的体重。同一蜂王产卵力的变化，主要决定于蜜粉源、群势、食料供应以及气候条件等。因此，在不同蜜粉源、不同群势、不同季节的环境里，蜂王产卵力常随之变化。早春和冬季因气温低，炎夏因气温高，且蜜粉源缺乏，蜂王停止产卵或产卵很少；而在初夏，产卵量最高。

产卵后的蜂王除了自然分蜂或随同蜂群迁飞逃亡之外，绝不会轻易离开蜂巢。除自然交替母女蜂王能够同居外，通常在一个蜂群内仅能有一只蜂王，若有两只蜂王同巢，必斗死一只。

蜂王的寿命最长可达 8 年，但一般到第二年的后半年，产卵力便逐渐衰退。因此，在生产上不应保留第二年流蜜期后的蜂王。特别是中蜂蜂王衰老较快，必须年年更换新王。

3. 工蜂的生活

工蜂是生殖器官发育不完全的雌性蜂，是蜂群的劳动大军。在三型蜂中，工蜂的个体最小，1 万只意蜂工蜂的重量约 1 千克。它们担负着喂养幼虫、饲喂蜂王、抚育幼蜂、调节巢温、清理巢箱、营造巢脾、侦察蜜源、采集蜜粉、酿造蜂蜜、抵御敌害等巢内外大量事务。一只工蜂参加哪种工作，并没有严格的顺序性，主要是根据当时蜂群的生活需要、蜂巢状况、外界环境条件以及它在蜂巢中所处的位置确定的。

工蜂一般的寿命为 40～60 天，夏季短些，冬季长些。它的一生，根据各器官发育阶段和所担负的工作不同，可划分为幼年、青年、壮年、老年 4 个时期。幼年蜂是指分泌王浆前的工蜂；青年蜂是指担负巢内主要工作的工蜂；壮年蜂是指从事采集工作的工蜂；老年蜂是指处于采集后期，身上绒毛已经脱落而显得黝黑的工蜂。幼年蜂和青年蜂主要担负巢内的工作，合称为内勤蜂；壮年蜂和老年蜂主要担负巢外工作，合称为外勤蜂。在 4 个时期中，它又按日龄的不同，分工担负巢内外各项工作。

工蜂羽化出房的幼蜂，身体柔弱，灰白色，数小时后才逐渐硬挺起来，外骨骼就硬化。3 日以内的幼蜂是由其他工蜂喂食，但能担任保温孵卵和清理巢房等工作。4 日龄后的幼蜂能调制花粉喂养大幼虫。6～12 日龄的工蜂营养腺发达，能分泌王浆喂养蜂王和小幼虫，在这个时期开始认巢飞翔，以熟悉自己蜂巢的位置，并做些排除粪便等清理巢箱的工作。12～18日龄的工蜂蜡腺发达，可担任筑造巢脾、清理巢箱、酿制蜂蜜等工作。一般从15日龄开始，工蜂从事采集花粉和花蜜的工作，大约经过1个月的采集后，由于身上绒毛的脱落和生理机能的衰退，就只能从事采水和守卫等工作。

工蜂的寿命随群势强弱或采集紧张程度的不同而异，强群所培育的工蜂寿命长，采集能力也强。在大流蜜期间工作繁忙，工蜂容易衰老死亡；尤其是夏季流蜜期，工蜂寿命仅有38天；而在寒地越冬的蜂群，工蜂由于处于半蛰伏状态，寿命可长达3个月以上。

4. 雄蜂的生活

雄蜂是生殖器官发育完全的雄性蜂，它唯一的工作是与处女王交配。因此，蜂群只有在繁殖期间才培育正常的雄蜂。它在蜂群内生活的时间虽然不长，但对蜜蜂延续种族却起了很大的作用；同时与蜂王的产卵力及其寿命长短有着密切的关系；而且对工蜂采集力强弱以及性情驯劣，也有重要的影响。

雄蜂一般在出房后12～15天是性成熟时期，称为雄蜂青春期，此时最适于与处女王交配。由于雄蜂的发育过程要比蜂王长8天，出房后性成熟期又比蜂王迟7天，所以必须在培育蜂王之前15～20天培育雄蜂，才能使两者的性成熟期相一致，以提高交尾的成功率和质量。

到达青春期的雄蜂，在天气晴暖的午后，便飞出巢外去寻找处女王，或接收到外界有处女王游飞信息时，就会迅速飞出巢外去追逐处女王。雄蜂在空中飞行时，由于腹部气管充满空气，腹部即膨胀挤出生殖器，以便与处女王交配。有幸与处女王交配的雄蜂，由于丧失生殖器，交配不久便死亡，成了短命的“新郎”。

雄蜂个体大，消耗食料多，蜂群培育1只雄蜂幼虫，要耗去相当于培育3只工蜂幼虫的食料，成年雄蜂的耗蜜量也大于工蜂的2倍。只有在蜂群繁殖期，外界蜜粉源充足时，雄蜂才能得到工蜂的特别照顾，寿命可长达3～4个月；在这期间，雄蜂可以自由出入于其他蜂群，即所谓“雄蜂无群界”。但当流蜜期过后或新蜂王已经交配产卵，雄蜂便失去生存的意义。

（二）蜜蜂群体生物学

蜜蜂是过着群居生活的社会性昆虫，蜂群是由许多蜜蜂个体组成的一个有机体。蜜蜂这种群居生活，是在长期的进化发展过程中形成的。

1. 蜂群的组织

一个正常的蜂群，是由蜂王、工蜂和雄蜂组成（图1）。它们共同生活在一个蜂群里，有着不同的分工，又相互依赖，以保持群体在自然界里长期生存和种族的延续。

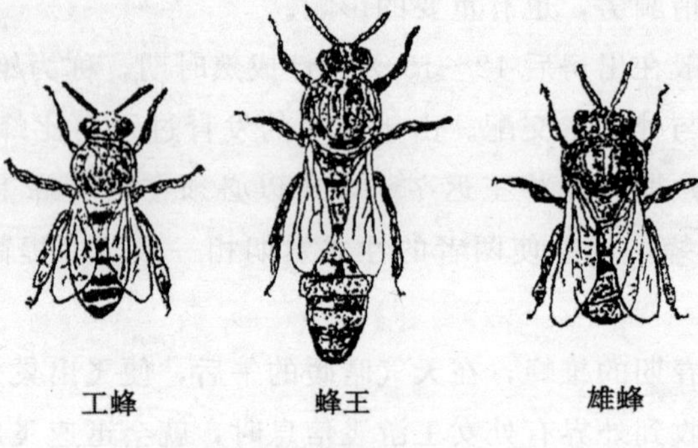

图1 三型蜂个体

蜂王和工蜂是蜂群永久性蜜蜂，而雄蜂是季节性蜜蜂。它们共同生活在一个群体里，分工合作。蜂王专司产卵；工蜂担负着巢内外一切繁重的工作；雄蜂唯一的职能是与处女王交配，它们终身的食料都靠工蜂供给。蜂群里没有蜂王和雄蜂，种族就不能延续；没有工蜂，群体就无法生活。它们虽然职能不同，但得互相依赖，任何一个蜜蜂个体离开群体，就不能单独生存下去。

2. 蜂巢的结构

蜂巢是蜂群居住和生活的地方，是由几个垂直的巢脾构成的。野生蜂群在树洞或其他洞穴中筑巢；人工饲养的蜂群采用活框蜂箱，并在活动巢框上安装巢础让蜜蜂筑造巢脾而组成蜂巢。中蜂巢脾的厚度约 24 毫米，西方蜜蜂巢脾的厚度约 25 毫米。两个巢脾之间的距离称为“蜂路”，中蜂的蜂路 8～9 毫米，西方蜜蜂的蜂路 10～12 毫米。

巢脾是蜂群栖息、育儿和贮存蜜粉的场所，是由许多蜡质巢房所组成。工蜂和雄蜂的巢房都为正六角形，它的底是由 3 个全等的菱形拼成，菱形的钝角都等于 109°28′，锐角都等于 70°32′，但雄蜂房比工蜂房稍大。中蜂的工蜂房口径为 4.81～4.97 毫米（平均 4.89 毫米），深度为 10.80～11.75 毫米（平均 11.23 毫米）；雄蜂房口径为 5.25～5.75 毫米（平均 5.58 毫米），深度为 11.25～12.70 毫米（平均 11.98 毫米）。意蜂的工蜂房口径为 5.20～5.40 毫米，深度约 12 毫米；雄蜂房口径为 6.25～7.00 毫米，深度15～16 毫米。

蜜蜂筑造的巢房，除六角形的工蜂房和雄蜂房外，还有不规则的过渡型巢房、三角形的边沿巢房，以及在分蜂季节里筑造的母蜂巢房（王台）。正常的王台一般在巢脾的下缘和两下角，为房口朝下的圆筒状巢房（图 2）。王台的形状好像一粒下垂着的花生，外表有凹凸的皱纹，口径比较大。中蜂王台的口径为 6～9 毫米，深度为 18.5～23 毫米；意蜂王台的口径为 8～10 毫米，深度为 22～25 毫米。

蜂群筑造巢房的蜡质，是工蜂腹部 4 对蜡腺的分泌物。工蜂在泌蜡之前，必须先大量吃蜜，蜜液在腹内经过一系列的转化过程就变成蜡液。液态蜡质外泌到蜡腺的镜膜上以后，遇到空气便凝结成蜡鳞。每只工蜂每次只能分泌 8 片蜡鳞，筑造一个工蜂巢房大约需用 50 片蜡鳞，而筑造一个雄蜂巢房则需 120 片蜡鳞。

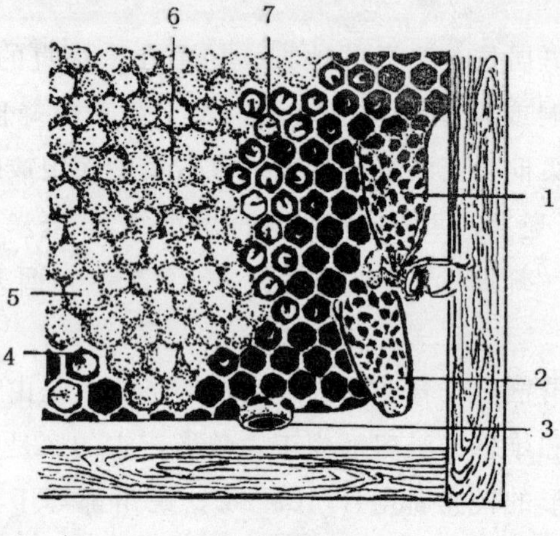

图 2　巢脾的一角

1. 新蜂王正在出房　2. 封盖的王台　3. 王台基　4. 未封盖的雄蜂房　5. 封盖的雄蜂房　6. 封盖的工蜂房　7. 未封盖的工蜂房

蜜蜂营造巢脾时，是用后足戳取蜡鳞，经前足转送到口器，用上颚咀嚼并混入唾液，使蜡鳞成为柔软富有弹性的蜡质。在天然蜂巢中，营巢的蜜蜂需排成锁链式的连串，悬挂在准备筑造的巢脾下部的上端，然后用蜡质逐渐筑成垂直而且互相平行的固定巢脾，并使巢脾的厚度和蜂路距离符合自身的需要。采用活框蜂箱饲养的蜂群，工蜂可以用蜡质在人工压制的巢础上加高筑成巢房，由于工作面宽，而且有巢房的模型，不仅造脾速度快，而且巢房整齐。质量高的巢脾，都是整齐的工蜂房。一个标准巢框，可筑造成一个拥有 7600～7800 只中蜂工蜂房或 6600～6800 只意蜂工蜂房的巢脾。

3. 蜂巢的温湿度

营群体生活的蜜蜂，能够调节巢内的温度和湿度，保持蜂巢内具有比较稳定的生活条件。

虽然单只蜜蜂是变温动物，但由成千上万只蜜蜂组成的蜂群，则具有恒温动物所特有的调节温度的能力。一群蜜蜂数量的多少，与蜂巢温度的调节能力有直接关系。蜜蜂数量越多，蜂巢内的温度越稳定，并且能够在子脾周围保持适于蜂子发育的温度（34～35℃）。

蜜蜂主要靠消耗蜂蜜保持巢内稳定的温度。一般有机体消耗 1 克糖，可以产生热量 17.5 千焦。蜂群中除了成年蜂能够产生热量外，封盖蛹通过新陈代谢作用也能产生相当数量的热量。在蜂群产生的总热量中，封盖蛹所产生的热量占 15%～17%。

蜂群一般是根据子脾的状况来调节巢内的温度。在没有子脾的情况下，蜂巢温度将随着外界气温的变化而上下波动，巢温保持在 14～32℃；蜂巢内有子脾时，有子脾的部分温度就稳定保持在32～35℃，蜂巢外侧没有子脾的部分，温度则在 20℃上下。蜜蜂对巢温变化的反应是非常敏感的，32℃以下或35℃以上的温度，就会使蜜蜂发育期推迟或提早，而且羽化的蜜蜂不健康，易发生束翅病。

蜂巢内的空气湿度一般没有温度稳定，子脾之间的相对湿度通常保持在 75%～90%。在流蜜期，随着采蜜量的增加，它们就加强通风，把巢内的相对湿度降低到 40%～65%，以促使蜜中水分蒸发。如外界蜜源稀少，天气炎热干燥，就有许多蜜蜂出来采水，以满足它们生活上对水的需要。

4. 蜜蜂食料的采集

采集食料是工蜂主要的外勤工作，而担当采集工作的主要是出房15天以后的壮年蜂。但在外界蜜源丰富或群内壮年蜂较少的情况下，青年蜂也会适当提早担当外勤采集工作。工蜂从这时起，几乎一直采集食料到衰老死亡为止，且基本上都死在采集的岗位或飞行途中，极少死在巢内。

工蜂采集飞行最适宜的温度为20～25℃，但在外界气温不低于8℃时，就能飞出巢外。蜜蜂每天飞行时间的长短，以气温和蜜源植物泌蜜的特性为转移。每只采集蜂每天出巢采集一般8～10次，多的可达20多次。

工蜂飞出采集的地点，一般在半径2千米的范围内。如果蜂场附近缺乏蜜源，也能飞到3～4千米的地方去采集，甚至远达6千米以上。工蜂在出巢采集之前，大约要吃2毫克蜂蜜，以维持飞行4～5千米路程所需消耗的能量。

工蜂采集花蜜时，用吻将花蜜吸到腹中的蜜囊内携带回巢。工蜂蜜囊与中肠之间有个活塞，采集时关闭活塞，花蜜暂存于蜜囊中而使腹部膨胀，当它需要取食时才打开活塞，蜜液即会进入中肠。工蜂在采集花蜜的同时，把含有转化酶的涎液混入花蜜，使花蜜中的蔗糖开始转化。采集蜂归巢后，即收缩腹部，把蜜囊中的蜜汁一滴一滴地吐给数只内勤蜂，由内勤蜂继续加工酿造。内勤蜂利用喙的抽缩把花蜜酿造一段时间，然后将这些还未成熟的蜜汁吐涂到巢房壁上，以扩大蒸发面。与此同时，有不少蜜蜂进行扇风，使蜜汁中的水分逐渐蒸发，待蜜汁基本成熟时再集中装满巢房，然后用蜡逐渐从外围到中央将蜜房封盖。蜂蜜成熟过程所需的时间，依花蜜的浓度、群势的大小以及气候条件而异，一般需经历3～5天。如蜜房封盖大部分呈鱼眼睛状，说明蜂蜜已经成熟，就可以着手采收。

大流蜜期间，如果一个上继箱有4万只蜜蜂的蜂群，其中有半数参加采集，在良好的气候条件下，每只采集蜂每天平均采集10次，全群一天可采花蜜10千克，最后酿成蜂蜜5千克。中蜂个体较小，每只工蜂每次采蜜量仅有意蜂的70%～80%，如一箱有6足框群势1.5万只蜜蜂的中蜂群，也是一半的蜜蜂参加采集，在天气好的情况下，每只采集蜂每天平均也采集10次，全群大约可采花蜜3千克，最后酿成蜂蜜1.5千克。

工蜂除采集花蜜以外，在蜜源缺乏的季节，也会从蚜虫、介壳虫等的分泌物上采回甜汁，酿成“甘露蜜”。这种蜜没有花香味道，且杂质多，质量差，如用作蜜蜂的越冬饲料，常会发生蜜蜂食物中毒现象。

工蜂采集花粉时，主要是依靠全身有分叉的绒毛和有特殊构造的3对足。当它们钻进花朵时，借助口器和全身绒毛咬散和蘸取花粉，并用3对足在雄蕊上刷集。随后一边活动一边用前足和中足的跗刷收集头部和胸部及其腹部所黏附的花粉，并用花蜜将花粉湿润，使之黏合，然后转给后足，再经过左右两足相互动作，并利用后足的夹钳把花粉刮集并依次推挤入后足的花粉筐，堆积成团状。每只工蜂一次携带的两个花粉团，重量5～30毫克。为了便于飞行，两只后足所携带的花粉团的重量基本相等，在归巢飞行中，两只中足还向后托着后足，以减轻后足携带花粉团的承受力。采集花粉的工蜂返巢后，便寻找靠近子圈的空巢房或未装满的花粉房，将腹部和一边后足伸入巢房，然后用中足胫节末端的距（花粉刷），把花粉团铲落房内。铲完一边花粉团后，再铲另一边花粉团。花粉团铲落在巢房内以后，便由内勤蜂把花粉团咬碎，掺和蜂蜜并混入唾液使花粉湿润，再用头部顶实。花粉在乳酸菌的作用下，即成为蜂粮。蜂粮含有丰富的蛋白质，是3日龄后大幼虫和内勤蜂必需的食料。育成1万只的蜜蜂大约需要1千克的花粉。一个5～20足框意蜂的强群，每年可采集20千克以上的花粉。

蜂群的生活离不开水，例如稀释蜂蜜，饲喂幼虫和降温增湿，都需要水分。一只工蜂每日采水可多达50次，每次重约25毫克。在主要流蜜期，蜂群可以从花蜜中得到充足的水分，而在蜜源缺乏的时期，特别是夏秋干热季节，蜜蜂就需要大量外出采水。因此，养蜂场附近应有适当干净的水源，或在场上附设饲水设备，以供蜜蜂采水。

蜜蜂在生长发育过程中也需要无机盐。因此，可以经常看到蜜蜂在人畜尿中或有盐分的液体中采集。另外，西方蜜蜂还有从树芽或植物的破伤部位采集树脂的性能。树脂混入部分蜂蜡和花粉即成蜂胶。蜜蜂用蜂胶涂刷箱壁、粘固巢框、阻塞洞孔、充填裂缝、封缩巢门、封埋敌害，并用蜂胶掺入蜂蜡筑造巢脾，以增强巢脾牢固度。而东方蜜蜂没有采集树脂的特性，所以中蜂的巢脾洁白而脆，生产的蜂蜡和巢蜜质量也高。

5. 蜜粉源植物对蜂群的影响

蜜粉源植物是蜜蜂赖以生存、繁殖和发展的生活资料。据国内外研究资料报道，一个中等群势的意大利蜂群，一年需要消耗蜂蜜约 75 千克、花粉约 25 千克。从养蜂生产的角度来看，收多少蜂蜜在于气候和蜂群，而有收无收则在于蜜粉源，这说明蜜粉源植物是养蜂的先决条件。

一个地区能不能养蜂、能养多少蜂群、养蜂场设置在哪里？首先取决于该地区的主要蜜粉源植物和辅助蜜粉源植物的种类、数量、面积和分布状况。蜜蜂采集的有效半径一般为 2～2.5 千米。因此，必须先了解在这个范围内蜜粉源植物的分布情况，而后了解蜜粉源植物的数量和面积。例如 1/15 公顷（1 亩）的荔枝和龙眼可以放置 2 群意蜂或 4 群中蜂；1/15 公顷（1 亩）油菜或紫云英可以放置 2～3 群意蜂或 4～5 群中蜂。以此来估计该地区能够容纳多少蜂群。

蜜粉源植物的种类、花期、开花泌蜜的情况，决定了蜂群周年生活的消长规律，也是进行蜂群管理的依据。例如，在福建南靖山区，一年有小暑和冬季两次主要蜜源植物开花流蜜，当地的蜂群在周年生活中形成波浪式的消长规律。因此，在饲养管理上要抓好春季和秋季的繁殖，使蜂群能迅速地壮大，以便到小暑蜜粉源植物和冬季蜜粉源植物开花流蜜到来之时，能及时调整群势、集中群势迎接流蜜期，从而获得较好的收成。

6. 气候因素对蜂群的影响

气候因素对蜂群的繁殖、出勤采集等有着直接的影响。在气候各因素中，以光照、温度、湿度、空气、雨量和风等对蜜蜂的影响最为突出。

光照能刺激蜜蜂的出勤。在采集季节里，为了争取较长时间的日照，蜂场坐落位置和巢门朝向应以朝南为宜；而交尾群则以朝西南为好，因处女王多数是在午后进行交尾。在夏秋高温季节，为了保存蜂群实力，蜂箱忌午后的西照。在冬季和早春，由于早晨温度低，为避免蜜蜂受早晨日照的引诱而出巢冻死，蜂群的巢门不可朝东。夜间蜜蜂有趋光现象，为避免蜜蜂被光引诱飞出巢外造成损失，蜂群的巢门切不可面对光源。人的眼睛能辨别光谱中约 60 多种不同的颜色，而蜜蜂只能辨别黄、白、蓝 3 种颜色，同时能看到人们看不到的紫外线，但对于红色是色盲，它看红色就跟黑色一样。因此，在蜂群数量很多、排列又比较密集的蜂场上，为了帮助蜜蜂识别自己的蜂巢，可以在不同蜂箱上分别涂上黄、白、蓝等颜色。根据蜜蜂是红色盲的特点，夜间对中蜂实行过箱、摇蜜时，可用红灯照明，以避免蜂群骚动或造成损失。但意蜂在夜间的警惕性很高，手触动立即会受到其攻击而被螫，就是用红灯照明也难以操作，只能在室内检查越冬蜂群时使用红灯照明。

温度的变化直接影响到蜜蜂的体温和蜂群的生活。蜜蜂身上没有羽毛，也没有皮毛，不具备保温能力，它们的体温是随着气温的变化而变化，因此称为变温动物。单一蜜蜂在静止状态时，它的体温接近气温。中蜂和意蜂个体安全临界温度不同，中蜂为 10℃，意蜂为13℃。当气温下降到13℃以下时，静止的单个意蜂就开始冻僵，而中蜂仍然可以正常活动。飞行中的蜜蜂要比静止的蜜蜂体温高10～16℃。

蜂巢中的温度，依蜜蜂的数量和群内有无子脾而有差异。蜜蜂的数量越多，蜂巢的温度越稳定。群内有子脾时，蜂巢中央的温度会均匀保持在34～35℃；当群内无子脾时，蜜蜂会很快地将巢温下降到14～32℃。

蜜蜂的脂肪体很不发达，必须依靠吃蜂蜜来产生热量，而且蜂群是由成千上万只蜜蜂组成的，能够依靠群体来战胜寒冷，因此蜂群也具有恒温动物的能力：能调节自身温度。当外界气温降低到14℃以下时，蜜蜂就逐渐减少或停止飞翔；气温继续下降，蜜蜂便结成蜂团；温度愈低，蜂团便结得愈紧，消耗的蜂蜜也愈多。结团的蜜蜂还慢慢地、不停歇地在运动。处在蜂团外层的蜜蜂逐渐往里钻，把里层的蜜蜂挤到外层；而后露在外层的蜜蜂又往蜂团里面钻。蜂团就是这样不停地循环，缓缓地运动，渐渐地消耗蜂蜜，不断地产生热量，使蜂团中心始终保持一定的温度。尽管外界的气温很低，甚至在0℃以下，而蜂团中心的温度却一直能保持在14～32℃。

当外界气温升高、巢内温度超过34.8℃时，蜜蜂就开始采取各种措施来降低巢温：首先减少子脾上蜜蜂覆盖的密度，接着部分蜜蜂离开子脾爬到箱壁、箱底或箱外；少数蜜蜂在巢内或巢门口扇风，以增强巢内空气流通，排除巢内的热气；有一些蜜蜂进行采水，把水珠分洒到巢内各处，使其蒸发吸收热量。在高温季节，蜜蜂就是这样依靠疏散、扇风、采水等方法，来保持蜂群正常所需的温度。

湿度对蜂群的生活和蜂子的发育也会有一定的影响。一般情况下，巢内的相对湿度常保持在35%～45%；而子脾之间的相对湿度以75%～80%为宜。但相对湿度短时间的变化，对蜂子的影响不是很大。在流蜜期间，蜜蜂采集回巢的花蜜中含有大量的水分，除一部分被蜂群利用外，大部分要化为水蒸气排出巢外。这时，蜜蜂会用扇风的方法，把巢内的相对湿度降低到40%～65%；如果外界蜜源缺乏，天气又干燥，蜜蜂则需大量采水，用水来调节巢内湿度。越冬期间，越冬室的相对湿度应保持在75%～80%，巢内蜜脾上的蜂蜜要从空气中吸收适量的水分才能供蜜蜂取用。

意蜂与中蜂的扇风习性不同：意蜂扇风时，是头朝巢门口两翅向外，把蜂巢内水分由巢门抽出；而中蜂扇风时，是头向外两翅向内，把巢外的空气扇入巢内，使水蒸气上升，由副盖或箱缝透出。因此，在夜间温度较低时，意蜂巢内不会潮湿；而中蜂巢内由于水蒸气四处散发，碰到副盖或箱壁时，特别是没有蜂群巢脾这边的空间，由于温度较低，箱壁和副盖上便凝结许多水珠，这种情况在春末夏初的流蜜期更为突出。所以中蜂箱壁潮湿是好现象，说明蜂群进蜜多，群势好，有生气。

新鲜流动的空气是蜂群生活的必要条件。蜂群巢内的空气不流通，蜜蜂会不安，闷热时会出现骚动。所以，在蜂群转地过程中，或在北方户外越冬雪花堵塞蜂群巢门期间，要特别注意蜂群的通气状况，尽量避免闷死蜂群造成损失。

长期的阴雨，蜜蜂不能出巢采集，会影响蜂群的繁殖。突然发生的暴雨，会使外出采集的蜜蜂来不及归巢而遭受惨重的损失。

刮风会影响蜜蜂的飞行采集。刮6级以上的大风时，蜜蜂不能出巢采集；有4级风力时，蜜蜂外出采集常被迫贴近地面进行低空飞行。因此，在经常刮风的地方放蜂，蜂场地点应设置在蜜粉源的下风处，使蜜蜂空载出巢时逆风而去，满载后能顺风而归。

7. 蜂群周年消长与生活规律

根据蜜蜂数量和质量状况，可以将蜂群在一年中的生活分为若干时期。在南方的意蜂可分为春季恢复和群势发展时期；春末夏初季分蜂和生产时期；夏季群势衰退时期；秋季恢复和更新时期；冬季蜂王停卵越冬时期。但南方的中蜂在冬至前还是采冬蜜的季节，只有在1月份有短时间的蜂王停卵越冬时期。在一年中，蜂群群势变化呈一条弧形的曲线。在一般情况下，越冬后的早春阶段蜂数最少，以后逐渐增多，从几框发展到几十框蜂，并进行分蜂；但经过流蜜期后，到夏季有个停滞发展和下降阶段，随后又上升发展；进行秋季的更新后，又回到几框蜂的群势进入越冬。

北方的蜂群经过漫长的越冬后，剩下的越冬蜜蜂是蜂群周年生活的起点。当早春气温回升后，工蜂利用风和日暖的天气，出巢进行第一次排泄飞行。随着季节的变化，蜜蜂利用自身的运动将蜂巢中心的温度提高到32℃以上，蜂王开始产卵。蜂王一开始产卵，蜜蜂就将蜂巢温度保持在32～35℃，蜂蜜的消耗也随着增加。开始时，蜂王每天产卵仅100～200粒，以后随着蜜蜂将蜂巢中心保持稳定的育虫温度范围的扩大，蜂王产卵量逐渐增加，产卵圈也随之扩展。

秋季羽化的越冬蜂，由于没有参加过哺育幼虫的工作，它们的营养腺、脂肪体仍保持初期发育状况，到越冬后的第二年春季，还有较强的哺育幼虫的能力。因此，在秋季蜂群培育的越冬蜂越多，群势越强，到来年春季，蜂群哺育幼虫的能力就越强，春季群势恢复发展就越快。

在越冬后的30～40天时间内，虽然有新蜂逐渐出房，但越冬的老蜂也逐渐死亡，初期是死多生少，往往会造成群势下降，以后才达到生死平衡，进而才逐渐发展到死少生多。当新蜂完全更替越冬老蜂时，蜂群的恢复时期便结束。如果此时蜂群管理不当，就会使蜂群的恢复时期延长。

经过新陈交替的蜂群，由于质量发生很大变化，蜂群的哺育力有很大提高。加上气候、蜜粉源的好转，蜂王产卵力也随之提高。因此，蜂群发展很快，呈直线上升态势。经过2～3个月的时间，蜂群能够从原来的3～4框蜂发展到10～20框蜂。随着群势的壮大和外界气温的升高，蜜粉源日渐丰富，蜂群便会产生分蜂热，出现自然王台，进行自然分蜂。分蜂时期常处于蜂群发展阶段的后期，甚至贯穿整个生产时期。因此，管理上应采取提早育王、及早进行人工分群、培养强群或集中群势的措施来迎接生产期。

在主要流蜜期，蜜蜂由于采蜜和酿蜜的工作量大，过于劳累而容易衰老。蜜蜂的寿命短而死亡率高，加上大量花蜜贮满蜂巢而影响蜂王产卵，蜂群在流蜜期结束后，群势会急速削弱。

夏季由于天气炎热，有蜜粉源的地区，蜜蜂劳动量大，寿命缩短；缺乏蜜粉源的地区，会造成蜂王有一段时间的停卵，使子脾脱节；加上敌害多，蜜蜂会有所损失，因此会使蜂群的群势继续衰弱下降。

经过夏衰的蜂群，在南方，秋季还有一些蜜粉源植物开花，蜂王又恢复产卵，并日益增多，子脾不断扩大，幼蜂大量出房，又出现第二个恢复时期；而在北方，由于气温逐渐降低，群势发展不明显，只能保持基本平衡的局面。因此，必须充分利用秋季最后一个蜜粉源，贮备大量的越冬食料，并培育一批越冬蜂。参加过采集和哺育工作的工蜂逐渐死去，最后只剩下一批没有参加过采集和哺育工作的幼蜂。这一批幼蜂到第二年春天，各种腺体仍然保持初期发育的状态，仍具有哺育幼虫的能力，能够把蜂群的生命延续下去。但这批幼蜂，必须利用晚秋不低于12℃的晴暖天，让其进行越冬前的排泄飞行。因为蜜蜂只有在飞行时才能排泄粪便。秋季出生的幼蜂如果来不及排泄粪便，就不能安全越冬。

当蜂群中的蜂子全部出房以后，蜂群内就不需要继续保持稳定的32～35℃温度，而逐渐下降到接近气温，巢温随着气温的变动而变动。气温下降到接近14℃时，蜂群就会在贮存蜂蜜的巢脾上形成明显的蜂团。蜂王一般在蜂团的中央，全群蜜蜂就聚集在它周围的巢脾，成为一个蜂球（冬团）。冬团起初比较松散，随着气温下降而紧缩，但始终保持紧密的外壳和松散的内核。

冬团外壳表面的温度一般保持在6～8℃，内核的温度为14～30℃，并在此温度间作周期性变化，一个周期大约为一昼夜的时间。当内部温度下降到14℃时，蜜蜂就开始吃蜜产生热量，使温度上升到24～30℃；然后随着热量的散失，温度慢慢下降，将内核的温度传导到外壳，使外层蜜蜂的温度维持在7℃左右。因此，在越冬期间，对蜜蜂的任何干扰，都会引起蜂群骚动不安，使冬团的温度上升，蜂蜜的消耗量增加。

冬团的蜜蜂随着食料的消耗，开始向上和向后移动，再向邻近有蜜的巢脾移动。在低温越冬时，有时因邻近巢脾存蜜不多或无蜜，往往造成整群饿死。

冬团的蜜蜂需要氧气，并排出二氧化碳和水蒸气。新鲜的冷空气进入冬团以后，受热缓缓上升被蜜蜂所利用，然后穿过冬团上部排出。蜜蜂能够在空气中的含氧量下降到5％、二氧化碳含量高达9％的条件下生活，而在这种条件下其他动物是难以生存的。

（三）蜜蜂的行为

蜜蜂在长期进化演变过程中，为适应生存和繁衍种族的需要，本能地通过简单的神经活动表现出各种行为。这些行为包括非条件反射和条件反射两类。现介绍蜜蜂在日常生活中几种较显著的行为。

1. 自然分蜂

蜜蜂是以群体为生存单位的社会性昆虫。自然分蜂是蜜蜂增加生存单位最重要和最突出的群体活动。当气候温暖、外界蜜粉源充足、群势发展旺盛、群内产生雄蜂和培育新王以后，老蜂王和一部分蜜蜂即会飞离原巢，到新的地方营巢，将原巢留给即将出台的新王和剩下的那部分蜜蜂，于是原来的一群蜜蜂即变成两群蜜蜂，这就是“自然分蜂”。

自然分蜂一般发生在春末夏初，此时气候温暖，外界有比较充足的蜜粉源，为育虫培养强群提供了物质基础。随着蜂群逐渐强大，新蜂不断出房，致使巢内拥挤，通气不良，加上粉蜜充塞巢房，蜂王因缺乏产卵的地方而减少产卵，造成哺育蜂过剩。另外，由于蜜蜂数量增多，每只工蜂所能得到的蜂王物质相对减少，工蜂卵巢的发育和建造王台的控制力减弱，这在老王群显得更为突出。这样，蜂群只有通过自然分蜂，增加生存单位，才能解决巢内的矛盾，并使种族得以延续和繁衍。

蜂群发生自然分蜂，必须经过一个酝酿和准备过程，这个过程叫做“分蜂热”。当蜂群发生分蜂热时，蜂群就会发生一系列的变化。在一般情况下，蜂群首先建造雄蜂房并培育雄蜂，当雄蜂封盖后即建造王台基并培育新王，然后才进行自然分蜂。而蜂王在工蜂建造的王台基内产卵，是自然分蜂可靠的征兆。

自然分蜂通常在王台封盖后 2～5 日发生，早的可在王台封盖后 2 日，迟的在王台封盖后 7 日发生。一般在王台封盖后，工蜂就少喂或停喂蜂王王浆，而且巢内的空房全被工蜂采回的粉蜜占满，使蜂王缺乏产卵的地方。蜂王少产卵或停止产卵，腹部也就逐渐收缩了。最后，工蜂也发生怠工现象，不久便发生自然分蜂。

自然分蜂一般发生在新蜂王出房前 2～3 天，通常在晴暖风和之日的上午 7 时至下午 4 时，其中以上午 11 时至下午 3 时之间最为常见，也有极个别蜂群发生在傍晚或阴雨天。分蜂之前，工蜂极少外出采集，参加分蜂的工蜂都在巢内吸饱蜂蜜。分蜂开始时，先有少数工蜂像试飞一样在蜂巢周围低空飞绕，以后蜂数逐渐增多。1～2 分钟后，大批工蜂便从巢门口蜂拥而出，随后老蜂王也飞离原巢，分出的蜂群在蜂巢上空飞绕，声音大作，发出“嗡嗡”的喧哗声。经过 5～10 分钟后，分蜂群便在蜂巢附近的树干或适当的附着物上团集，原来混乱的局面便平静下来。结团以后，常静止2～3个小时，傍晚发生自然分蜂的蜂团，有时也会过夜。分蜂群暂时团集的目的，一来是检查蜂王是否到来，二是寻找和评选新址。所以，当蜂团安静时，蜂王常会在蜂团外围巡游一周，显示它已经到来，然后才从蜂团下方中央的缺口进入蜂团的中央；若蜂王因剪翅或其他原因失落没有来，蜂团不久就会解散并飞返原巢。分蜂群的侦察蜂找到新址以后，回到蜂团表面就用舞蹈的方式告诉同伴所找到新址的方向和位置，让同伴进行评选，其中必有一路侦察蜂所找到的新址得到同伴的赞成，此时同伴会一起振翅表示赞同，而后就由这路的侦察蜂引导蜂团飞往新址。当分蜂群像一朵浮云飞抵选定的新址时，蜜蜂就像一阵骤密的雨点洒落似的，拥进新址的巢门。如果这个巢门比较隐蔽，先到达的工蜂就会在巢门附近发出蜂臭，招引同伴到来。

分蜂群到达新址以后，工蜂即利用由原巢带来的满腹蜂蜜，开始泌蜡造脾；守卫蜂也在巢门口设起岗哨；第二天采集蜂开始采集粉蜜。不久，蜂王就会在新造的巢脾上产卵，蜂群即进入正常生活。

蜜蜂在自然分蜂之前，对原巢的位置记得一清二楚。但一经分群，新分出群到达新址以后就把老巢忘得一干二净。由于分蜂群有暂时栖集结团的习性，工蜂吸饱蜂蜜不易螫人，同时又忘掉原巢。因此，这很有利于养蜂者对分蜂群的收捕和安置。

老蜂王进行第一次分蜂以后，大约在最成熟的新蜂王出房的前一昼夜内，工蜂即咬去王台端部的封盖，留下一层薄层，这样处女王只要自己从内部顺王台口将这一薄层咬一环就可以出房。第一只处女王出房后所做的第一件事即是寻找并破坏其他王台。如果此时幼蜂已陆续出房，蜂群的群势仍比较强，工蜂就会紧密围护各个王台，不让处女王破坏，这样就会迫使这只先出台的处女王再进行自然分蜂。这次的自然分蜂群栖集的地点会较远较高，而且会跟随较多的雄蜂。第二次自然分蜂之后，第二只出房的处女王又会重演破坏王台的行为。假如此时群势已衰，工蜂对王台的守护就不尽周到，会让处女王将其余的王台全部破坏，自然分蜂便告结束。如果王台未能破坏，还会发生第三次自然分蜂。处女王与工蜂之间对王台存在着如此对立的矛盾，是蜂群适当分蜂的本能表现。

2. 悬空筑巢

蜂巢里的巢脾，是蜂群赖以生存的基础，飞离原巢的分蜂群如果不能马上建造新的巢脾，就会失去立足和生存之地。

当分蜂群迁入一无所有的洞穴以后，首先会汇集在洞穴的顶端，无规则地挤成一团。不久，这个蜂团就逐渐集中，形成一个倒挂的半球体。如果我们将手伸进这个半球形的蜂团时，就会感触到在蜂团中间有规律地形成一层层垂直挂下来的、几乎是平行的片状蜂链。这一片片互相平行的片状蜂链的走向，基本上就是蜜蜂建造片状巢脾的走向。

分蜂群迁入新巢后，绝大部分的蜜蜂都必须参加筑巢。由于蜂巢是悬空倒挂的，参加筑巢的蜜蜂大部分不能直接参加施工，它们的任务只是互相连起来，搭成蜂链。筑巢时，泌蜡蜂挑起蜡鳞后就顺着蜜蜂搭成的蜂链往上爬，当它爬到巢顶时，将蜡鳞经咀嚼变得柔软而黏稠后即贴到巢顶上去，贴完以后就退出施工现场。经过无数泌蜡蜂如此往复有序的粘贴，才逐渐连接成一条条互相平行似鱼脊柱的巢脾基础。

蜂巢内光线很弱，特别是蜜蜂多在夜间造脾。蜜蜂能在黑暗中建造成同样规格的六角形巢房和整齐的巢脾，主要是靠它头上的两根触角。蜜蜂的触角是具有多种功能的器官，它既是感觉器官和触觉器官，又是味觉器官和嗅觉器官。在建造巢脾时，工蜂的触角充分发挥了“测量工具”的作用，它的触角可以灵敏地感知房壁的高低、测量房壁的厚薄和巢房内径的大小。经过工蜂触角的测量，凡是不符合标准的巢房，它们都会耐心地进行反复修琢。

蜂群筑造蜂巢时，必须具备适宜的温度。一个分蜂群迁入新居后，要等待蜂团里的温度升高到35℃时才开始筑巢，而且在整个筑巢过程中都必须保持“作业区”这个恒定温度。否则，筑巢工作就会暂时停业，这也是强群造脾快的基本条件。

3. 空中婚礼

蜂群中的蜂王和处女王是不同的，处女王不等于年幼的蜂王，或者说处女王并不一定会成长为蜂王。处女王和蜂王之间有一个质的差别，即处女王没有能力承担产卵蜂王的职责。处女王必须在巢外空中与雄蜂进行婚礼交配后，才能成为蜂王。

刚从王台出房的处女王，腹部修长。一两天后，腹部即收缩，行动灵活，但怕光。一般从出房3天以后，当天气晴朗温暖的时候，常在上午10时至下午3时之间飞出巢外，在蜂巢附近练习飞行和认识自己蜂巢的位置。处女王在试飞的时候，因其性未成熟，所以没有雄蜂追随它。经过试飞熟练后的五六日龄的处女王，腹部会开始伸缩抽动，并经常微微翘起腹部，同时尾部的螫针腔会断续开启几秒钟，或爬行时闭合，停止时开启，并开始有工蜂追随，这就是性成熟发情的表现。

性成熟的处女王会选择晴朗的日子出巢进行婚飞。在婚飞当日的中午，不断有一些工蜂兴奋地环绕在处女王的周围，数目逐渐增多；另有一些工蜂趋向巢门，宛如列队引导；并有一些工蜂在巢门口举腹显示臭腺，扇风散发气味，招引处女王出巢。此时，蜂群正常采集飞行几乎停止，处女王随后出露巢门口，工蜂用头部或前足驱使处女王起飞。若处女王犹豫有返巢的意思，工蜂会加以拦阻，并继续逼迫直至处女王起飞。如果处女王要出巢婚飞而遇上连续的阴雨天，延缓了“婚期”时，它会抓紧第一个好天气，并简化一道手续，在第一次认巢试飞时就进行“旅行结婚”。

雄蜂是处女王空中婚礼要挑选的对象。一般在出房后12～15天才进入性成熟期。这一时期称为雄蜂青春期，最适于与处女王交配。雄蜂进行婚飞的时间与处女王婚飞的时间基本是一致的。但对天气的要求没有处女王那样严格，在某些比较爽朗的阴天，雄蜂照样出巢飞行。性成熟的雄蜂要出巢飞行（俗称出游）时，会向工蜂讨食王浆，得食王浆以后的雄蜂即精神百倍地冲出巢门去空中寻找处女王。飞游一段时间找不到目标后，即回巢取食蜂蜜或向工蜂讨食王浆，休息片刻又急急忙忙地冲出巢外出游。在一天当中，它可以这样往返几次。在出游飞行中，有幸与处女王交配的雄蜂，便成了短命的“新郎”。

处女王婚飞交配，通常在气温20℃以上，风和日丽天气的下午1时至3时进行。它出巢在空中飞行时，会散发出一种雌性激素来招引雄蜂出巢。当有雄蜂追随时，处女王便加快飞行速度；气候越好，追随的雄蜂就越多。处女王和雄蜂的空中婚礼是很特别的，“新娘”是处女王，任何蜂群的雄蜂都可以参加求婚的行列，争当“新郎”。于是，一只处女王在前，在它后面紧紧跟着许多雄蜂，像彗星一样在空中飞，忽高忽低，高的可达15米，低时离地仅有2～3米，范围可达10～20千米。

吃王浆长大的处女王，它在空中飞行得又快又敏捷。在处女王周围追逐的雄蜂，实际上是在进行一场竞争。只有那只最强健而敏捷的雄蜂才能追上它，成为这场竞争的胜利者。处女王大约在空中飞绕十几圈以后，就有许多体弱的雄蜂掉队，最后仅剩下一只最强健的雄蜂紧紧追随。再飞一两圈，这只雄蜂就接近处女王，前足搭住处女王后足而拥抱在一起。这时雄蜂将腹部尾端向处女王尾端伸屈，便一同倾斜缓缓飞行，一分钟内处女王拖着僵直的雄蜂落在地面上。再经过一分钟左右，处女王便挣脱掉雄蜂飞走，地上只留下微微颤动着的雄蜂，交配便告结束。由于雄蜂的生殖器被处女王阴道拔走而脱落，不久便死亡。

处女王交配成功以后，回巢时可见到处女王身上带有灰土，更明显的可见到处女王尾部带一小段白絮状物。这个絮状物就是雄蜂黏液腺排出物堵塞螯针腔所形成的，一般称为“交尾标志”。处女王对这个东西竟毫无办法，只能回巢请工蜂帮忙。处女王返巢后，继续被兴奋的工蜂所跟随，触舐它的“交尾标志”。几只工蜂会跟在处女王后面，用口器咬这根“交尾标志”。当一只工蜂咬住这根“标志”后，处女王即很快将其挣脱掉。处女王在交配至“交尾标志”被工蜂拉出这个过程中，雄蜂生殖器的精液便挤入阴道和成对输卵管中，以后通过腹部弯曲动作使阴道褶瓣闭合，借以阻止精液外溢。再经过输卵管肌肉的收缩，精液便被挤入贮精囊。贮精囊可以贮存几百万个精子。如果处女王第一次交配后贮精量不够，就会呈现出不安状态，又会再飞出进行第二次甚至第三次交配，直到贮精囊贮满精子为止。我们通常所说的蜂王一生只交配一次，是指它开始产卵以后终生就不再进行交配。

处女王交配成功后，即成新蜂王，也就由轻盈活泼的“姑娘”变成端庄稳重的“母亲”。一般在交配一两天以后，新蜂王的腹部逐渐变大、变长，开始在原群留下的旧巢脾中产卵。以后，除了在下一次分蜂时以老蜂王的身份飞出老巢外，在正常情况下就再也不出巢门。

4. 维护群体

群体，是蜜蜂赖以生存与发展的基础和保障，每一只蜜蜂均以群体为核心，以群体利益为最高宗旨，一切行动都服从群体的需要。因此，依恋群体、热爱群体、维护群体是蜜蜂的一大特性和群体行为。

蜜蜂为了群体的生存及种族繁衍，不畏严寒、前仆后继地维护着群体的恒温。当群体遭到危害或敌害攻击时，蜜蜂会同仇敌忾，勇敢地奋起反击，纵然即刻丧命于敌手，也毫不畏惧。当发生灾难时，蜜蜂们患难与共，生死相顾，忠实地聚集在一起，维系着群体的生机。

由于蜜蜂有维护群体的行为特性，所以没有养过蜂的人，说到蜜蜂难免有点心有余悸，走近蜂场时总是躲躲闪闪，唯恐挨螫。其实，蜜蜂并不会随意螫人，不到万不得已时，它是不会轻易用螫针螫人的。更何况蜜蜂螫人后要付出生命代价的。只有遇到威胁性的敌害时，才会群起而攻之。

在巢门口执勤的警卫蜂，每当看到本群伙伴采集归来，便热情靠近，让路放行；如果发现别群蜜蜂企图蒙混过关进入巢内时，必定遇到坚决阻截或合力围歼。纵然是凶悍强大的庞然大物，只要会对群体造成伤害，蜜蜂就会群起而攻之，宁为玉碎，不为瓦全。

5. 传递信息

蜜蜂与其他昆虫一样，都有信息素。信息素是一些极其微量的化学物质，具有生理活性，能借助个体间的接触或空气传播，作用于同种的其他个体，引起特定的行为或生理反应。蜜蜂的信息素主要有蜂王信息素、引导信息素、告警信息素和示踪信息素。

(1) 蜂王信息素 蜂王信息素主要为上颚腺分泌的信息素，又称蜂王物质。蜂王物质的化学成分很复杂，已经分离出来的就有30多种成分。目前能够提纯和人工合成的主要成分有反式9-氧代-2-癸烯酸和反式9-羟基-2-癸烯酸。当工蜂饲喂蜂王时，借口器的接触，蜂王将这些物质传给工蜂，再经过工蜂的互相传递，影响整群工蜂的活动和某些生理过程。同时通过蜂王物质在蜂群中的传递，使蜜蜂知道蜂王存在于蜂群之内。

反式9-氧代-2-癸烯酸具有抑制工蜂卵巢发育和控制工蜂建造王台的作用。这种酸还是性引诱剂，在交配飞行时可引诱雄蜂，并刺激雄蜂发情。同时它对工蜂也有吸引作用，在蜂群分蜂时能吸引飞散的蜜蜂。

反式 9-羟基-2-癸烯酸也有吸引雄蜂和抑制工蜂建造王台的作用，但对分蜂的蜜蜂没有强烈的吸引力，而具有使蜂群聚集安静结团的作用。

此外，还有蜂王背板腺分泌的和蜂王跗节腺分泌的信息素，对吸引工蜂、抑制工蜂卵巢发育及其显示蜂王存在、稳定蜂群也有一定的作用。

（2）引导信息素 工蜂第七腹节背板内的臭腺能分泌一种芳香物质，成分也很复杂，已经分离出来的多为萜烯衍生物。它在引导本群蜜蜂采集食料、定向和结团等方面有重要作用。例如，侦察蜂发现蜜源后，会在蜜源上散发臭腺分泌物，使采集蜂容易找到蜜源；又如，幼蜂进行试飞时，巢门前的蜜蜂会散发臭腺分泌物，引导它们返巢；在发生自然分蜂或飞往新址时，它们会散发气味，引导飞散的蜜蜂找到结团的地方或引导分蜂团的蜜蜂找到新的蜂巢。

（3）告警信息素 告警信息素是蜜蜂受到侵扰时释放的化学通讯物质，以引起蜜蜂奋起“自卫”和攻击敌害。这组通讯物质主要有工蜂的螯腺分泌物和上颚腺分泌物两种。

螯腺分泌物的主要成分为乙酸异戊酯、乙酸正丁酯、乙酸正己酯和乙酸正辛酯等 20 多种化合物。这些化合物能迅速传递告警信息，激起蜜蜂的刺螫反应和自卫行动。

上颚腺分泌物的主要成分为 2-庚酮。当工蜂的上颚咬住敌体时，会将告警信息素留在敌体上，以引导其他工蜂前去攻击。

（4）示踪信息素 除蜂王的跗节腺能释放示踪信息素外，工蜂的跗节腺也能释放示踪信息素。蜜蜂在采集过的花朵上，会留下示踪信息素以引导其他工蜂前往采集。在巢门口留下的示踪信息素，可以帮助返巢的蜜蜂找到巢门。

此外，在工蜂分泌的王浆中含有一种具有生理活性的王浆酸，这种物质的主要成分为反式 10-羟基-2-癸烯酸，具有促进蜂王卵巢发育、增强产卵力的作用。

6. 蜜蜂语言

生活在蜂巢里的蜜蜂，要知道外界有什么蜜粉源植物开花，这些蜜粉源在什么地方，是什么颜色、气味和形状，首先必须有部分蜜蜂出去侦察。这些侦察蜂发现蜜粉源以后，回到巢内又怎样把情况告诉它的同伴呢？为了揭开这个谜，诺贝尔奖获得者德国的卡尔·冯·符瑞西教授经过 20 多年的研究试验，才知道蜜蜂是用不同的舞蹈方式这个特殊的“蜜蜂语言”进行通风报信的。

蜜蜂对食料的条件反射，是它们在进化过程中，受到外界食料的各种具体条件反复刺激形成的，并体现在蜜蜂共同利用食料的行为上。

当某些侦察蜂发现蜜粉源以后，就采集一些花蜜和花粉返回巢内，以花蜜的香味、振翅的频率、触角的相互接触以及“舞蹈”等方式，传递关于蜜源的信息，引导采集蜂前往采集。侦察蜂采集花粉蜜回到蜂巢以后，即在巢脾上进行舞蹈，并把它采到的花蜜分别吐给追随它的蜜蜂。蜜蜂转告蜜源的舞蹈，基本形式有两种：一种是不表示方向的圆形舞蹈，另一种是既能表示距离又能指明方向的摆尾舞。在这两种舞蹈之间还有过渡型的镰刀形舞。

圆形舞只表示在蜂巢附近有蜜源，不指明蜜源的方向和距离（图 3）。例如在蜂巢附近百米的地方发现蜜源时，归巢蜂就在巢脾上跳圆形舞。它以快捷短促的步伐在巢脾上跑小圆圈，并经常改变方向，时而向左，时而向右，在不同的方向跑 1～2 个圆圈。它可能跳圆形舞几秒钟，或长达 1 分钟，然后停下来，吐给附近的蜜蜂几滴花蜜，再爬到另外一个地方去舞蹈。

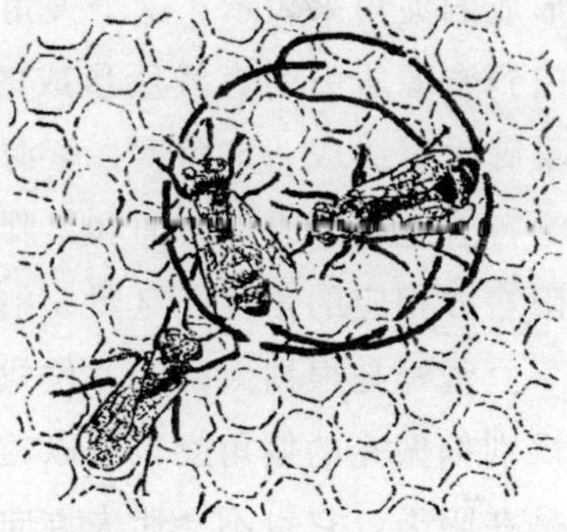

图 3　圆形舞

舞蹈蜂刺激起附近的蜜蜂，它们追随着舞蹈蜂，以触角指向它。不久这些蜜蜂即飞离蜂巢，去寻找蜜源。

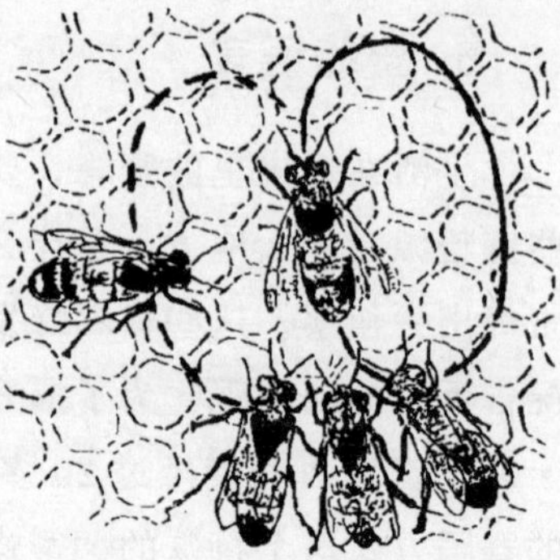
图4 “8”字形摆尾舞

如果蜜源距离蜂巢比较远，归巢的侦察蜂就在巢脾上表演“8”字形的摆尾舞。“8”字形摆尾舞不但能表示蜜源的距离，而且能指明蜜源的方向和位置（图4）。舞蹈蜂在巢脾上先跑直径不大的半圆圈，而后沿直线爬几个巢房，接着向相对方向转身，在对面再跑个半圆，呈“8”字形。在沿直线爬行时，身体向两旁极力摆动。在这种舞蹈中，蜜源的距离是以一定时间内摆尾转身的次数表示出来的。根据符瑞西教授将近4000次的观察结果，在100米处采蜜回来的是15秒钟内转身9～10个半圆圈；200米处是7个半圆圈；1000米处是4个半圆圈；而6千米处的仅有2个半的半圆圈。另外，直跑时的摆尾次数也表示距离，例如在一次直跑时摆尾2～3次，表示距离100米；摆尾10～11次，表示距离700米。方向是以直跑时头朝上表示蜜源向着太阳的方向，反之是背着太阳的方向。位置是以直跑时的方向与巢脾上的垂直线所形成的夹角来表示。这个夹角就是从巢门到太阳所引的直线与从巢门到蜜源所引的直线所形成的（图5）。如果直跑朝逆时针方向与巢脾垂直线成一定角度，蜜源即位于左方相应的角度上（图5中的2）；直跑朝顺时针方向和巢脾垂直线成一定角度，表明蜜源位于太阳右方相应的角度上（图5中的3）。

蜜蜂是根据太阳的方位找到蜜源和返巢的。由于蜜蜂的复眼能辨别偏振光的偏角度，可以透过云层知道太阳的位置。所以，即使是在阴天，它也不会迷失方向。

蜜蜂找到蜜源以后会用舞蹈这种特殊语言告知同伴，这种行为

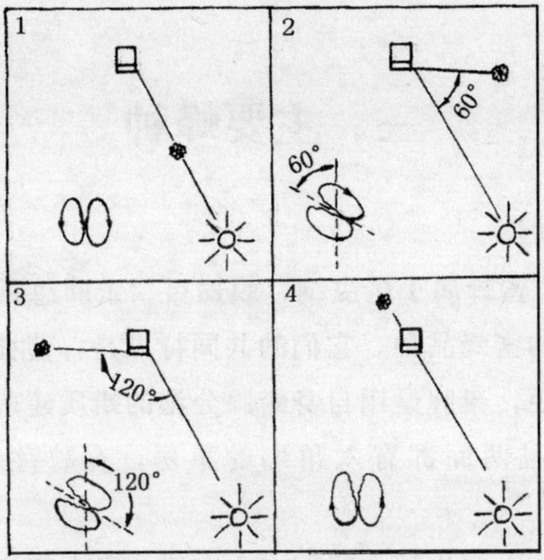

图 5　蜜蜂“8”字形摆尾导向

对蜂群的生存有着重要的生物学意义。不论蜜源在任何偏僻的角落，只要有一只蜜蜂发现它，在不太长的时间内整群蜜蜂就会把这个蜜源很好地利用起来。

蜜蜂除了具有非条件反射的本能行为外，还具有条件反射行为。例如用浸过某种植物花朵的糖浆去饲喂蜜蜂，可训练蜜蜂到它们平时不喜欢的花朵上采集，以达到利用蜜蜂为特殊经济作物授粉的目的。但是，条件反射不是蜜蜂在长期自然选择过程中所建立起来的适应性反应，而是它们在生活过程中暂时得到的，因此失去也快。如果要使建立起来的条件反射行为不会很快失去，就必须不断地强化。

三、主要蜂种

在分类上，蜜蜂属于昆虫纲、膜翅目、蜜蜂总科、蜜蜂科、蜜蜂属。蜜蜂属的蜜蜂品种，它们的共同特点是：营社会性生活，后足胫节末端有距，巢脾是用自身蜡腺分泌的蜡质建造的，其方向与地面垂直，并且两面都有六角形的巢房，有贮存蜂蜜及花粉的习性。

蜜蜂属有 9 个现生种，我国有大蜜蜂、黑大蜜蜂、小蜜蜂、黑小蜜蜂、东方蜜蜂和西方蜜蜂 6 个种，另 3 种分别是马来西亚的沙巴蜂和绿努蜂，以及印度尼西亚的印尼蜂。每个种又可以分为若干地理亚种（品种），同一个种之内的各品种之间可以互相交配，不同的种之间不能交配，具有生殖隔离的特性。

大蜜蜂、黑大蜜蜂、小蜜蜂、黑小蜜蜂是蜜蜂属中比较原始的 4 个种，它们分布于东南亚及我国的广东、广西、海南和云南等地。它们在大树干下、悬岩下和杂树丛中营巢，由于好迁飞，生产性能差，极少有人饲养。

东方蜜蜂较接近祖型，分布于南亚、东南亚、日本、朝鲜和中国。我国各地的中蜂即属于东方蜜蜂。

西方蜜蜂是蜜蜂属中进化最完善的一个种，原产于欧洲、非洲和中东地区。著名的意蜂、卡尼鄂拉蜂和高加索蜂都属于西方蜜蜂。

我国饲养的蜂种，主要有属于东方蜜蜂的中蜂，属于西方蜜蜂的意蜂、东北黑蜂、卡尼鄂拉蜂、高加索蜂和新疆黑蜂。

当前我国蜂种的分布，大体上有三种情况：东北、内蒙古和新疆等地，基本上以饲养外来蜂为主；四川和华南地区，基本上以饲养中蜂为主；长江中下游和黄淮地区，是中外蜂交错饲养的地区。这种现状，是由于各地环境条件不同，为适应环境在长期生产实践中逐渐形成的。在南方，西方蜂种因为越夏度秋比较困难，对冬季蜜源也难以利用，所以不如饲养中蜂更能适应当地的自然环境条件。在北方，因为冬季严寒的时间长，西方蜂种的群体耐寒力强，所以饲养情况良好。在中部地区，蜜源植物丰富的平川，意蜂优良的生产性能可以得到很好的发挥，多以饲养意蜂为主，而蜜源植物分散的山地丘陵，则比较适宜饲养中蜂。

（一）中蜂

中蜂即中华蜜蜂的简称，原产我国，是东方蜜蜂的一个地理亚种，分布在我国南北各地以及印度、东南亚、朝鲜、日本等地。

中蜂的蜂王体表一般呈黑色，也有少数腹部是暗红色，体长平均 21.22 毫米，其腹部三节常伸出翅后；工蜂体表黑色，腹部具有黄褐色的环节，被褐色绒毛，体长平均 12.14 毫米，吻长平均 5.1 毫米，翅膀长可覆盖腹部末节；雄蜂俗称黑蜂，体长平均 13.5 毫米，翅膀发达，又长又宽。

中蜂在我国土生土长，长期以来，它以非凡的生命力和顽强的抗逆性，善于利用零星的蜜粉源，在我国各地的自然条件下生存和发展起来。尤其是在我国南方地区，地形复杂，气候无常，昼夜温差大，雾浓潮湿，在这种恶劣环境条件下，中蜂是外来蜂难以取代的蜂种，全国饲养中蜂约 200 多万群。

（二）意蜂

意蜂即意大利蜂的简称，原产意大利的亚平宁半岛，是西方蜜蜂的黄色蜂种，分布于世界各地，也是我国当前饲养的当家品种之一，全国饲养意蜂400多万群。蜂王体长22.25毫米，产卵力强，易维持大群；工蜂体长12～15毫米，吻长平均6.28毫米，分蜂性弱，对大宗蜜粉源采集力强，但不善于利用零星蜜粉源，分泌王浆和泌蜡造脾的能力强，性情温顺，清巢性强，抗巢虫；雄蜂体大强壮，体长15～17毫米，飞翔力强。意蜂由于蜂王产卵无节制，消耗食料多，定地饲养有困难，同时在逃避敌害和个体耐寒性方面不如中蜂，所以难以利用南方寒冷山区的冬季蜜粉源植物。

（三）其他蜂种

我国除饲养中蜂和意蜂这两个主要当家品种外，在东北、内蒙古、甘肃、青海和新疆等地，还饲养其他几个蜜蜂品种。

1. 东北黑蜂

东北黑蜂由俄罗斯的西伯利亚引进，在我国东北的北部地区已有较长的饲养历史，它是卡尼鄂拉蜂和欧洲黑蜂的过渡类型，并在一定程度上混有高加索蜂和意大利蜂的血统。

东北黑蜂个体大小及体形与卡尼鄂拉蜂相似，几丁质黑色，第2～3腹节背板上常有黄褐色斑，绒毛灰色至灰褐色，吻较长，平均为6.4毫米。它在我国东北的特点是蜂王产卵力强，蜂群春季发展快，夏季群势强大；采集力很强，不仅善于采集流蜜充沛的蜜粉源，又能利用零星蜜粉源；泌蜡造脾和生产王浆的性能也较好；而且抗寒力强，在东北有良好的越冬性能；抗幼虫病，性情较温顺，不易发生盗蜂。但是不耐热，在低纬度地区繁殖力较低，不能维持大群。

2. 新疆黑蜂

新疆黑蜂又称伊犁黑蜂，是20世纪20年代由俄罗斯人带入新疆的欧洲黑蜂，分布于新疆伊犁一带，它接近欧洲黑蜂，带有高加索蜂的血统。特点是繁殖力较强，育虫积极，能采集较多的树脂。但性情凶猛，易蜇人，检查蜂群时蜜蜂不安静，会慌张地乱爬。

3. 卡尼鄂拉蜂

卡尼鄂拉蜂简称卡蜂，原产于奥地利境内的阿尔卑斯山南部和巴尔干半岛的北部。其个体大小及体形与意蜂相似，腹部细长，几丁质黑色，少数个体具黄褐色环带，绒毛多而密，为灰色至灰褐色。吻长6.4～6.8毫米。卡蜂的特点是性情温顺，护脾性强，小群能够越冬；采集力特别强，善于利用零星蜜粉源，食料消耗省；产卵力较弱，早春有蜜粉采集时便开始育虫，蜂群发展快，分蜂性强。夏季只有在蜜粉源充足的情况下才能保持一定面积的子脾；晚秋群势下降快；通常不能以强群越冬，然而在不适宜的气候条件下，仍具有优良的越冬性能。盗性弱，很少采树脂，几乎不发生幼虫病。与其他西方蜂种杂交，可以产生育虫力很强和富有生活力的蜂群。

4. 高加索蜂

高加索蜂又名灰色山地高加索蜂，原产高加索中部的高山谷地。它的个体大小及体形与卡蜂相似，几丁质黑色，工蜂绒毛为浅灰色，吻特长，达7.2毫米。在我国高寒地区饲养的特点是蜂王产卵力较强，能维持大群，分蜂性弱，性情较温顺，在炎热的夏季也可保持较大面积的子脾。它的采集力比东北黑蜂或新疆黑蜂强，但爱采集大量树脂，爱造赘脾，易迷巢错投，盗性强，越冬性能差，易患孢子虫病。

四、蜜粉源植物

蜜粉源植物是给蜜蜂提供花蜜和花粉的食料来源，是发展养蜂生产的物质基础。在蜜粉源植物中，能分泌花蜜供蜜蜂采集的植物称为蜜源植物；仅能产生花粉供蜜蜂采集的植物称为粉源植物；既有花蜜又有花粉的合称为蜜粉源植物；有些蜜粉源植物的花蜜或花粉中含有特殊的有毒物质，称为有毒的蜜粉源植物。

从养蜂生产的角度考虑，蜜粉源植物可分为主要蜜源植物和辅助蜜粉源植物两大类。在一个地区，凡是数量多、花期长、泌蜜量大，能提供大量商品蜜的称为主要蜜源植物，如福建的荔枝、龙眼等；仅能提供蜜蜂繁殖的蜜粉源植物称为辅助蜜粉源植物，如瓜类、玉米、高粱等。

（一）主要蜜源植物

我国疆域辽阔，气候差别很大，从热带、亚热带、温带到寒带都有蜜粉源植物的分布，而且生长茂盛，种类繁多。全国可提供商品蜜的主要蜜源植物有几十种，下面主要介绍 28 种较普遍的大宗蜜源植物的分布地点和花期（指在同一地方的开花时间）。

1. 油菜

油菜属十字花科，是我国各省区普遍大量栽培的四大油料作物之一，是南方冬春和北方夏季主要蜜源植物。包括白菜型油菜、芥菜型油菜和甘蓝型油菜。因品种、产地不同，产蜜量和花期相差很大，每个品种盛花期一般为 30～40 天，泌蜜适温 15～22℃，夜雨昼晴泌蜜多。油菜粉、蜜丰富，有利蜂群繁殖，晚春及夏季开花的油菜，一个花期每群意蜂可采蜜 15～30 千克。

2. 荔枝

荔枝属于无患子科，是我国南方亚热带名果，是春季主要蜜源植物。广东、福建、台湾和广西是我国荔枝蜜主产区。荔枝分早、中、晚熟品种，早熟品种花期约 20 天，中晚熟品种花期 30 天左右。泌蜜适温 16～25℃，夜露、晨雾的晴天大流蜜。丰年每群意蜂可产蜜 30～50 千克；每群中蜂可产蜜10～15 千克。

3. 龙眼

龙眼属于无患子科，是我国南方亚热带名果，夏季主要蜜源植物。福建、广西、广东和台湾是我国龙眼蜜的主产区。龙眼分早、中、晚熟品种，花期各 20 多天，泌蜜适温 24～26℃，丰年每群意蜂可产蜜 20～50 千克，每群中蜂可产蜜10～15 千克。

4. 紫云英

紫云英属于豆科，我国种植紫云英是作为绿肥或饲料，是春季主要蜜源植物。湖南、湖北、江西、安徽、浙江、江苏、上海 7 个省市，是我国紫云英蜜的主产区。分早、中、晚熟品种。早熟种花期 33 天、中熟种 27 天、晚熟种 24 天。群体花期 30～40 天，主要泌蜜期 20 天。泌蜜适温为 20～25℃。紫云英蜜、粉丰富，既能繁殖蜂群，又能采蜜和产浆。常年每群意蜂可产蜜 20～30 千克。

5. 柑橘

柑橘属于芸香科，是我国重要的果树之一，是春季主要蜜源植物。柑橘种类品种多，主要有橙类、宽皮橘类、金橘类和柚类等，花期 20～35 天、盛花期 10～15 天。泌蜜适温 22～25℃。柑橘粉蜜丰富，花芳香，对蜜蜂引诱力强，常年每群意蜂可产蜜 10～30 千克，每群中蜂可产蜜 8～15 千克。问题是柑橘经常喷农药，常使蜜蜂遭受损失。

6. 沙枣

沙枣属于胡颓子科，是我国西北地区夏季主要蜜源植物。生长在地下水丰富、较湿润的地方，沙枣泌蜜较大。花期 20 天左右，常年每群意蜂可产蜜 10～20 千克。

7. 刺槐

刺槐属蝶形花科，是我国北方夏季主要蜜源。花期 10～15 天，主要泌蜜期 7～10 天。泌蜜适温 20～25℃，常年每群意蜂可产蜜 30～70 千克。

8. 苕子

苕子属于豆科，为夏季主要蜜源植物。花期 20～25 天，泌蜜适温 24～28℃。常年每群意蜂可产蜜15～40 千克，因苕子花冠长，中蜂吻较短难以利用。

9. 柿树

柿树属于柿树科，在我国北方为夏季的主要蜜源植物，花期 15～20 天。晴天气温 20～28℃时泌蜜量较多，大年每群意蜂可产蜜 10～20 千克。

10. 枣树

枣树属于鼠李科，是北方夏季主要蜜源植物。花期长达 35～45 天，泌蜜期为 25～30 天，泌蜜适温 26～32℃。常年每群意蜂可产蜜 15～25 千克。

11. 狼牙刺

狼牙刺又称白刺花，属于豆科，是我国西北黄土高原和西南云贵高原野生的夏季主要蜜粉源植物。花期长约 30 天，泌蜜期 20～25 天，泌蜜适温 25～28℃。整个花期可取蜜 4～6 次，常年每群意蜂可产蜜 15～30 千克，高的达 40 千克。

12. 紫苜蓿

紫苜蓿属于豆科，为我国北方优良牧草，是夏季主要蜜源植物。花期约 30 天，泌蜜量适温 28～32℃。常年每群意蜂可产蜜 15～30 千克，高的可达 50 千克。

13. 桉树

桉树属桃金娘科，为热带和亚热带地区的速生乔木，多作为防风林和绿化树种栽培，其中有许多种类，如窿缘桉、柠檬桉、雷林一号桉、大叶桉和蓝桉等，是良好的蜜源植物。每个种类花期20～30 天，如有两个种类以上的地区，连续花期可达 40～50 天。窿缘桉是我国生产大宗桉树蜜的树种，泌蜜适温 28～32℃，集中分布地方，常年每群意蜂可产蜜 10～20 千克，高的可达 50 千克。

14. 山乌桕

山乌桕属于大戟科，为南方热带、亚热带山区的夏季主要蜜源植物。花期约 30 天，泌蜜期 20～25 天，泌蜜适温28～32℃。常年每群意蜂可产蜜 15～20 千克，丰年可达 50 千克，每群中蜂可产蜜 10～15 千克。

15. 乌桕

乌桕属于大戟科，为我国南方夏季主要蜜源植物，花期约 30

天，以10～30龄壮树的泌蜜量大，气温25℃以上时开始泌蜜，30℃以上泌蜜多，尤以雷阵雨过后次日晴天，泌蜜量最大。集中分布地方常年每群意蜂可产蜜20～30千克，丰年可达50千克。

16. 荆条

荆条属马鞭草科，为我国北方山区野生的夏季主要蜜源植物，而华北是我国荆条蜜的主要产区。主花期约30天，泌蜜适温25～28℃，以夜间气温高、湿度大的“闷热”天气，次日泌蜜量大，常年每群意蜂可产蜜25～40千克。

17. 老头瓜

老头瓜（芦心草）属于萝藦科，是我国北方荒漠半荒漠地带野生的夏季主要蜜源植物。盛花泌蜜期30～35天，泌蜜适温20～25℃。常年每群意蜂可产蜜50～60千克，丰年可达70～100千克。主要分布在内蒙古、宁夏和陕西三省区交界的毛乌素沙漠及其周围各县市。

18. 椴树

椴树属于椴树科，是我国东北林区夏季主要蜜源植物，其中能生产大宗椴树蜜的是紫椴和糠椴。主要分布于长白山、完达山和小兴安岭林区，吉林、黑龙江是我国椴树蜜的生产基地。紫椴花期约20天，糠椴花期20～25天，两种椴树交错花期长达35～40天，泌蜜适温20～25℃。常年每群意蜂可产蜜20～30千克，丰年高的可达100千克。

19. 草木犀

草木犀为优良豆科牧草，是我国北方夏季主要蜜源植物。花期因种类和生长地方不同而异，一般约30天。泌蜜适温25～30℃，常年每群意蜂可产蜜20～40千克，高可达60千克。

20. 向日葵

向日葵属于菊科，是我国栽培的四大油料作物之一，也是秋季的主要蜜源植物。花期长25～30天，主要泌蜜期约20天，泌蜜适温20～30℃，常年每群意蜂可产蜜15～40千克，高的可达100千克。

21. 芝麻

芝麻属于胡麻科，为我国油料作物，也是秋季主要蜜源植物。主产区为黄淮平原和长江中游地区。花期长30～40天，泌蜜适温25～28℃，种植面积大的地方，常年每群意蜂可产蜜10～15千克。

22. 棉花

棉花属于锦葵科，是我国重要的纤维作物，是秋季主要蜜源植物。新疆棉区，开花泌蜜期间多晴天，主要泌蜜期长达60～70天。泌蜜适温36～39℃，常年每群意蜂可产蜜100～150千克，最高的达337.7千克。而黄河和长江中下游棉区，花期50～60天，病虫害较多，因常喷农药而不能充分利用，常年每群意蜂可产蜜10～30千克，最高达50千克。

23. 荞麦

荞麦属于蓼科，是我国的杂粮作物，是秋季主要蜜源植物。荞麦的开花期随纬度南移而逐渐推迟，因品种和播种期不同而异，一般花期30～40天，泌蜜适温25～28℃，常年一个继箱群的意蜂可产蜜30～40千克，高的可达50千克。

24. 香薷

香薷属于唇形科，为我国西北地区野生的秋季蜜源植物，品种有密花香薷、萼果香薷、香薷等。主要泌蜜期 35～40 天，泌蜜适温 18～22℃，常年每群意蜂可产蜜 20～30 千克。

25. 胡枝子

胡枝子属于豆科，是我国东北地区山区野生的秋季蜜源植物。花期 1 个月左右，泌蜜适温 25～30℃，常年每群意蜂可产蜜 15～30 千克。

26. 野坝子

野坝子属于唇形科，是我国西南地区山区野生的冬季主要蜜源植物。花期约 60 天，开花泌蜜盛期为 30～35 天。泌蜜适温 17～22℃，常年每群蜂可产蜜 15～20 千克。

27. 柃木

柃木也称野桂花，属于山茶科，为我国南方山区野生的冬季主要蜜源植物。每一种柃木都有相对稳定的开花期，花期 10～15 天，群体花期长达 4 个月，从 10 月下旬至翌年 2 月底或 3 月上旬。但以早桂花和中桂花的利用价值较高，其连续花期 3 个月左右。晚桂花由于气温低，利用价值不高。泌蜜适温 18～22℃，常年每群中蜂可产蜜 10～20 千克，丰收年可高达 25～35 千克。

28. 鹅掌柴

鹅掌柴又称八叶五加、鸭脚木等，属于五加科，为亚热带山区野生的冬季主要蜜源植物。开花通常可分三期，群体花期可长达 60～70 天，泌蜜适温 18～22℃。常年每群中蜂可产蜜 10～15 千克，丰年高达 30 千克。

（二）辅助蜜粉源植物

我国的辅助蜜粉源植物非常丰富，在不同地区和季节，都有各种辅助蜜粉源植物开花、泌蜜、吐粉。它为蜂群不断提供了花蜜和花粉，对发展群势、培育蜂王、修造巢脾、培养强群、保证安全越夏越冬以及增加蜂产品等方面，都有很重要的作用。我国辅助蜜粉源植物种类很多，主要有马尾松、杉木、板栗、石栎、米槠、甜菜、樟树、木樟子、升麻、莲、萝卜、南瓜、西瓜、黄瓜、甜瓜、漆树、盐肤木、无患子、文冠果、茶、油茶、悬钩子、杏、苹果、梨、樱桃、枇杷、蚊子草、紫穗槐、槐、蚕豆、大豆、豌豆、田菁、白三叶、芫荽、水稻、甘薯、高粱、玉米、橡胶、薄荷、枸杞、烟草、金银花、蒲公英、一枝黄花、野菊花、瓦松、小茴香等。

（三）影响蜜源植物花期和泌蜜的因素

1. 影响蜜源植物花期的因素

蜜源植物的开花日数称为花期，各种植物的花期长短差别很大。一般把开花量 5％时称始花期，把开花量已占 75％起至花期结束称为末花期，二者之间大量开花阶段称盛花期。蜜源植物的盛花期，一般也是流蜜期，对养蜂生产来说，其利用价值最大。

外界环境中的气候、坡向、蜜源树龄和海拔、纬度等都会影响蜜源植物花期的长短。例如干旱高温天气，花期会提前和缩短；低温阴雨的天气，花期会推迟并延长。密植瘦弱的植株，开花早、花期短；而长势好的植株则开花推迟、花期长。长在阳坡的植株先开花，长在阴坡的植株则推迟开花，树龄大的植株先开花，幼龄树则迟开花。

同一种蜜源植物的花期，一般是每往北推移纬度1度（130千米左右），花期相应推迟4天；由于气温随海拔的升高而降低，一般是海拔每升高100米，气温即下降0.6℃，蜜源植物的花期也相应推迟。例如油菜，在福建、广东12月就始花；在长江流域要待来春才开花；而在青海油菜则是夏季的主要蜜源。但秋冬蜜源植物的花期则相反，是自北向南，自高向低推迟。例如荞麦，在内蒙古于8月就开花，在黄河流域始花期为9月，在长江流域及南方则推迟到10月以后才开花。

2. 影响蜜源植物泌蜜的因素

在正常情况下，蜜源植物开花期于雄蕊成熟、雌蕊开花时分泌的花蜜最多，而雌花受精后即停止泌蜜。但泌蜜数量与浓度，因蜜源植物的种类、植物的内在生理和外在多种因素的影响而不同。影响植物泌蜜的因素主要有下列几种。

(1) 光照和气温　适宜蜜源植物泌蜜的温度一般为16～25℃，低于10℃或气温突然下降时，因植物生理机能受阻，花蜜的分泌即减少或停止。由于蜜源植物的种类不同，对温度、温差的要求也不同。一般规律是：春来早，气温较高而稳定，蜜源植物开花相对提早，这样的年份泌蜜较多。

(2) 湿度与降雨量　空气相对湿度在60%～80%时，最适宜植物花蜜的分泌，而且是湿度越高，泌蜜越多。其泌蜜的特点是每天自早晨以后逐渐减少，到傍晚又开始增加，而在阴天和空气湿度较高的情况下，其泌蜜量增加或减少的时间均向后推移。

蜜源植物在生长发育和开花泌蜜过程中，与降雨量有密切关系。雨量充沛，蜜源植物生长发育好，花序长，花朵多，泌蜜多；气候干旱，对植物的生长、开花和泌蜜都有影响。降雨量与空气湿度有关，如在蜜源植物开花期间，每隔几天降一次小雨，雨后放晴，能提高泌蜜量。但是大雨或暴雨，会冲洗花蜜，打坏花朵，影响质量；长期阴雨，不仅会影响泌蜜，而且蜜蜂不能外出采集。

(3) 空气与风 空气被污染会影响蜜源植物的泌蜜和蜜蜂的采集，甚至会造成蜜蜂的死亡。微风可以消除大气中水蒸气的积累，有利于泌蜜，特别是暖湿的南风能使泌蜜增多；微风能促进蒸腾作用，使花蜜的浓度提高。而大风，特别是暴风雨，会损花折枝，影响泌蜜。干热的西南风或干冷的西北风都会使蜜腺萎缩或花蜜干枯，致使泌蜜减少或停止泌蜜。

(4) 土壤与肥料 土壤与肥料对植物的生长和开花泌蜜影响很大。如苕子生长在碱性土壤；荞麦生长在微酸性沙壤土；枣树生长在冲积土壤；棉花生长在肥沃的黑色黏土壤，泌蜜就多。大多数植物生长在含石灰质较多的土壤上，泌蜜都比较多。

对栽培的蜜源植物，如油菜、柑橘等，若深耕细作，水肥充足，植株健壮，泌蜜量大，在施肥中增施磷钾肥，也能提高泌蜜量。

(5) 花的位置与大小年 从一株蜜源植物来说，通常是花序下部的花比上部的花泌蜜多；主枝比侧枝的花泌蜜多；头状花序外围的小花比中央的小花泌蜜多。

许多木本蜜源植物，如荔枝、龙眼、苹果、椴树等，有明显的大小年现象。大年时开花多，泌蜜多，结果多；小年即相反。其原因是在大年里营养消耗多，体内养分积累减少，造成花芽分化少，于是第二年开花少，形成了小年；而在小年里，开花和结果少，树体内营养积累多，又有大批花芽分化，这样来年又是大年。

五、养蜂机具

世界养蜂业的发展，与蜂箱等养蜂机具的不断改进是分不开的。活框蜂箱、人工巢础和摇蜜机的发明，使原始养蜂进入传统养蜂阶段，现代化技术装备养蜂业后，又使传统养蜂进入现代化养蜂阶段。

养蜂机具的种类很多，根据用途可分为蜂箱、巢础与巢础机、饲养管理工具和蜂产品生产机具等。

（一）蜂箱

蜂箱是蜂群生活的场所，是养蜂最主要的工具。纵观人类利用蜜蜂 9000 年的历史长河，从蜜蜂饲养管理技术进步的角度来看，以蜂巢蜂箱的改进为标志，可将人类的养蜂分为 3 个台阶：由固定的树洞、岩洞、土洞等原始的天然蜂巢到能够任意移动的空心木段、陶罐、草窝、木桶、木箱等人工的原始蜂巢；从巢脾固定的原始蜂巢到巢脾可以任意移动和调整的活框蜂箱；从传统的活框蜂箱到近代养蜂所使用的活框蜂箱，可以把巢脾提出来察看，了解蜂群内部的情况，并采取相应措施及时处理蜂群产生的问题。

1. 郎氏标准箱

郎氏标准箱又称十框标准箱，是美国养蜂家郎格斯托罗斯于 1851 年发明创造的活框蜂箱。蜂箱中的蜂路宽窄、巢脾大小和总面积等是根据意蜂的个体、产卵力的大小和其他生活习性设计的，很适合饲养意蜂；用来饲养中蜂的效果也不错。因此，它是目前世界上使用最广泛，也是我国最普遍使用的蜂箱。虽然制作形态上多种多样，但巢脾的尺寸是统一的。

整个蜂箱是由箱盖、副盖、继箱、巢箱和箱底等组成。每个箱体通常放 10 个巢脾和一块隔板（图 6）。

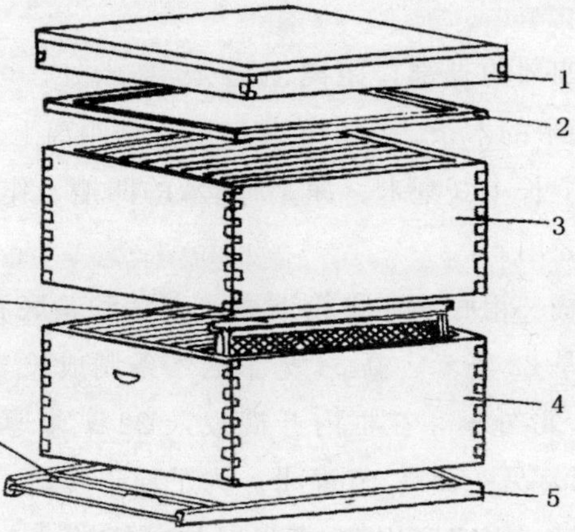

图 6　十框标准箱

1. 箱盖　2. 副盖　3. 继箱　4. 巢箱　5. 箱底　6. 巢门挡　7. 巢框

（1）巢框　标准巢框的外围宽 448 毫米、高 232 毫米，内围宽 428 毫米、高 203 毫米，实际有效面积 868.8 平方厘米，可容纳 6600～6800 个意蜂的工蜂房。这种标准巢框的上梁长 480 毫米、宽 27 毫米、厚 19 毫米，两端留有长 26 毫米、厚 10 毫米的框耳，钉上侧条后，一边实际框耳长 16 毫米。侧条长 222 毫米、宽 27 毫米、厚 10 毫米。底梁长 428 毫米、宽 10 毫米、厚 10 毫米。

（2）箱身　一般由两块 22 毫米厚的木板做前后板、两块 22 毫米厚（南方也用 16 毫米厚）的木板做左右板合接而成。其内围长 465 毫米、宽 380 毫米、高 243 毫米。箱身的前后壁内部上端开有宽 8 毫米、深 21 毫米的框槽。在框槽处钉一铁引条，铁引条可用厚 0.8 毫米左右的白铁皮，剪成长 380 毫米、宽 20 毫米的条状，铁引条高出框槽底部 5 毫米。铁引条要钉得平直，不能倾斜，要求巢框的框耳放在铁引条之上后，蜂箱内所有巢框上梁的上平面都在一个平面上，不能高低倾斜。生产上也有些蜂箱不钉铁引条的。继箱与巢箱统称为箱身，可以通用，也有用仅有巢箱一半高的继箱，称为浅继箱。

在箱身四周的外部，距离上边 48 毫米处，可钉一条宽 25 毫米、厚 20 毫米的木条，或在箱身前壁外部距离上边 80 毫米左右的地方，凿一个长 100 毫米、深 10 毫米的凹槽，作为提起或搬运蜂箱时的扣手之用。

(3) 箱底 箱底放在巢箱下面，有活动箱底和固定箱底两种。活动箱底用厚 22 毫米、高 54 毫米的木条制成长 590 毫米、宽 425 毫米的“Π”形外框，在框内开槽嵌入 22 毫米厚的底板，使其一面高 22 毫米，另一面高 10 毫米。为了便于转地，目前国内多数箱底改为固定底，固定底用 22 毫米厚的木板拼成，直接钉在巢箱底部，其巢框底梁至箱底板的距离一般为 16～19 毫米，在前壁下沿两侧留有宽 150 毫米、高 12 毫米的巢门孔，

(4) 副盖 也称子盖或内盖，可分木板型和纱盖型两种。木板型的副盖是用几块 10 厘米厚的木板拼接成 510 毫米×425 毫米大小，然后在其上面四周钉宽 20 毫米、厚 10 毫米的边框。纱盖型的副盖有利于通风，适用于转地蜂群。制作时先用宽 25 毫米、厚 20 毫米的木条，制成长 510 毫米、宽 425 毫米的框架，并在中央横加一根宽 25 毫米的木条，然后在框架的上平面安置 16～18 目的铁纱即成。

(5) 箱盖 也称雨盖，先用 15～20 毫米厚的木板拼接成高 75 毫米的框架。框架内围尺寸是长 516 毫米、宽 430 毫米，即比箱身的外围尺寸各边均多留 5 毫米的余量。然后在框架上钉一层 15 毫米厚的顶板，顶板之上再加一层白铁皮或油毛毡等防雨材料。

(6) 巢门挡与巢门板 采用活动箱底时，巢门挡一般用方木条

制成，长为380毫米，宽与高各为22毫米。在方木的不同方向面上，开有两个不同大小的缺口，大的165毫米×9毫米，小的50毫米×8毫米。采用固定箱底时，巢门板为长380毫米、厚10毫米、高30毫米的长方木条，直接放在巢门路板上，高度部分盖住巢门缺口。木条上开有两个长60毫米、高9毫米的舌形活动巢门。

(7) 隔板与闸板 隔板的外形尺寸长为480毫米、高为232毫米，去两边框耳后长448毫米。一般可与巢框外形尺寸相同，隔板厚10毫米。闸板也叫隔堵板，外形与制作方法与隔板基本相同，所不同的是隔板不切断蜂路，可调节蜂巢大小，有利于保温和避免蜜蜂筑造赘脾；而闸板是在蜂箱中作为隔墙，将一个蜂箱分为两个空间，可以同箱饲养两群蜂。闸板的外形尺寸带板耳的上边长应为480毫米，板长为465毫米，与巢箱的相应内围尺寸相同。至于闸板的高，要视箱底而异，一般可依巢框高度、上蜂路、巢框底梁至箱底的距离而定。

2. 中蜂十框标准箱

我国自从中蜂采用新法饲养以来，各地对饲养中蜂的蜂箱进行了研究制作，先后出现了许多不同形式的中蜂箱体。根据各地的情况，实际使用较多的中蜂蜂箱主要有以下几种形式：福建、云南、贵州、广西等地仍采用郎氏标准箱饲养中蜂；四川和湖南用中一式蜂箱和沅陵式蜂箱；广东用中笼式蜂箱和从化式蜂箱；黄淮及其华北地区用景戎式蜂箱和高窄式蜂箱。各式中蜂蜂箱的巢框规格比较见表2。

上述几种饲养中蜂的蜂箱各有其优缺点，它们多为地方性的，特别是规格标准各异，给使用带来诸多的不便。中国养蜂研究所根据中蜂群势发展、产蜜量、度夏越冬性能等对各式中蜂蜂箱进行综合比较，认为湖南沅陵式蜂箱比较好，其次是郎氏标准箱和中一式蜂箱，但都不是特别优越的箱式可作为中蜂最佳的标准箱。他们认为以巢框内径高220毫米、宽385～405毫米范围内所设计出来的箱式，比较适宜饲养中蜂。在这个基础上，他们又结合对中蜂自然巢脾的观测，于1977年设计了中蜂10框标准蜂箱。

表2 7种主要中蜂蜂箱规格表

箱　式	巢框内径（毫米）		上梁（毫米）		巢框面积（厘米^2）
	宽	高	宽	厚	
郎氏	428	203	27	20	868.8
沅陵式	405	220	25	20	891.0
中一式	385	220	24	20	847.0
中笼式	385	206	25	20	793.10
高窄式	245	300	25	20	735.0
从化式	355	206	25	18	731.3
景戎式	355	200	25	20	710.0

中蜂10框标准蜂箱由具有10个巢框的巢箱、10个继箱框的浅继箱、副盖、箱盖等组成（图7）。

(1) 巢箱　内围长440毫米、宽370毫米、高270毫米，板厚20毫米。两侧壁后下方各有3～5个圆孔巢门。前后壁内面中央开有宽12毫米、深3毫米的浅槽，供闸板插入。前壁下沿有2个长120毫米、宽20毫米的缺口，前壁前面插入一块长386毫米、高50毫米、厚

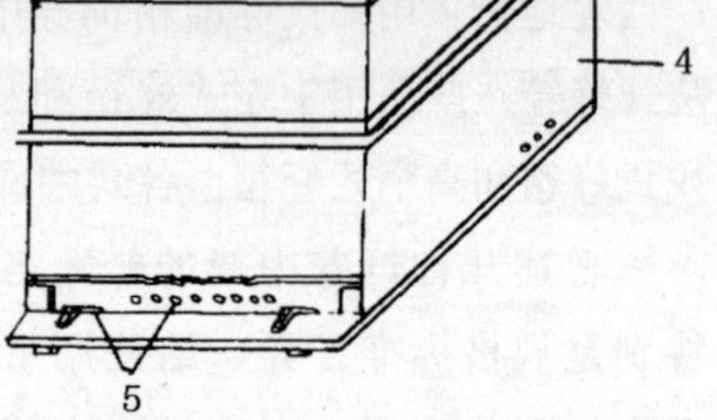

图7　中蜂10框标准箱

1. 箱盖　2. 副盖　3. 浅继箱
4. 巢箱　5. 巢门

15 毫米的巢门板；该板一边开 10 个圆孔巢门，另一边开 2 个各长 60 毫米、高 10 毫米的舌形活动巢门。后壁上部开有 2 个各为 80 毫米×110 毫米的纱窗，并各有一块 100 毫米×120 毫米可以左右移动的木板供开闭。整个箱体外围上沿加保护条，条宽 20 毫米、高 25 毫米。

(2) 巢框 外围长 420 毫米、高 250 毫米。上梁长 456 毫米、宽 25 毫米、厚 20 毫米。框耳长 28 毫米。边条长 240 毫米、宽 25 毫米、厚 10 毫米。下梁长 400 毫米、宽 15 毫米、厚 10 毫米。上梁底面开一巢础沟。隔板的尺寸与巢框外围相同，厚 9 毫米。

(3) 浅继箱和浅继箱巢框 浅继箱内围长 440 毫米、宽 370 毫米、高 135 毫米，板厚 20 毫米。浅继箱巢框外围长 420 毫米、高 125 毫米。上梁长 456 毫米、宽 25 毫米、厚 15 毫米。

(4) 副盖 分木板盖和铁纱盖两种，大小与箱体外围尺寸一致。木板盖也可由相等大小的两块组成。

(5) 箱盖 内围长 490 毫米、宽 420 毫米、边高 85 毫米，板厚 15 毫米。箱盖里面前后各钉一条长 420 毫米，宽和厚均为 20 毫米的木条，使箱盖能够浮搁在副盖或铁纱盖上。箱盖上面加钉镀锌铁皮或油毛毡。两侧壁各有 2 个长 100 毫米、高 20 毫米的舌形通风口。

（二）巢础与巢础机

郎氏活框蜂箱发明之后，1857 年德国人梅林按照蜜蜂自然巢脾的特性，发明了蜂蜡巢础，改变了以前完全靠蜜蜂自行筑造巢脾的方式。

巢础是蜜蜂筑造巢脾的基础，是科学养蜂不可缺少的重要物质。它是两面具有凹凸的正六角形巢房基础的蜡片（图 8）。巢础是用蜂蜡制成蜡片后再经巢础机（图 9）压印而成的。

图 8　巢础

图 9　巢础机

巢础的房眼，通常是按工蜂房的大小标准来确定的。房眼的准确度和整齐度，与蜜蜂筑造巢脾的优劣有着密切的关系。因此，对巢础的质量应有严格的要求：制造巢础必须使用纯净的蜂蜡；巢房的六角形要准确，规格要一致，色泽鲜艳，房底透明度均匀。

我国目前蜂具厂所生产出售的巢础，按规格分为普通巢础与深房巢础；按适用蜂种分为意蜂巢础与中蜂巢础。

普通巢础的房底稍厚、房基稍高，规格为425毫米×200毫米，每千克18～20片。蜜蜂筑脾比较费时，有时还会改造成雄蜂房。

深房巢础的房底厚、房基高，规格与普通巢础相同，每千克14～16片。由于房基高，工蜂稍加筑造就成巢脾，改造成雄蜂房的机会少。

意蜂巢础与中蜂巢础的几何形状都是一样的，仅是房眼的大小不一样。意蜂个体大，故巢础的房眼稍大；中蜂个体略小，故巢础的房眼亦小些。意蜂巢础每平方分米两面大约共有房眼857个，每个房眼的宽度（即正六角形的内切圆直径）为5.31毫米；中蜂巢础每平方分米两面大约共有房眼1243个，每个房眼的宽度为4.61毫米。饲养其他品种的西方蜜蜂，都可以采用意蜂巢础。

（三）饲养管理工具

蜜蜂饲养管理工具种类比较多，但主要有面网、起刮刀、蜂刷、喷烟器、饲喂器、蜂王诱入器等。

1. 面网

面网是防护人体的面部、头部和颈部免遭蜂螫的用具（图10）。面网的形式多种多样，但总的要求是轻巧适用，通风凉爽，视线清晰，蜂钻不进，携带方便。我国目前所使用的面网一般都是采用白色棉网纱或尼龙网纱制成，在前脸部嵌缝

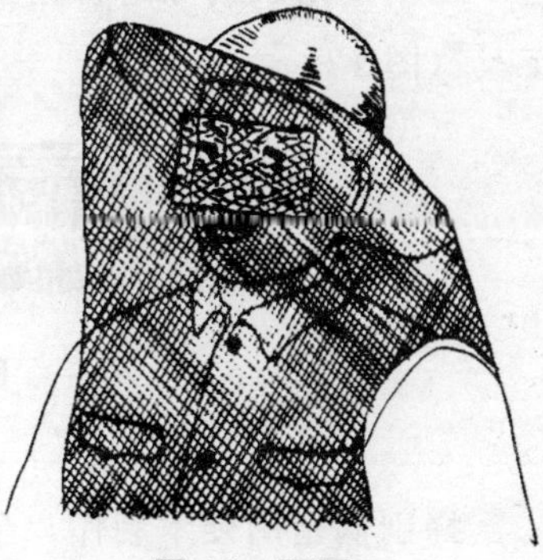

图10 面网

一块黑色丝质网纱。另外再配套一顶大沿的塑料帽即成。

2. 起刮刀

起刮刀是蜂群管理活动中经常使用的一种工具。由于西方蜜蜂喜欢用蜂胶或蜂蜡粘连巢箱、巢框等部位的缝隙，所以在检查蜂群、提脾取蜜等操作时，必须使用起刮刀来撬开被蜂胶粘固的副盖、继箱、隔王板和巢脾等，还可以用来刮除蜂胶与蜂蜡、铲除赘脾、清理箱底污物、撬铁钉、旋螺丝钉等，用途十分广泛。

起刮刀一般用45号或50号优质碳素结构钢锻打而成，两端均有刃口，长度180毫米，一端为铲状的平刃，刃宽32毫米，近刃口处开有一个撬钉小孔；另一端向上弯成100度角的扒状弯刃，高14毫米，刃宽38毫米；刀的中央握手处宽18毫米，厚3毫米，向两端逐渐减薄至厚0.5毫米（图11）。

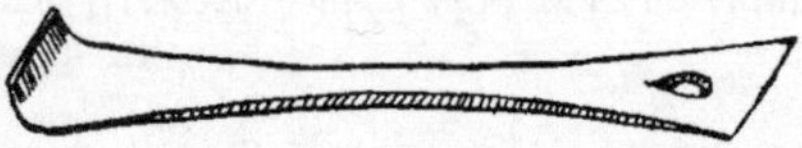

图11 起刮刀

3. 蜂刷

蜂刷是用来刷除附着在巢脾、蜜脾、育王框等蜂具上的蜜蜂的工具（图12）。

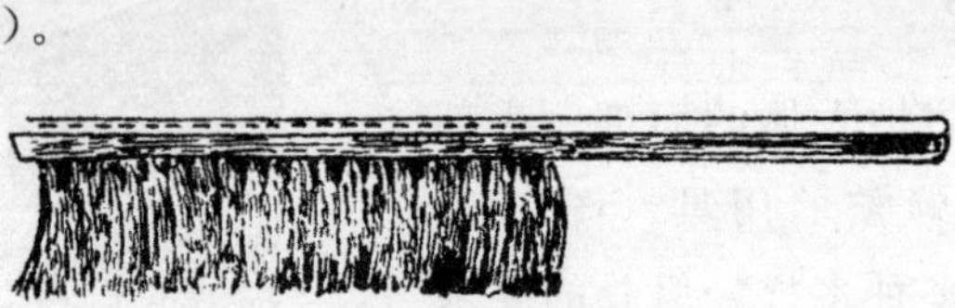

图12 蜂刷

蜂刷柄是用硬木制作，全长360毫米，嵌毛部分的长度210毫米。刷毛常用柔韧适中、不易吸水的白色马鬃或马尾制成，不能用黑色或较硬的刷毛代替。

4. 喷烟器

喷烟器是驯服蜜蜂的工具，由发烟筒与风箱两部分组成（图 13）。

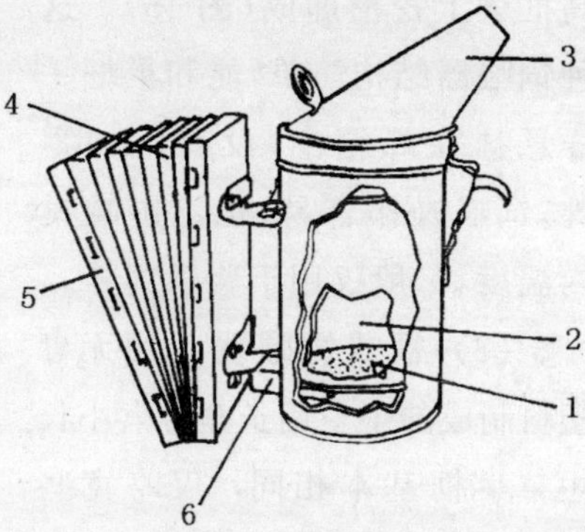

图 13　喷烟器

1. 炉栅　2. 燃烧室　3. 喷烟嘴
4. 皮革　5. 风箱板　6. 通风管

发烟筒用铁皮制作，直径 95 毫米、高 165 毫米。在筒的内侧距筒底 20 毫米处有一直径为 12 毫米的圆孔，用以嵌插通风管。筒底设置圆盘炉栅，以承托燃料。筒顶连接斜锥形筒盖，筒盖上带有定向的漏斗形喷烟嘴。风箱是由两块风箱板、皮革、通风管及弹簧组成，用以往燃烧室的底部输送空气。

5. 饲喂器

饲喂器是一种可以装贮糖浆或蜂蜜及水供饲喂蜂群用的工具。样式有巢门饲喂器、框梁饲喂器、框式饲喂器等。

(1) 巢门饲喂器　由一个广口瓶和一个底座组成（图 14）。广口瓶的螺旋瓶盖上钻有小孔，用于蜜蜂吮吸饲料。底座用镀锌铁板制作，其上有倒着插入广口瓶的圆台，圆台一边有阶梯状的舌作为通道，可插入不同高度的巢门内。巢门饲喂器操作简便，饲喂时不必开箱，一般在晚间插在巢门内作奖励饲养。

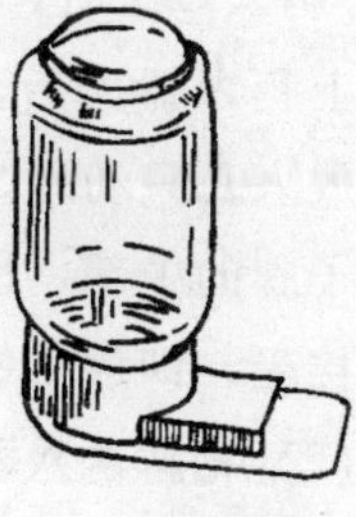

图 14　巢门饲喂器

(2)**框梁饲喂器** 在特制的高框梁上挖槽即成(图 15)。这种饲喂器结构简单,能和巢框一样悬挂在蜂箱中,没有附加零件,饲喂操作容易,也不影响巢内温度,一般仅用于奖励饲养。

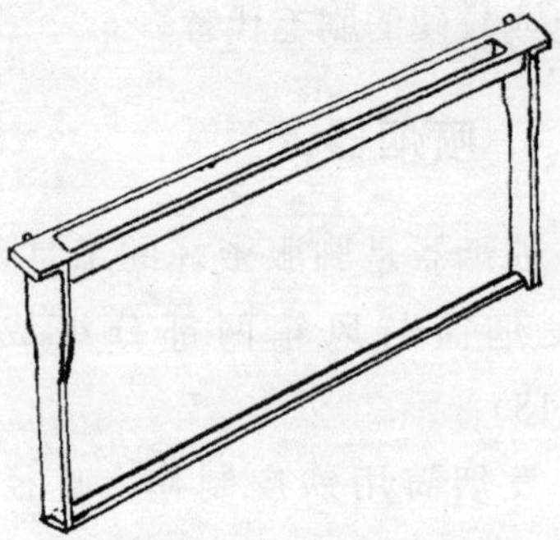

图 15 框梁饲喂器

(3) **框式饲喂器** 用无毒塑料制成的中空扁长盒，大小长短与巢框基本相同，仅略宽些(图 16)。这种饲喂器容量大，主要用于快速补助饲喂。用时放在蜂箱内巢脾的外侧并紧靠巢脾，可兼作隔板。此外，山区养蜂可以就地取材，用竹筒制成饲喂器，既方便成本又低。

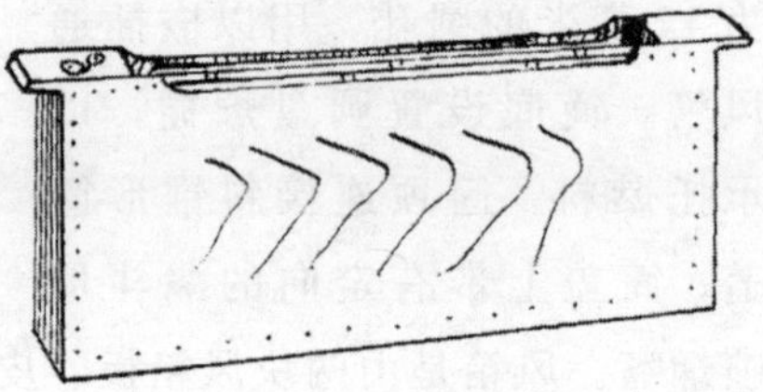

图 16 框式饲喂器

6. 蜂王诱入器

蜂王诱入器是间接诱入蜂王时使用的用具。常用的有木套诱入器和扣脾诱入器两种。

(1) **木套诱入器** 由镀锌铁皮、铁纱网和小木板制成（图 17)。诱入蜂王时，先将小木板抽出，将开口对准蜂王罩下，待蜂王向上爬入器内后，轻轻插入小木板，用图钉固定，另一端的孔口，放入几只幼蜂，塞上少许炼糖，推上插片。然后将诱入器挂在两个子脾的中部，适当放宽蜂路。两三天后，检查接受情况，若蜂王被接受，即放出蜂王。

(2) **扣脾诱入器** 由镀锌铁皮、铁纱网制成（图 18)。使用时打开小孔放入蜂王，再从无王群提出一框有蜜的老虫卵脾，捉 7～8 只幼蜂放入诱入器。然后将诱入器扣在有蜜的巢脾上，并抽去铁

图 17 木套诱入器

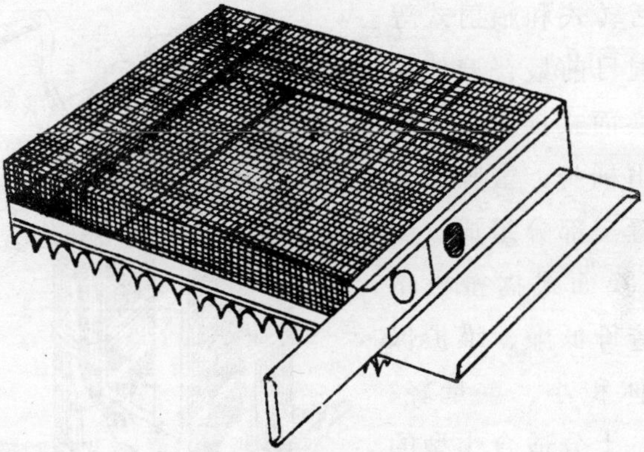

图 18 扣脾诱入器

底片，各向平均用力压下，将锯齿插入巢房内。再将此巢脾放回巢内子脾中间，让蜜蜂与蜂王接触。经 1～2 天后，如诱入器上蜜蜂已散开，或看到有蜜蜂将吻伸入器内饲喂蜂王，说明蜂王已被接受，可放出蜂王。

（四）蜂产品生产机具

蜂产品生产机具主要有取蜜机具、产浆机具、生产蜂蜡的机具、收集蜂花粉的机具和电取蜂毒的机具等。

1. 取蜜机具

取蜜机具主要有摇蜜机、割蜜刀、滤蜜器等。

(1) 摇蜜机 又称分蜜机。现在普遍使用的分蜜机，按动力来分有手摇的和电动的；按容量来分，有2～120框；按制作材料来分，有普通金属的、不锈钢的和塑料的；按蜜脾排列方式来分，有换面式、活转式和辐射式等类型。我国目前最普遍使用的为两框换面式摇蜜机。这种摇蜜机由桶身、蜜脾篮架和转动装置三部分组成（图19）。两框换面式摇蜜机结构简单、造价低廉、维护保养方便、体积小、重量轻、便于携带，十分适合小型的转地蜂场使用。但因蜜脾在分蜜机中其平面与分蜜机桶身呈弦式排列，分离完蜜脾的一面蜂蜜后必须将蜜脾提出调换另一面再进行分离，致使工作效率低。

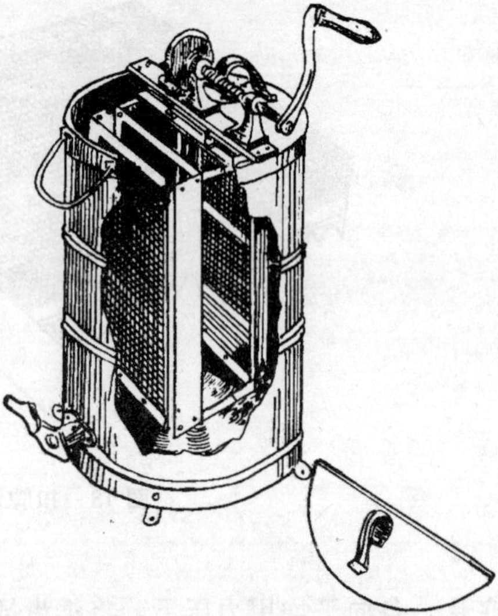
图19 两框换面式摇蜜机

(2) 割蜜刀 为取蜜时用以切除封盖蜜脾上封盖蜡的刀具。有普通冷式割蜜刀、普通热式割蜜刀、蒸汽割蜜刀等多种，国外大型养蜂场已采用自动高速切蜜盖机。由于取蜜时期一般都在比较温暖的季节，所以我国普遍使用普通冷式割蜜刀（图20）。这类割蜜刀可用中碳钢锻打而成，平底，具有双刃，刀身背部隆起，厚2毫米，刀锋长220毫米。刀锋要坚挺，刀刃要尖锐而薄，刀尖可制成椭圆状具有刃口。刀柄处弯曲向上呈泥匙状，目的是可以容易地切割蜜脾面上某些凹下的蜜盖；刀柄处还配有握手的木套柄。由于使用时刀子是冷的，而且刀刃常被蜜、蜡黏着，因而切割封盖蜡的效率低。但是它简便易携带，不需热源，适合转地蜂场使用。

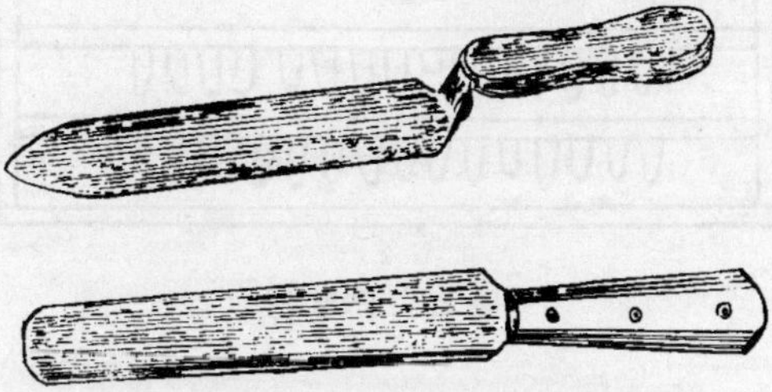

图 20 普通冷式割蜜刀

(3) 滤蜜器 是取蜜时用以滤除蜜液中的蜡屑、幼虫和杂质的工具（图 21）。常用的最简单的滤蜜器是用薄镀锌铁和铁纱制成，圆锥形。摇蜜时挂在摇蜜机流蜜管口下面。滤蜜器一般可用铁纱网自制。

图 21 滤蜜器

2. 产浆机具

产浆机具主要有产浆框、蜡碗棒、人工台基、移虫针、隔王板和取浆工具等。大多数的产浆机具可兼作人工育王的工具。

(1) 产浆框 生产王浆专用的产浆框，其形状和大小与巢框相似，为木制框架，但框梁窄，仅 13 毫米。框的侧条上平行嵌装 4 条木制的或塑料的台基条（图 22）。每一个台基条上黏附 20 个左右的蜡碗。台基条两端钉在侧条上，可以转动，便于移虫和取浆操作。有的是将台基条嵌于侧条内，移虫或取浆时可将台基条连同蜡碗一起取下，操作更为方便。

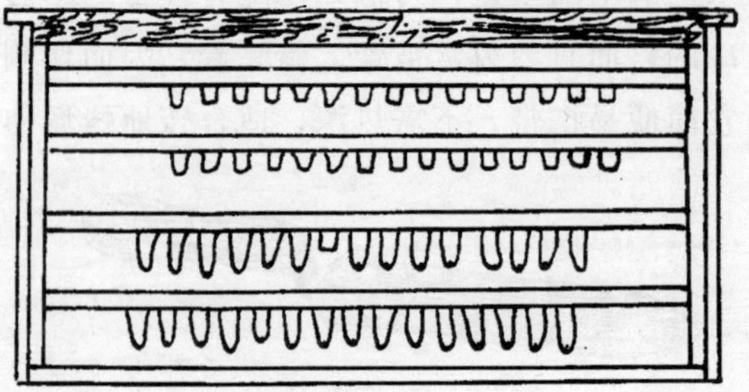

图 22 产浆框

(2) 蜡碗棒 为沾制蜡碗用的木制模型棒（图 23）。蜡碗棒用质地致密而易吸水的木料加工而成。棒的长度约 100 毫米。棒的直径上大下小，上端的直径为 13 毫米，下端圆滑直径为 6.5～7 毫米，离下端 10 毫米处的直径为 8 毫米，此处可做一横线作为沾蜡碗的标记。使用时应先用水泡浸，以便沾蜡时脱下蜡碗。蜡碗棒需多准备几个，以便更换使用。

图 23 蜡碗棒

(3) 人工台基 是指生产王浆时所使用的一种人造蜡碗或塑料碗（图 24）。

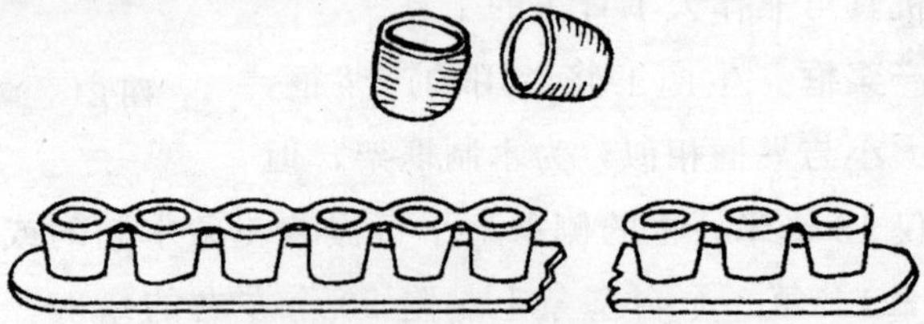

图 24 人工台基

上：蜡碗 下：塑料台基

制蜡碗需用纯净的蜂蜡，以蜜盖或赘脾的蜡为好。将这些新鲜蜂蜡置于双重锅的熔蜡壶内，加热熔化成液体。沾制蜡碗时，将蜡碗棒垂直插入蜡液中沾蜡，首次插入深度10毫米，立即取出稍待冷却后，再次沾蜡，每次沾蜡缩短1毫米，如此连续2～3次。然后放在冷水中促使蜡碗冷却凝固，片刻后取出，用手轻轻捻动，蜡碗即可脱下。制成的蜡碗以口薄底厚，壁厚均匀为好。

塑料台基是用无毒透明塑料注塑成型的专为生产蜂王浆使用的台基，形状与蜡碗相同。塑料台基的接受率并不低于蜂蜡台基（蜡碗），而且单碗产浆量还比较高，蜂王浆中的杂质也少，质量高。塑料台基一般可以连续使用3～4年，更由于强度高、排列整齐，有利于进行机械化取浆。

（4）移虫针 为人工移虫育王或生产王浆时用来移取幼虫的工具（图25）。移虫针的样式很多，有金属移虫针、鹅毛管移虫针、牛角片移虫针和弹力移虫针等。此外，还有用于人工育王时移虫的移虫管。

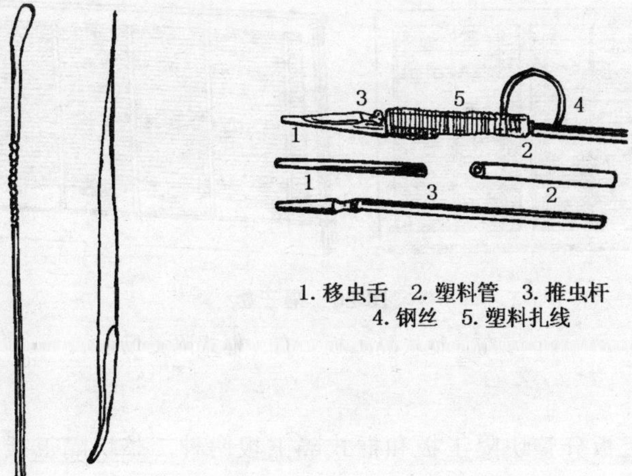

图25 移虫针

左：金属和鹅毛管移虫针 右：弹力移虫针

无论采用何种材料制成的移虫针，其下端都必须扁薄圆滑，微呈钩状。目前使用比较普遍的是我国养蜂者于20世纪60年代发明创造的弹力移虫针。它是由牛角片移虫舌、塑料管、推虫杆、钢丝弹簧及塑料扎线构成。塑料管可用圆珠笔心代替，一端扎着一支牛角片移虫舌，管内是一根竹制的推虫杆，在塑料管和推虫杆的上部有一根用不锈钢丝制成的弹簧（可用螺旋形弹簧）。使用时，利用薄而光滑的牛角舌片具有坚挺而柔韧的特性，将细薄柔软的角质舌片顺房壁伸入巢房底部时，舌片就会弯曲滑入幼虫底部把幼虫带浆托起在舌片尖端，转入台基中央后用食指轻压弹性推虫杆的上端，便可将带浆的幼虫推入台基底部。这种移虫针除具有鹅毛管与牛角片移虫针的优点外，还有就是移虫容易而且迅速，效率很高，是适合于我国养蜂大量生产王浆的先进的移虫工具。

(5) 隔王板 是限制蜂王产卵与活动范围，严格分清卵虫区和贮蜜区，用于生产蜂蜜、人工育王和生产王浆等的一种工具（图26）。

图26 隔王板

左：整块隔王板 右：框式隔王板

隔王板分整块隔王板和框式隔王板两种。整块隔王板的外围尺寸与副盖的外围尺寸相同；而框式隔王板的外围尺寸与闸板的外围尺寸相同。隔王板里面的栅条间距是根据蜂王与工蜂胸部厚度的差异来确定的。实践证明，栅条间隔采用4.14毫米，既适用于意蜂，也适用于中蜂。隔王板的栅条可用木条、铁线制成，也可以用薄铁片制成，但都必须平整、标准和规范。

(6) 取浆工具 取浆的工具有手工器具、吸浆装置和取浆装置等。但无论用何种工具取浆，都必须先用利刀把台基加高部分割去，然后用竹制或不锈钢制的镊子夹出幼虫，再进行取浆。

手工挖浆的方法最简单，挖浆的工具，用3号画笔比用牛角片好。挖浆时只要把画笔从王台边插入台底，然后旋转360度，顺势撬离王台，画笔毛就能把王浆沾带出台，并刮入王浆瓶内，再复一笔，王浆就可刮尽。每次挖浆必须刮尽，否则不仅会影响本批产量，而且由于老浆成垢，也会影响下批产量。

如果采用塑料蜡碗生产王浆，则适宜采用吸浆装置取浆。吸浆装置是利用牙科用的脚踏吸血器或电动抽气机、真空泵等来作为抽气设备。一台抽气设备可以安装几个抽吸嘴，抽吸嘴用玻璃管制成，顶端成球形，球形圆径意蜂台基为6毫米，球嘴开口直径为2.5～3.5毫米（图27）。原浙江农业大学蜜蜂研究所还研制了RT-1型取浆机。

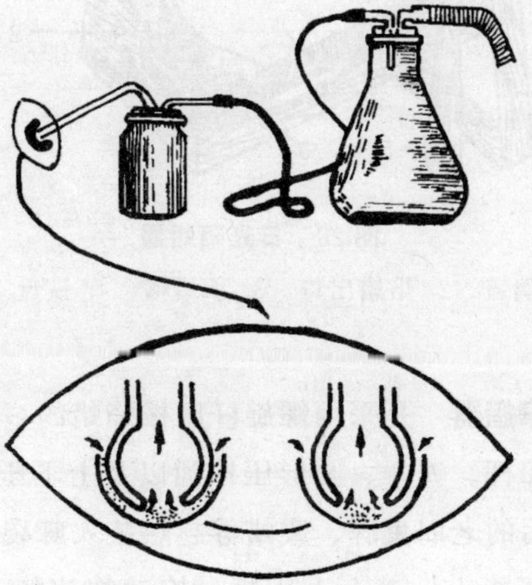

图27 吸浆装置

3. 生产蜂蜡的工具

蜂蜡是制造巢础的材料，也是一种重要的工业原料。生产蜂蜡的工具主要有日光晒蜡器和铁制榨蜡器等。

(1) 日光晒蜡器 是利用太阳热能来提取蜂蜡的一种装置（图28)。它的基本结构是制作一个长方形木箱，内装铅铁板制成的浅盘，浅盘上有一层置蜡的铁纱网，浅盘前低后高，盘的前端有楔形出口，盘的下端承接一个镀锌铁板制成的盛蜡小槽，木箱上部装有双层玻璃盖。这种日光晒蜡器只能熔化赘脾、蜡屑和封盖蜡等。至于老旧巢脾，则应采取其他办法提炼。晒取的蜂蜡应加 2 倍水煮化，待冷却后刮去底部的杂质。

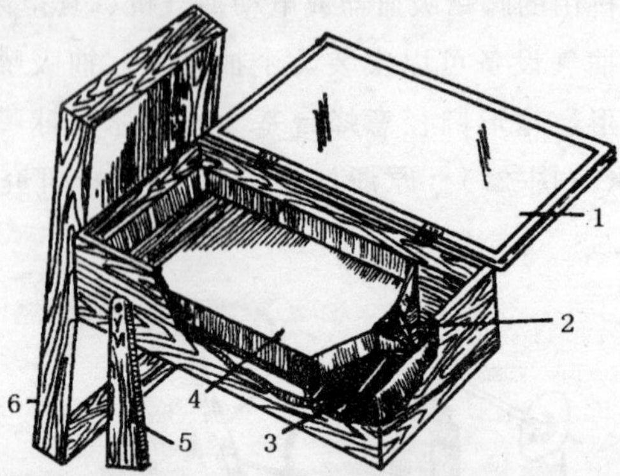

图 28 日光晒蜡器

1. 双层玻璃盖 2. 熔蜡出口 3. 承蜡槽 4. 铁盘 5. 腿 6. 外盖

(2) 铁制榨蜡器 是采用螺旋杆压榨蜂蜡的一种装置。这种装置包括螺旋压榨杆、铁架、圆形压榨桶以及上下压板（图 29)。使用时，将煮熔后的老旧巢脾、废蜡等趁热装入麻袋或尼龙袋，置于榨蜡桶内的下压板上，盖上上压板，旋动螺旋杆，对压板进行加压，将水和熔蜡榨出流入容器内。

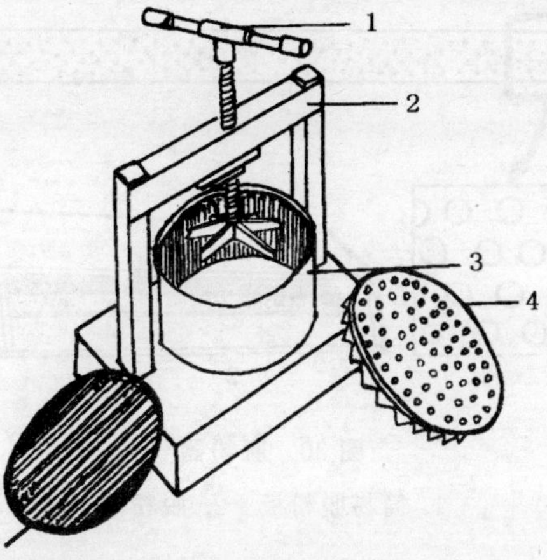

图 29　铁制榨蜡器

1. 螺旋杆　2. 铁支架　3. 圆形榨蜡桶　4. 下压板　5. 上压板

在日常蜂群管理中所收集的少量蜂蜡，提炼时只要加适量的水放入钢精锅煮熔化，并趁热用铁纱网或棕片过滤，蜡渣再用简易的夹板压挤就行。流入容器里的蜡液，待蜡层凝固后刮去底部杂质即得蜂蜡。

4. 收集蜂花粉的工具

脱粉器是一种迫使回巢的采集蜂通过障碍物，把大部分的花粉团从工蜂后腿上的花粉篮中脱落于集粉盒内的工具。脱粉器一般由外壳、脱粉板、落粉板、集粉盒等组成。脱粉器有木制的、竹制的、金属制的、无毒塑料制的。脱粉板有铁纱网的、塑料板的、竹片板的、铁丝圈的；板上脱粉孔有方形的、圆形的、梅花形的等。按照收集蜂花粉时的放置部位脱粉板有箱底型与巢门型两大类。目前使用较为方便而普遍采用的为巢门型脱粉器（图 30）。

巢门型脱粉器多为木制的，其最上面是一块斜形的顶板和一块水平盖板。盖板的内侧与巢箱前壁留有一条 10 毫米宽的缝隙，作

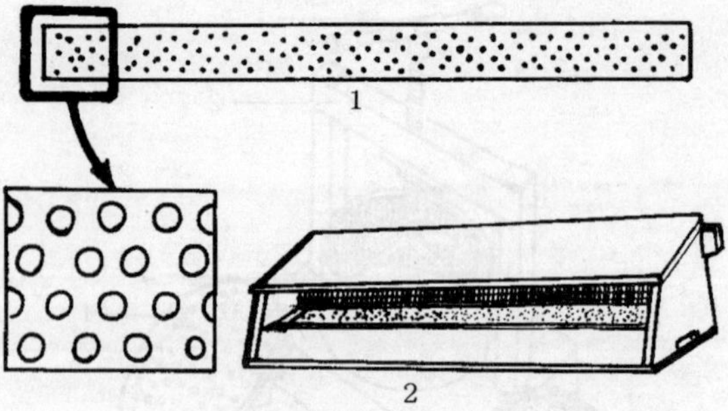

图 30　脱粉器

1. 简易脱粉板　2. 脱粉器

为蜜蜂的上部出口。抽屉形的集粉盒上面为一单层的落粉纱网。盖板与集粉盒中间有一个脱粉框，它的前、后两面钉上 5 目的铁纱网（网眼尺寸 4.4 毫米×4.4 毫米），从而形成双层脱粉纱网。脱粉框可在脱粉器两边的侧板间来回抽动。在两端侧板后面有高 40 毫米、宽 15 毫米的间隙，作为蜜蜂的侧面出口。集粉盒和蜂箱巢门之间需斜立一块爬行板，便于蜜蜂出入巢门。

采用无毒塑料注塑而成的巢门型脱粉器，由外壳、集粉盒、落粉板、脱粉板组成。使用时落粉板放在集粉盒上，脱粉板插在落粉板上，外壳套于集粉盒两侧壁上部的沟槽内。装好的脱粉器将外壳后下边放在巢门踏板上，外壳后边遮住巢门。工蜂由外壳前面进入脱粉器，穿过脱粉板才能进入巢门。脱粉板上的脱粉孔为圆形，对意蜂的直径为 4.2 毫米。

全塑料巢门型脱粉器尺寸规范，外形美观，易于洗刷，安装简便，生产效率高，且携带方便，为养蜂者喜用的一种脱粉器。

5. 电取蜂毒的工具

以前人们是采用手工、药剂麻醉蜜蜂的办法获取蜂毒，操作麻烦，蜜蜂损失大，蜂毒产量低、质量差。到20世纪50年代，人们才发现可以利用电击引起蜜蜂的螯针排毒反应。由于工蜂个体的电阻较高，一般需9～30伏电压，才能刺激工蜂出现排毒反应。根据这个原理研制出电取蜂毒的工具，叫电取蜂毒器。

电取蜂毒器主要由电网框、取毒托盘、供电装置组成（图31）。

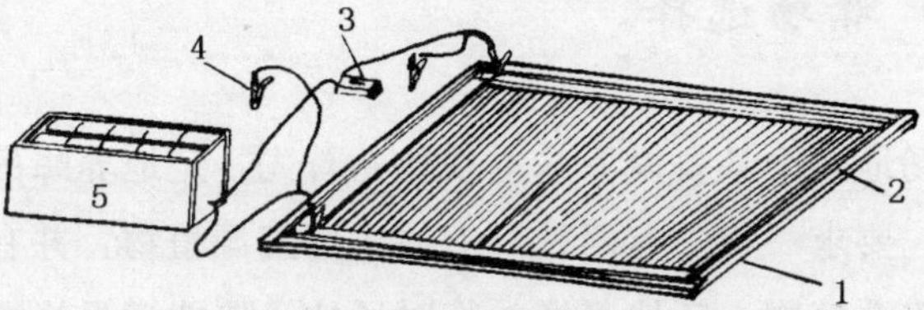

图31 电取蜂毒器

1. 取毒托盘 2. 取毒器电网 3. 开关 4. 电键 5. 电池盒

（1）**电网框** 为450毫米×310毫米的木条框，在木框横梁内侧，每隔6毫米平行装一根18号粗细的铜线或不锈钢线，其单数导线和双数导线的线头分别并联起来，形成电网。

（2）**取毒托盘** 用薄木板制成，尺寸比电网框略大，使电网框正好放入托盘内，电网下放置一块3毫米厚、长405毫米、宽265毫米的平板玻璃，其上覆以430毫米×265毫米的一块尼龙布。平板玻璃与电网的间隙为1～2毫米。

（3）**供电装置** 即一个木制电池盒，内装30伏电压的干电池，电源输出端装有一个电源开关，在取毒时用手动控制电网电流接通或断开的时间。最好采用电子自控装置，可以自动控制电网电流接通或断开的时间。

六、养蜂基本技术

（一）蜂场选择

养蜂场地必须具备以下基本条件：首先，定地养蜂的场地必须蜜源丰富，要求一年中有两种以上的主要蜜源植物，并有比较丰富的辅助蜜粉源植物；转地养蜂的临时场地，要能满足蜂群采蜜和产浆的需要。其次，是蜂场位置要冬暖夏凉，最好选择在成片蜜源植物地势略低的下风处，便于采集蜂逆风登高空腹而去，顺风下坡满腹而归；若蜂场位于蜜源中间，也利于采集；同时要注意附近水源充足，能够满足蜂群采水和养蜂人员生活用水。第三，放蜂场地的交通条件要相对好一些，最好拖拉机或汽车可以直达，否则人力搬运时距离过远，会带来许多困难。第四，力求环境幽静，人烟稀少，无喧闹声，没有敌害，干扰较少；场地上最好有宽叶落叶树，夏天借其遮阴，冬季落叶，阳光可以直射。第五，蜂场与蜂场之间，应保持一定的距离。特别是定地饲养的蜂场，最好互相保持3千米以上的距离，而大宗蜜源开花流蜜的转地场地可以稍近些。

总的来说，高寒山顶，谷地风口，浓雾海边，农药厂旁，蜜饯厂边，积水泽地，河滩荒坡，高压线下，蜜源和蜂场间相隔大江、湖泊、大水库，都不是理想的养蜂场地。

1. 定地养蜂场地的选择

定地养蜂是指蜂群终年不动或基本不动，而且能取得一定经济效益的生产方式。因此，定地养蜂的关键是蜜粉源植物，要求在场地周围3千米的半径范围内，一年中具有两个主要的蜜源植物和充沛的辅助蜜粉源植物，而且主辅蜜粉源植物搭配应适宜。在山区，还应考虑到今后林木砍伐的情况，必须选择林木稳定或植树与砍伐合理的地方建场。同时根据林木蜜源的数量来确定饲养蜂群的数量。

山区定地养蜂的场址，宜选择在南向的近山麓坡地，正面开阔，阳光充足，背有高山为屏，上有自然遮阴，夏通南风，冬阻北风，既宜夏又宜冬的地方；不宜选在山顶或峡谷，因山顶风大，云雾多，峡谷阴湿，谷风频吹，都不利于蜜蜂采集蜜粉。选择场址时还要注意到山地的土质要肥沃，蜜粉源植物生长才能旺盛，花期长，泌蜜丰富；附近有清洁的小溪流，但切勿选择在有山洪冲击和塌方的地方。此外，还要考虑交通和山火等问题。

2. 转地养蜂临时性场地的选择

作为追花夺蜜转地养蜂的临时性场地，要求比较不严格，一般选择在靠近蜜源、交通比较方便、排蜂地点宽敞、蜂路畅通、场地与蜜源之间没有宽阔水面的地方。转地养蜂临时性场地以能容纳一个汽车位（80～120箱蜜蜂）为宜，这样的场地很容易找，生产和生活也方便。选场时要尽量避开烟火、人畜、化工厂和农药的影响，并使意蜂场与中蜂场之间有一定的距离。

3. 蜂群春季繁殖场地的选择

春季蜂王开始产卵以后，此时外界的气温与蜂群内部育虫所需要的温度相差很大。因此，场地选择妥否，对蜂群繁殖的快慢有影响。为了帮助蜂群能够尽快度过恢复阶段，场地要选择有连续交错的丰富粉源的地方，有点小蜜源更佳；排蜂地点宜在干燥、向阳、背风之处。如果把蜂群排在开阔地上，由于冷风吹袭，致使巢温降低而不利于繁殖，并会迫使蜜蜂大量消耗贮蜜来产生热量，从而增加饲喂的麻烦和降低养蜂效益。

4. 蜂群越夏度秋场地的选择

南方蜂群越夏度秋期间，天气炎热干燥，外界蜜粉源枯竭，蜂王处于停卵或少卵阶段；而在江浙及其以北地区，这段时间常是养蜂的重要生产季节。为了保存蜂群的实力，或减少蜜蜂大量扇风，延长其寿命，此时的场地应选择通风、阴凉，并有水源的地方。要在上有自然遮阴、下有草地的地方排放蜂群。切勿将蜂群排在阳光暴晒或有大量岩石及水泥地的地方，更忌午后的西照。南方养蜂者认为，理想的场地应有海滨和山林。海滨场地温湿度比较适宜，海风凉爽有利于散热，胡蜂等敌害也少，特别是有田菁、芝麻、瓜类等辅助蜜粉源的海边，更有利于保持和发展蜂群。山林场地山高林密，有利于遮阴降温，又有许多零星的山花蜜粉源，有利于蜂群繁殖，但必须严防胡蜂的危害。夏季有主要蜜源的地方，应及时组织蜂群采蜜，只要注意遮阴和洒水降温即可。若将蜂群排在上有林木遮阴、下有流水的水沟之上，可以明显地提高采蜜量。

5. 蜂群越冬场地的选择

不论是北方还是南方的蜂群都有一段时间的越冬期，只是时间长短和程度不同而已。

北方蜂群的越冬场地应选择在背风、向阳、干燥、安静的地方。不宜选在家禽经常过往的地方，尽可能离铁路、公路、农药仓库远一些，一定要远离采石厂等有强烈震动或高噪声的地方。在同一场地内，最好是有背阳的条件，也有向阳的条件，以便越冬期间可以转移蜂箱的位置。也可以设一个活动式遮阴挡风假墙，不必搬动蜂箱，只要变动假墙，就可以使蜂群既能背阴又能向阳，以免搬动蜂箱惊动蜂团。

南方蜂群在立冬以后有两个月左右的时间可以采集冬蜜。由于时有冷空气的影响，南方冬季气温忽高忽低，采冬蜜的蜂群应排放在靠近蜜源的地方，以减轻工蜂因远途采集受冻而造成的损失。场地的方向，以朝南或东南，整天都有阳光照射为宜。冬季蜜源结束后，应将蜂群置于阴凉通风处，尽量创造稳定的低温条件，促使蜂王早停卵，蜂群能结团，蜜蜂少活动、少消耗精力，从而延缓蜜蜂的衰老死亡，保持越冬蜂群有一定的群势，以利蜂群安全越冬。

6. 高寒地区蜂群越冬室的选建

在黑龙江、吉林、内蒙古和新疆北部等高寒地区，因低温冰冻期长，蜂群要在特设的越冬室度过漫长的冬季。因此，蜂群越冬室的合理与否，关系到蜂群能否安全越冬。

蜂群越冬室要求温度保持在0～2℃，最高不超过4℃；相对湿度应控制在75%～80%，这样才有利于蜂群安全越冬。

蜂群越冬室分为地下、地上、半地下3种。最好建在养蜂场附近，并选择北有自然屏障、南面开阔向阳的地点。凡地下水位在3.5米以下的地方，可修建地下越冬室；如果地下水位较高，可考虑修建地上或半地下越冬室。设备完善的越冬室，其墙壁、天花板以及双重门应具有较好的保温性能，以保证在严寒的天气里蜂群仍能保持巢内适宜的温度。越冬室必须装有出气筒和进气筒，进气筒的下口应接近地面，以调节室内的温湿度。越冬室内要求完全黑暗，还要注意防震、防潮。

地下越冬室防潮的做法，是在室内四壁挡以小杆子，装厚16厘米左右的壁草，也可以在壁的四周铺设塑料薄膜，室内地板可以铺一层油毛毡，再垫上干土或细沙。越冬室的大小以需容纳的蜂群数而定。例如，宽5米、高2.5米、长4.6米的越冬室，可容纳60个标准箱群。同样的宽度和高度，若长度为7.5米，则可容纳100群；若是13米长，就可以容纳200群。

地上越冬室因保温效果较差，需建造双层墙壁，两层间隔50

厘米；房顶也是双层的，层间填塞碎草或锯末等保温物。

半地下越冬室的一半高度在地面以下，另一半在地面以上。在地下的地基墙上，设内外两层的地上墙，两墙的间距 30 厘米，其中填保温物。在室周围距离外墙 2 米处设低于室内地平面的排水沟，进气孔从两侧排水沟倾斜向上沿着墙基伸入室内。

7. 定地蜂场养蜂室的建造

山区定地饲养蜜蜂可以考虑建造固定的养蜂室。养蜂室是专门用于室内饲养蜂群的房舍，室内通常没有放置蜂箱，而是将蜂群直接饲养在砖彻木槽框式的固定蜂巢里，群与群之间用闸板隔开，巢门开向室外。也可以在室内搭架，架上放置蜂箱进行饲养。

养蜂室的环境受外界影响较少，具有冬暖夏凉的特点，可以增强蜂群的生活力，加速群势的发展，而且便于操作，安全牢固。若建筑长 7 米、宽 1.7 米、高 2.5 米的养蜂室，作双排蜂巢，则可饲养 30 群左右的蜜蜂。

养蜂室一般采用单层的土木或砖木结构。它应建在地势高燥、背风向阳、蜜粉丰富的地方。室内要求安静、幽暗、温湿度适宜。侧墙中间对着通道各开一个外门，房顶盖瓦片，房周种植落叶树，以便夏季遮阴、秋冬落叶透光。地面铲平、夯实，并铺上沙土。后墙应开通气窗，用以排出水汽和热气。各巢门口应刷上不同颜色，以便于蜜蜂认巢。

（二）蜂群选购

想从事养蜂的人，遇到的第一个问题，就是饲养什么蜂种，开始应养多少蜂群，如何选购蜂群？

要饲养什么蜂种，应根据当地的自然条件来选择，一般是山区宜养中蜂，平川可养意蜂。

初学养蜂，应从饲养少量蜂群开始，一般以10群以内为宜，待取得一定经验和初步掌握养蜂技术以后，才逐步增加蜂群的数量。

购买蜂群的时间，南方宜在上半年的2～3月或下半年的9～10月；北方宜在上半年的4～5月。因此时正当蜂群繁殖期，外界气温和蜜粉源条件比较好，饲养容易成功，而且当年就会有经济效益。

挑选蜂群，应在天气晴暖时进行。首先在巢门口观察，凡是工蜂出入勤奋，采集蜂带花粉比例多的，一般是有生气的好蜂群。然后开箱检查，如工蜂安静不惊慌，说明性情温驯；此时的蜂群，如意蜂有4～5足框蜂，并有3框面积达六成以上的子脾，说明具有相当好的群势；如新蜂已经更换老蜂，封盖子脾成片，说明群势趋于旺盛；如蜂王体大、足粗、身高胸宽、腹部长而丰满，全身密披绒毛，产卵灵活迅速而不惊慌，说明蜂王年轻健壮，产卵力强。另外，优良的蜂群，要求巢脾平整接近满框，雄蜂房少，不发黑，无咬洞，每个巢脾上部要有宽3厘米左右的贮蜜。蜂箱和巢框要求标准、严密、牢固。

（三）蜂群排列

在蜂群还未到达场地之前，就要事先将蜂群排列的位置计划好。

蜂群排列的方法，应根据不同的蜂种、场地大小、不同的季节和饲养方式而定。一般应以管理方便、流蜜期便于组织采蜜群、缺乏蜜源期间不易引起盗蜂为原则，尽可能美观规范，放眼全场蜂群一目了然。

规模小的蜂场或场地宽敞，各蜂群排列的距离可以疏一些，并作单箱排列，便于蜜蜂认巢及其以后分群；如蜂群多，场地又有限，可以两箱或三箱排列成一组，但各组列之间需有一定的距离。蜂群的排列方法，一般有单箱排列、双箱排列、交错排列、三箱排列等几种（图 32）。

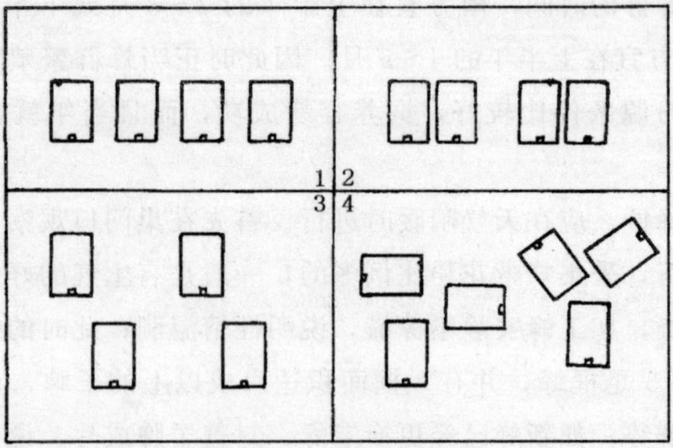

图 32　蜂群排列法

1. 单箱排列　2. 双箱排列　3. 交错排列　4. 三箱排列

中蜂认巢能力较差，容易错投，而且嗅觉灵敏，错投后会引起斗杀，所以排列时不能像意蜂那样整齐划一，各群巢门的方向，应尽可能不同。在场地较小的情况下，需要两箱相靠时，巢门也要错开 45°～90°，同时要采取分批进场排列，分批开启巢门。在山区坡地排列蜂群，可以利用山坡作梯层排列，使各箱的巢门方向及前后箱高低各不相同。在有灌木丛的场地，可将蜂群排列在灌木丛的两侧或四周，以灌木丛作为工蜂认巢或处女王婚飞认巢的自然标志，也可以减少蜜蜂迷巢的现象。

在通常情况下，蜂群的巢门最好朝南、东南或朝东，而早春蜂群繁殖期以朝西南较好，可以延长蜂群的工作时间。在蜂群排列的同时，有条件时应把蜂箱垫高离地 30 厘米左右，以防蚂蚁、蟾蜍为害；而且箱后应比箱前略高 2～3 厘米，避免雨水倒流入箱，也可以使箱内积水流出，但箱的左右应保持平衡。此外，巢门切忌对着路灯、诱虫灯或其他灯光，以免蜜蜂夜间趋光飞出造成损失。

进场蜂群排定以后，应先往纱窗或巢门口喷些水，促使蜂群安定，并关闭纱窗门，然后才间隔开启巢门，最后还需全场巡看一遍，避免有漏开的巢门。

（四）箱外观察

在养蜂过程中，通过箱外观察可判断蜂群的内部情况。因为蜂群的内部情况，很大程度上会在巢外有所表现，所以养蜂者要善于通过箱外观察来达到间接了解蜂群内部和外部蜜粉源及其天气变化的情况，从而达到事半功倍的效果。

1. 蜂群强弱

在同样环境和情况下，如果采集蜂出入频繁，巢门口有许多蜜蜂聚集，扇风蜂多，声响大，表明群强蜂多；若是巢门口冷冷清清，隔好久才有 1～2 只工蜂进出，表明群弱蜂少。

2. 有无蜂王

在外界有蜜粉源的晴暖天气，如工蜂出入采集勤奋，归巢时带花粉的工蜂多，巢门口的蜜蜂秩序井然，说明蜂王健在且产卵正常；若工蜂在巢门口附近轻轻摇动双翅，来回爬行，焦急不安，蜜蜂体色异常，采粉蜂少甚至不采粉，蜂群则有可能失王。

3. 巢内过热

有一些蜂群许多蜜蜂在巢门口强烈扇风，特别是盛夏季节的傍晚，如有部分蜜蜂不愿进巢，在巢门周围聚集成团，甚至在巢门板下“挂胡子”，说明巢内拥挤闷热。

4. 分蜂征兆

在风和日暖的天气里，如大部分蜂群出勤很好，而个别蜂群巢门已放大，且无日光照射，工蜂却工作疲怠，簇拥在巢门前，即为自然分蜂的征兆。

5. 蜂王产卵盛衰

在正常情况下，工蜂勤采花粉，箱内卵虫必多；工蜂带花粉稀少，箱内卵虫必少。从工蜂采集花粉的数量和出勤情况中，可间接判断出蜂王产卵的盛衰。

6. 自然交替

天气正常，蜂群未曾分群，如见巢门前有被抛弃或被刺死的蜂王或王蛹，可推断这群蜂已行自然交替。

7. 蜜源好坏

流蜜期间，全场蜜蜂采集繁忙，巢门进出拥挤，稍挡住巢门，归巢蜂就聚成堆，而且归巢工蜂腹部饱满沉重、透明发亮、腹部向下拖着飞回，甚至有的采集蜂还没有到达巢门板就落在地上，累得腹部抽搐，要休息片刻才能起飞爬进巢内；蜂群扇风“呼呼”声响彻四周，场内空气弥漫香甜的气味，说明外界蜜源丰盛，泌蜜多。如果蜜蜂出勤稀少，巢门口守卫森严，并且有一些蜜蜂在箱缝或巢口窥探，说明外界蜜源已经稀少。

8. 天气变化

在流蜜期间，采集蜂迟迟不出工，蜂巢门秩序稳定，说明当天流蜜甚佳，采蜜量多；如果天蒙蒙亮，工蜂出勤就非常积极，说明天气将有变化，将是下雨的预兆。

9. 工蜂体色

观察工蜂的体色，可以知道蜜蜂的体质及其他一些问题。如工蜂体色鲜艳，飞行敏捷，说明工蜂体质健壮，采集力强；若工蜂体色灰暗，飞行缓慢，说明工蜂体质较弱，采集力差；若工蜂体色深暗，腹部膨大，飞翔困难，出巢后拉黄色粪便，说明患下痢病；若工蜂体色油黑毛秃，呈胶状，说明患瘫痪病；若工蜂体色油光发亮，情绪不安，说明蜂群失王已久，群内已发生工蜂产卵。

10. 巢前死蜂

巢门前死蜂的体态，可以反映出死亡的原因。如工蜂翅足损伤，说明是发生盗蜂斗杀而死的。若死蜂满身污泥，说明是遇到暴风雨来不及入巢被打落地上而死的。寒冷天气，若死蜂头朝巢门口，且体上无损伤，说明是来不及进巢而冻死的。早春巢门前到处污染黄色稀粪，死蜂腹部膨胀，说明是患下痢病而死的。巢门口发现死蛹，且死蜂伸出舌头成堆死亡，说明是饥饿而死的。越冬期间巢门内散发出臊臭气味，并看到蜂箱上有咬洞，说明老鼠已钻入箱内。

11. 蜂群缺蜜

在蜜源缺乏的季节，巢门前发现有驱赶雄蜂或拖子现象，再用手托起箱底后方，感到蜂箱很轻，说明巢内存蜜极少。

12. 病敌害

(1) 巢虫危害 巢门口有头部呈黑色的蜂蛹被拖出，说明是小巢虫为害引起的，特别是中蜂，因小巢虫潜入巢房底蛀害，蜂蛹常被工蜂启盖拖弃。

(2) 盗蜂侵袭 在外界蜜源稀少期间，如发现蜂群巢门前秩序混乱，工蜂三三两两地厮杀抱成团，地上有不少翅足损伤的死蜂，说明蜂群遭受盗蜂攻击。但有时在弱群巢门口，虽不见工蜂抱团厮杀和死蜂的现象，若发现出入的蜜蜂突然增多，进巢的蜜蜂腹部很小，而出巢的蜜蜂腹部膨大，也说明该蜂群受到盗蜂的侵袭。

(3) **蜂螨危害** 在蜂群繁殖季节，如发现意蜂群中一些体格弱小而翅膀残缺的幼蜂不断爬出巢门，不会飞翔，可断定这是螨害所致。

(4) **胡蜂袭击** 夏秋季节，如在蜂群巢前有大量伤亡的青壮年蜂，其中有的无头，有的翅残或断足，甚至有的与胡蜂抱死一团，巢门口前有被咬损的痕迹，表明该蜂群不久前曾遭受大胡蜂的袭击。

(5) **束翅病** 夏秋炎热干燥季节，幼蜂认巢飞翔时，发现幼蜂一些翅膜皱缩，落地到处乱爬，不能起飞，即是发生束翅病。

(6) **蟾蜍为害** 夏秋季节，发现蜂箱附近有灰黑色的粪便，如一节小指头，拨开粪团，可见许多未经消化的蜜蜂头壳，说明蜂箱没有垫高夜间有蟾蜍为害。

(7) **农药中毒** 蜜蜂疯狂追螫人畜，垂死挣扎的蜜蜂在巢门前的地上翻滚、旋转、乱爬，不久颤抖而死，死蜂吻伸出，可断定是由于田间喷施农药，蜜蜂中毒而死。

（五）检查蜂群

打开蜂箱，提出巢脾察看、了解蜂群情况的操作过程称检查蜂群。它是及时而准确地知道蜂群生活和生产情况的基本方法，也是蜂群管理的必要手段。

检查蜂群，可以及时发现蜂群内部存在的问题，采取相应的措施，促进蜂群的繁殖和发展，以获得蜂产品好收成。但是要开箱检查蜂群，必须具备适宜的温度，注意避开工蜂出勤高峰时刻，并做到目的明确，切忌盲目、过多地开箱检查。

检查蜂群因其条件和目的不同，可分为全面检查和局部检查两种。

1. 全面检查

全面检查就是打开蜂箱，逐框提出巢脾，将蜂群仔细查看一遍，了解蜂群全部情况的过程。一般在越冬前定群、早春繁殖期、分蜂季节、流蜜期、转地放蜂前后以及分蜂、育王等情况下，为了全面了解蜂群的脾、蜂、子、王、粉、蜜、病等方面的情况，需要对蜂群进行全面检查。

全面检查蜂群的时间，要根据不同季节的具体情况来定。早春气温较低，要选择晴暖无风的天气，气温应在14℃以上，一般在中午前后进行。夏季天气炎热，宜在早晨或傍晚进行。在蜜源缺乏的季节，为防止引发盗蜂，应在靠近黄昏时开箱检查。在流蜜期间，为了不妨碍工蜂采集，应避开工蜂出勤高峰时检查。正常的蜂群不必过多地进行全面检查，以免妨碍蜜蜂的工作，散发巢温，影响繁殖。一般7～10天检查1次即可，但在分蜂期或流蜜期，应2～3天检查1次。

对蜂群进行全面检查时，最好穿浅色衣服，身上不要带有汗臭味或其他刺激性的气味，并携带面网、起刮刀、喷烟器、蜂刷和记录本等用品。检查时，应从蜂箱的一侧着手，不要站在巢门口，以免阻碍蜜蜂的出入。打开箱盖后，西方蜜蜂应先用起刮刀撬动副盖，打开后的副盖斜靠放在巢门板前，然后撬动框耳，再逐脾提出检查。提脾时要轻稳，巢脾应放在蜂箱上方查看，以免丢失蜂王。要看巢房内的卵虫，应身背阳光，方能看清房内的情况。

提巢脾时，应用拇指、食指和中指扣紧框耳，并使巢脾面与地面保持垂直。察看完一面后进行翻转时，右手应顺势提高，使框梁与地面垂直，然后翻转巢脾180°，将右手顺势下拉，左手顺势上推，保持框梁水平，巢脾底梁朝上（图 33）。这样就可以看到反面。看完后再按原来翻转的相反方向倒转回原状，放入箱内，再继续查看下一框。检查结束后，要依次恢复脾间蜂路，切不可任意放宽或缩小。巢脾排列顺序，如无特殊原因，一般应恢复原状，也可以将卵虫脾调放在蜂巢中央，两侧依次是封盖子脾、粉蜜脾。箱内若有空着的一侧，应用隔板靠上，以利蜂群保温和防止蜜蜂向外作赘脾。检查完毕后，立即将副盖和箱盖盖好，并把蜂群情况和处理事项记录下来。

图 33　巢脾翻转法

在检查过程中，应随手清理箱底污物，割除赘脾、无用的雄蜂蛹和王台。如巢脾满箱，应先取出一框靠在箱旁，待检查完毕后再放入箱内。若蜂王受惊起飞，应保持现场，待蜂王返巢后再检查；也可以抖一框蜂在巢门口，让其放出蜂臭招引蜂王返巢。如果蜜蜂偶尔发怒，应冷静沉着，切不可丢脾或拍打奔跑，否则会引起蜜蜂追螫。如发生盗蜂，应暂停检查。

2. 局部检查

局部检查也叫快速检查，目的是了解蜂群某一方面的情况，或因天气限制，只从蜂群中提出一两个巢脾进行查看，以了解蜂群贮蜜多少、有无蜂王、是否应加脾和分蜂期远近等情况。

局部检查以气温不低于8℃时进行为宜，检查时目的要明确，并事先考虑好在什么部位提脾。例如要了解蜂群贮蜜情况，只需察看边脾上有没有贮蜜，或隔板内侧第二个巢脾的上角部位有无封盖蜜即可。如要检查蜂王情况，应在蜂巢的中央提脾，因蜂王常在蜂巢中部的巢脾上活动；若在巢脾上看不到蜂王，但巢房内有刚产的卵或小幼虫，说明蜂王有存在；若不见蜂王，又无各龄蜂子，且工蜂惊慌失措，可能已经失王；若发现巢脾上的卵分布极不整齐，且一房产好几粒卵，卵又东歪西斜，说明失王甚久，工蜂已经产卵。如果要了解蜂群是否需要加脾或抽脾，通常是看整个蜂群是否拥挤，并抽查隔板内侧第二个巢脾，如蜜蜂拥挤，该脾上蜜蜂达八九成以上，蜂王的产卵圈又扩大到巢脾边缘，且边脾是蜜脾，就需要及时加脾；如该脾上蜜蜂稀疏，巢房内不见卵虫，则应适当抽脾，紧缩蜂巢。巢框发现有许多白色蜡点，有缺角的巢脾重新补齐新脾，有的地方出现赘脾，说明可以插础造脾。如果发现王台已经封盖，说明蜂群不久会发生自然分蜂。如果发现子脾上“花子”严重，有的幼虫变色或变形，甚至出现臭味，说明蜂群患有幼虫腐臭病。

（六）蜂群估测

在对蜂群进行全面检查以后，应再对蜂群进行群势估算，并预测蜂群的发展趋势，以便采取相适应的饲养管理措施，并结合当地蜜粉源情况，有计划地进行分群，调整群势，组织采蜜群等，以达繁殖和蜜浆双丰收。

要进行蜂群估测，首先必须懂得一个巢脾上有多少个巢房，能栖息多少只蜜蜂。一个标准巢框，意蜂巢脾满框时两面有6600～6800个巢房，扣除边缘巢房后，一般可按6000个巢房计算；一只工蜂在巢脾上栖息时，约占3个巢房的位置，当工蜂栖满两面全框时，每一标准足框的意蜂约2000只。若是中蜂巢脾，一个标准巢框，巢脾满框时两面有7600～7800个巢房，扣除边缘巢房，一般可按7000个巢房计算；同样也是一只工蜂在巢脾上栖息占3个巢房的位置，加上中蜂比较密集，每一标准足框的中蜂将近2500只。由此计算，一足框蜂子可羽化出3足框蜂，工蜂从卵到成蜂的发育期为3周，所以如有一足框蜂子正常发育，3周后便可增加3足框新蜂。当然经过3周，原来的老蜂也因衰老死亡，会减少1/3。例如，一群意蜂放5个巢脾，有3足框蜜蜂，子脾跨3框，实际子脾为1.2足框，在正常情况下，3周后这群意蜂的群势可达5.6足框。

从子脾各期的比例来看，可以知道蜂王产卵量是增加或减少。以工蜂卵期3天，幼虫期6天，封盖期12天，共21天计算，在正常情况下，卵应占全部子脾面积的1/7，幼虫占2/7，封盖子占4/7。如果卵虫超过上述比例，说明蜂王产卵处于上升阶段；如果卵虫不及上述比例，说明蜂王产卵处于下降阶段。如果仅发现卵虫，而无封盖子，说明蜂王处于产卵始期；如果仅有封盖子，而无卵虫，说明蜂王刚处于停卵阶段。

正确估计蜂数和子脾数，是预测群势的关键。初学养蜂者，估测时往往不是偏高就是偏低，特别是目测子脾面积时常不准确，一般是子脾面积愈小，估测值偏高愈大。因此，最好利用一个空巢框，用铁丝把内围平分为10格，作为子脾的测量框，如测量为5格的子脾即为0.25足框子脾。这样经过反复练习，最后才能使目测能够比较准确。在目测蜂数时，应根据季节灵活掌握，如气温较低时，蜜蜂较密集，容易估少；而温暖天气或高温季节，蜜蜂较稀疏，容易估多。

预测群势还应因时而异，如在仲春增殖期，成年蜂自然死亡较少，而子脾成蜂率高，群势发展速度快；在流蜜期或秋冬末，成年蜂自然死亡较多，而子脾成蜂率又较低，病虫害也较多，群势发展速度较慢，甚至会呈下降趋势。因此，在预测群势时，应根据当时的具体情况和外界条件，做出接近实际的估计。

（七）蜂群记载

进行蜂群检查的同时，做好蜂群记载，对于掌握蜂群发展规律，了解蜂群对各项处理措施所发生的反应，有着重要的实际意义。

由于蜂场的性质和管理的目的不同，蜂群记载一般有蜂群检查记录分表（表3）和蜂群检查记录总表（表4）两种。

蜂群检查记录分表是记载一个蜂群顺序发展情况和每次的管理措施。对各群的蜂王产卵力、蜂群发展情况、分蜂性、泌蜡力、产蜜量、性情及病虫害等情况作详细记录，可作为评价蜂群品质、选育良种的依据，还可以查看蜂群对各项处理措施的反应，可以说是各个蜂群的“户口册”。

蜂群检查记录总表的数字来源于蜂群检查记录分表，即将每次检查蜂群的情况累计记到蜂群检查记录总表。只能反映全场蜂群某个时间的全面情况，而不能反映一个蜂群顺序的生育消长规律，只能作为一个时期内对于全场蜂群统筹管理的依据。

两个记录表上的“子脾框数”，是指一个巢脾上兼有卵、幼虫和蛹的总称。未封盖的子脾为卵虫，封盖的子脾为蛹。蜜、粉一般都没有满框，可以估计折算，一个标准巢脾两面装满蜂蜜大约为2千克。表中“发现问题及处理事项”一栏，是简要记载检查蜂群所

表 3　蜂群检查记录分表

群号：　　品种：　　　　蜂王出房日期　　年　　月

日期（日/月）	放框总数	子脾框数	空脾	巢础框	存蜜（千克）	存粉（框）	群势（以足框算）			发现问题及处理事项	检查者
							蜂数	卵虫	蛹		

表 4　蜂群检查记录总表

场址：　　品种：　　　　检查日期　　年　　月

蜂群号	放框总数	子脾框数	空脾	巢础框	存蜜（千克）	存粉（框）	群势（以足框算）			发现问题及处理事项	备　注
							蜂数	卵虫	蛹		

检查人：　　　　制表：　　　　复核：

发现的问题及管理蜂群的措施。如紧缩巢脾、加脾或加巢础、雄蜂出房日期、发现王台等。

为了准确地进行考察和记载，每群蜂都必须编号，并采用活动的号码牌。这样，当蜂群换箱时，它的号码牌可随蜂群转移。蜂群进行分群时，号码牌应随老蜂王移走，交尾群在新王产卵后，再编新的号码牌。

（八）预防蜂螫

雄蜂没有螫针不会螫人。蜂王的螫针退化，极少有螫人的现象。会螫人的蜜蜂基本上都是工蜂。

工蜂尾部的螫针，是蜜蜂的自卫武器，而不是攻击武器。工蜂平时并不会无故螫人，只有受到外界刺激或为了防御时，才不得不使用螫针。

初学养蜂的人，遇到蜂螫后往往会产生一些惧怕心理和畏难情绪。只有了解蜜蜂螫人的规律和习性，才能有效地预防蜂螫。

蜜蜂讨厌黑色和绒毛物；不喜欢汗臭、葱、蒜、酒、香水等强烈刺激性气味；头发、毛织品等也会激怒蜜蜂。因此，检查蜂群时，最好穿干净的白色或浅色衣服，身上不带有刺激性气味或汗臭味；提出巢脾察看时，不要面对巢脾上的蜜蜂吐气或说话。一般面部最经常挨螫的部位是眼睛和嘴巴的周围。初学养蜂者为了预防蜜蜂螫到面部，最好戴上面网，必要时可将袖口和裤脚扎紧。如蜜蜂偶尔钻入裤管内，应将蜜蜂连裤提离腿部后捏死，然后抖动裤管，让死蜂掉出。

一般情况下，在气温较低或较高时、外界缺乏蜜源时或发生盗蜂时检查蜂群都容易被螫；检查失王过久的蜂群、缺蜜群、有病群、老蜂多的蜂群、经常不检查的蜂群、长期管理不当受惊多的蜂群时，容易被螫；在检查蜂群时，阻拦蜜蜂正常飞行，碰撞震动蜂箱，失手跌落蜂脾，不小心压死蜜蜂等，都会激怒蜜蜂螫人。特别是蜜蜂螫人后散发出来的告警信息素，会引起更多的蜜蜂发怒螫人。

要预防蜂螫，在检查蜂群时，应力求小心谨慎，动作轻稳。对于个别好螫人、特别凶恶的蜂群，可于检查时，先往蜂路喷几下淡烟，使蜜蜂钻进巢房吃蜜，稍停片刻再提脾检查。夏季炎热天气，也可先往框梁上喷些水然后才检查。

要从事养蜂，蜂螫是不可避免的，即使是老练的养蜂者，也会偶尔挨螫。如果身上某一个部位被螫，也不必惊慌，因蜜蜂的螫针上具有倒钩，可用指甲反向刮掉螫针，或往衣服上狠狠压迫被螫处擦掉蜂刺，切不可用拇指和食指掐拔，否则反而会将毒汁挤入肌肉内，使疼肿加剧。被螫处和手需用肥皂水洗净后，才能继续操作。如果遇到蜜蜂在头上周围盘旋示威，甚至钻进头发，应保持安静，可以蹲下身体，低头闭眼，待工蜂"嗡嗡"一阵飞走后，再冷静避开，切不可乱拍乱打。若正当提脾检查时被螫，也要忍痛，切勿丢脾逃跑，应若无其事地将蜂刺刮掉，并将巢脾轻放入箱，盖好箱盖后再作处理。

初学养蜂者起初被螫，开始会疼痛，继而被螫处会发热肿胀，尤其是眼皮、嘴唇等软组织处被螫，红肿会更为严重，一般需经72小时后才会自然消肿。随着养蜂时间加长，被螫的次数增多，人体对蜂毒会产生抗性，就比较不会肿胀或只会轻微反应。

蜂毒可以治疗人体多种疾病，有强心和抗风湿等作用，所以被螫后不必多虑。为了减轻反应，刮去螫针后，可在被螫处涂些氨水或碱水等溶液。但有少数人对蜂毒反应很敏感，被螫后会面红耳赤，恶心呕吐，全身出现过敏性斑疹，发痒难忍，甚至还会休克。若出现这种情况，应及时送医院治疗。

（九）蜂群饲喂

保持蜂群有充足的饲料，是养好蜜蜂的一项关键措施。蜂群只有在饲料充足的条件下，工蜂才能正常生长和发育；蜂王才能得到足够的王浆，保持旺盛的产卵力；蜂儿才能得到良好的哺育。羽化出来的蜜蜂体质强健，寿命长，抗病力和生产力强，弱群才能迅速繁殖发展，强群才能维持良好的状况。因此，在外界蜜粉源缺乏，巢内饲料不足时，都必须对蜂群进行饲喂。蜂群饲喂的内容包括补助饲喂，奖励饲喂，饲喂花粉、水分和盐类。

1. 补助饲喂

在蜜源缺乏的季节里，为了避免蜂群饥饿必须进行人工的补助饲喂。目的是让缺乏食料的蜂群渡过难关。因此，在蜜源缺乏时期，在蜂群转地之前巢内缺蜜，在发生盗蜂后引起巢内缺蜜，在秋、冬季要贮备越冬饲料等情况下，都需要进行补助饲喂。

(1) 补给蜜脾 通常是将蜜脾插在边脾或边二脾的位置上。在秋季，为了使蜂群提早断子，在气温降到临近10℃时，可将蜜脾插到蜂巢中央。但在早春繁殖期或冬季蜜蜂结团时，就不能采用这种方法，以免子脾受冻，或蜂团被分成两半而造成冻死损失。在北方严寒地区冬季插蜜脾之前，必须把蜜脾放在室内加热到25～30℃。除冬季蜜蜂结团以外，其余季节里插脾前可先把蜜盖切开，并喷少许热水，以便蜜蜂取用。

(2) 补饲蜂蜜 在没有蜜脾补给时，可补饲蜂蜜。用蜂蜜（忌用甘露蜜）加温水二成稀释；结晶蜂蜜需稍加水煮溶；外来蜂蜜应隔水加温至70℃以上经1小时左右消毒，再稍加温水稀释，采用直接灌脾的方法或采用框式饲喂器饲喂。

(3) 补给糖浆 一般是补饲浓糖浆，即用1份白糖加半份的水

（1 千克白糖＋0.5 千克水），煮溶后凉至微温，并在糖浆中加入 0.1％的酒石酸或柠檬酸，以利于蜜蜂消化吸收。饲喂方法与补饲蜂蜜相同。

采用框式饲喂器补饲时，应在饲喂器内放置浮标（木条或竹条），以供蜜蜂能停在浮标上采食而免于溺死。在场上群势不均的情况下，为了避免发生盗蜂，应先喂强群，后喂弱群。

蜂群饲喂不宜用红糖，因红糖杂质多，易引发下痢病，也会使工蜂的寿命缩短。

2. 奖励饲喂

奖励饲喂是指在蜂群繁殖时期，为了促进蜂王产卵和工蜂哺育蜂儿的积极性，以加快养成大群所进行的人工饲喂。目的在于激发工蜂分泌王浆饲喂蜂王和幼虫，使蜂王多产卵，蜂群繁殖发展快。奖励饲喂一般是在巢内有一定贮蜜的情况下，经常喂给少量 60％的蜜液或 50％的糖浆。奖励饲喂的次数和数量，应根据天气、蜜源、蜂群内部情况（群势、子脾、贮蜜）而定。例如在早春，开始奖饲时，由于群势弱、子脾少、消耗省，可以每隔一天一次；随着蜂数增多，子脾面积扩大，食料消耗增加，可以每天一次。奖励饲喂通常在流蜜期前 40 天开始，一直到外界有大量粉蜜采入为止。每框蜂每次奖饲 50～100 克糖浆，以不产生蜜压脾为度。

奖饲的方法，应根据气温、群势而定，一般是采用巢内饲喂。群势小的，可用框梁饲喂器。饲喂时，只要掀开副盖灌注即行，使用铁纱副盖的，糖浆可以直接从铁纱灌入框梁饲喂器。群势较强，也可以直接灌脾或用巢门饲喂器饲喂，每日或隔日饲喂一次。

3. 饲喂花粉

花粉是蜜蜂蛋白质、脂肪、维生素、矿物质等营养成分的来源。哺育一只蜜蜂起码需要 120 毫克花粉；蜜蜂在羽化出房后直至

18日龄都要吃花粉；春季繁期间3～6日龄的幼虫需用花粉量最大，喂一万只幼虫需要消耗花粉1.2～1.5千克。一群意蜂一年要消耗20～30千克花粉。蜂群缺乏花粉时，幼蜂的舌腺、脂肪体和其他器官发育不全；蜂王产卵会明显减少，甚至停卵；成年蜂会导致早衰，泌蜡力降低；蜂群的发展会受到限制。因此，在蜂群繁殖期，或外界缺乏粉源时，必须及时给蜂群饲喂花粉或蛋白质饲料。采用天然的新鲜花粉喂蜂最好。最理想的是在蜂群越冬后期及早春，补给前一年秋季保存下来的花粉脾，其次是收集贮藏的天然花粉。如果没有花粉脾或天然花粉，也可以用黄豆粉和酵母粉代替。花粉和代用花粉的饲喂方法有下列几种。

(1) **粉喂** 取细花粉或代用花粉（2份细黄豆粉配1份酵母粉）放在容器里，喷洒少许蜂蜜，边喷边搅拌，拌成松散的细粉粒，将其撒进巢脾上半部的空巢房中，再往巢房里灌些稀蜜水，直到花粉房内冒出气泡时为止，并立即把灌好的粉脾插入蜂巢里。晴暖天气也可以将花粉或代用花粉撒在盘子或箱盖内，喷少许蜜水放在蜂场场地上，让蜜蜂自由采集。

(2) **饼喂** 将花粉或代用花粉加等量蜂蜜或2∶1的糖浆，充分搅拌均匀后做成花粉饼，外包塑料薄膜，两端开口露出粉饼，然后置于框梁上供蜜蜂采食。

(3) **液喂** 将花粉或代用花粉加糖浆10倍，煮熔待凉后，放入饲喂器内饲喂。如发现饲喂器底有沉淀物，应及时清洗，以防发酵变质。

饲喂花粉饼时，可根据具体情况采取相应的措施，例如紧缩蜂巢或加脾等。若结合奖饲，可采用液喂；遇到寒流时，应采用饼喂。

4. 饲喂水分及盐类

蜂群为了维持正常的生命活动和调节蜂巢的温湿度，需要大量水分。通常一群蜜蜂每天需采水200～300克，尤其是在巢内子脾面积大的情况下，或在高温干燥季节里，蜂群需要的水分就更多。蜂群需要的水分主要来自花蜜中的水，其次是蜜蜂外出采回的水。而人工喂水，可以减少蜜蜂远出采水的劳累。

(1) **蜂场喂水** 在高温干燥季节，可在蜂场上放置几个铺有卵石或条木的水盆，内盛清洁水，供蜜蜂自行采水。水盆应放在树阴下，每天清晨必须换一次水。

(2) **箱内喂水** 春季繁殖期，蜂群内子脾多，需水量比较大。为防止采水蜂低温飞出造成损失，喂水可与奖励饲喂结合，饲喂器晚上盛糖浆水，白天盛清水。高温干燥季节，可在纱盖上放置湿毛巾，并经常在毛巾上洒水，以满足蜂群的需要。在蜂群转运时，可在巢内加水脾或在蜂箱内放一团吸饱水的脱脂棉，让蜜蜂采水。

(3) **巢门喂水** 在巢门板上放置一个盛水的瓶子，用纱布从瓶中把水引到巢门内2厘米处，蜜蜂即可从湿纱布上吸取水分。

盐类是蜜蜂构成和更新机体组织、促进生理机能旺盛、帮助消化不可缺少的物质。给蜜蜂饲喂盐类，一方面可以与奖饲结合起来，在糖浆中加入1%的食盐；另一方面可以与喂水结合起来，在净水中加入0.5%的食盐。

（十）插础造脾

修造巢脾是蜜蜂的本能行为。巢脾是蜜蜂栖息的场所、育儿的摇篮、贮存粉蜜的仓库。在蜂群繁殖期，如果缺少巢脾未能及时扩大蜂巢，就会限制蜂王产卵，减少幼蜂培育，影响蜂群增长。在流蜜期，如果蜂巢内空脾不足，蜜蜂缺乏贮蜜的地方，将会降低采蜜量。如果巢脾过于陈旧，因房眼变小，则会致使羽化的幼蜂个体瘦弱，而且旧脾容易孳生巢虫和传染各种蜂病。因此，使用一年以上的中蜂脾或两年以上的意蜂脾，应该淘汰化蜡。同时必须抓住时机，有计划地修造优良巢脾。

当外界蜜粉源丰富时，蜜蜂比较强壮，青年蜂多，蜂群未发生分蜂热，这是修造优良巢脾的有利条件。通常在蜜蜂携带大量粉蜜进巢、巢脾上出现一层新蜡、框梁上有白色蜡点、蜂路两边和箱壁上有赘脾、箱底有许多蜡鳞时，正是蜂群急需造脾又能造好脾的有利时机。为了促使蜜蜂造好脾，在插础造脾之前，应将巢内无子脾或极少子脾的旧脾抽出，使蜂群密集。在插础造脾的过程中，必要时还得进行奖励饲喂。

巢脾修造质量的好坏，与巢础框安装妥当与否有很大关系。为了保证新脾的质量，应选择蜡质新鲜纯洁、房眼深而清晰、大小合乎规格、厚薄均匀、房孔整齐的巢础。而且巢础要安装平整，不能有起伏、偏斜和断裂等现象，同时要随装随用，这样蜂群比较喜欢接受。

安装巢础框时，应先在巢础框上横穿 3～4 道 24～26 号铁丝，用手钳将铁丝的一头缠牢，接着手持布巾逐道用力将铁丝拉紧，直到使每道铁丝用手指弹拨时能发出清脆响声为度，然后将铁丝的另一头绑紧（图 34）。安装巢础时，需将巢础裁切标准，宽度以距离巢础框两侧各约半个巢房，高度以插入上梁巢础沟后离下梁半个巢房为好。中蜂习惯上总要在巢脾下沿留个通道，以便团集护脾和防

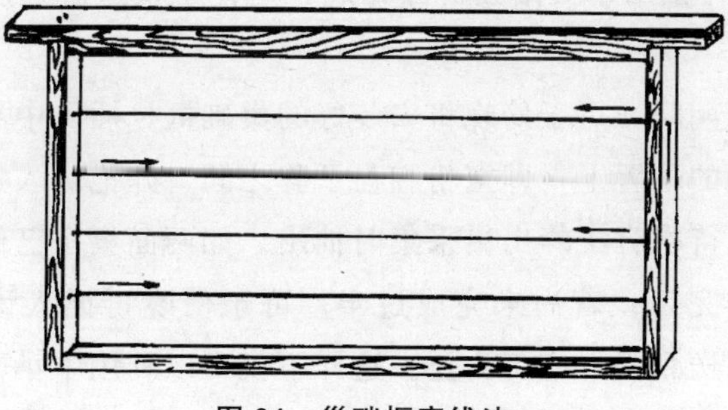

图 34 巢础框穿线法

止巢虫上脾侵袭。因此，安装中蜂巢础时，下端应留有 1 厘米的间隙，且两下角修成弧形。巢础上端插入上梁巢础沟内后，应左手倒提巢础框，并使铁丝在下构成 30°的倾斜，右手持熔蜡壶或熔蜡杯，将稍冷却的蜡液慢慢注入巢础沟，使巢础上边粘在框梁上。接着，用一块比巢础框内围小些，且与框梁等厚的埋线板套在巢础框下面，此时铁丝应放在上面。埋线板使用前先用水擦湿，以免埋线时沾蜡。然后用酒精灯或炭火加热的埋线器（图 35）搭在铁丝上轻稳地往前推，将铁丝埋入巢础内。埋线时用力要适中、均匀，不要压破巢础，否则会影响造脾质量。

图 35 埋线器

插础造脾，具体做法要根据蜂群的情况而定。

1. 接替造脾

强群一般有较强的造脾能力，但造出来的巢脾往往会出现一些雄蜂房。而那些中小群，虽然造脾能力弱一些，但造脾的质量反而更好。因此，可以根据它们各自造脾的特点，充分利用各自的优势，采取接替造脾的方法，先将巢础插在中小群中，待巢房造到 1/2 高度时，抽出来交给强群去完成，这样不仅造脾速度快，而且质量好。

在流蜜期间，可于傍晚将安装好的巢础框，插入中小群的第二框或第三框的位置上，即蜜粉脾与子脾之间，并把嵌入铁丝的一面朝向子脾，待次日工蜂出巢采集时抽出。如两面巢房已修过半，即可送到强群完工；若尚未完成过半，可于傍晚再插入该群继续修造，直至可送到强群完工为止。这样不仅可以利用中小群造脾，而且不会影响其采蜜。但中小群插础不能贪多，应造好一脾后再插入巢础框。

2. 普遍造脾

在大流蜜期到来的时候，如果气候温暖，蜜源充沛，则可以让强群普遍造脾。巢础框可插在继箱或巢箱贮蜜区的中部，一昼夜即可基本修造 2 个完整的巢脾。若天气和蜜源良好，新造的巢脾应及时抽给蜂王产卵，并继续插础造脾，这是多造脾、造好脾的机会。

3. 重点造脾

在饲养管理过程中，如果发现场上有部分特别会造脾的蜂群，则可以着重让这些蜂群多造脾，待每框巢脾修造至六成以上时，即抽出给其他蜂群添高使用。

4. 突击造脾

当蜂群缺乏巢脾时，可以选择一部分强群将其巢内所有的蜜粉脾和蛹脾上的蜜蜂抖回原群后抽出，调给其他蜂群，只留下 2～3 个带蜜的卵虫脾，然后一次加入 2～3 个巢础框，并大量奖饲，让工蜂突击造脾。

5. 利用分蜂群造脾

在分蜂季节，收捕回来的自然分蜂群，具有强烈的造脾积极性，造脾速度快。可以利用这一特点，让其多造脾。如收捕回来的分蜂群有 5 框蜂，只需放入 2 框带有蜜粉和幼虫的巢脾，相间插入 2 个巢础框，经 1～2 天巢脾即可造好。如有需要，可以将其造好的新脾抽出，再加入巢础框让其继续造脾。

不论是采用哪种方法造脾，刚插进的巢础框两侧的蜂路都要缩小到 5 毫米左右，待新脾造成后再恢复正常的蜂路。插础后，巢础框相邻巢脾上的未封盖蜜房会添高，从而妨碍新脾的修造，应及时用利刀削平，才能使新脾平整。若发现插入的巢础变形，脾面不平，应及时取出矫正。

刚造好的新脾最好先让蜂群培育 2～3 代蜂子后才供贮蜜，这样可以增强巢脾的牢固性，摇蜜时才不易断裂。

无王群、处女王群和有分蜂热的蜂群都没有造脾的要求，蜂王衰老的蜂群往往会造出大量的雄蜂房，故这些蜂群都不宜插础造脾。

（十一）巢脾保存

在流蜜期过后，或越夏度秋期间蜂群退缩后，或越冬前整顿蜂群时，一定会从蜂群中抽出不少的巢脾，这些巢脾如果没有妥善地保存，就很容易发霉、积尘、生巢虫、招引盗蜂。因此，巢脾保存也是养蜂一项重要的工作内容。

抽出的巢脾，除过旧无用的应淘汰化蜡外，其余的都可以保存起来。要保存的巢脾，应经过清理分类。对有零星巢房贮蜜的巢脾，应用摇蜜机把蜜摇净，包括刚取过蜜的巢脾，要放在继箱内或隔板外，让蜜蜂将残蜜舐吸干净；对黏附在巢框上的蜂胶、蜡瘤等物，应用起刮刀刮干净；并将蜜脾、花粉脾和空脾分开，空脾又按新旧程度和质量优劣加以分开。

在没有专用巢脾贮存室的情况下，一般是利用继箱来保存巢脾。消毒的方法常用的有二硫化碳熏蒸和硫黄粉熏蒸两种。

1. 二硫化碳熏蒸

二硫化碳是一种无色透明略有特殊气味的液体，在常温下容易汽化；它的气体比空气重，容易引火，使用时应避开火源。

保存巢脾的地方，应干燥、清洁、严密、没有农药等物污染。每个继箱放巢脾 10 个，最上层的那个继箱只放脾巢 8 个，中央空出两个巢脾的位置，以便放置盛药的瓶子。一般是 6～8 层的继箱叠在一起，上下加盖，箱缝用纸条糊严或用胶纸条粘严，总的要求是整体密封。然后用量筒量好药液，每个继箱 3 毫升，若是 6 层继箱则用药 18 毫升。药液装入瓶子后，立即放入最上层的继箱内，并加副盖糊封，让其自然挥发熏蒸。二硫化碳能杀死蜡螟的卵、幼虫、蛹和成虫，经一次熏蒸即可解决问题。

2. 硫黄粉熏蒸

硫黄粉燃烧后，会产生二氧化硫气体，能熏杀蜡螟的成虫和幼虫，但不能杀死其卵和蛹。

熏蒸时，先取一个有纱窗的巢箱作底箱，并把一边的纱窗打掉，上叠 5～6 层继箱，最下层的继箱排巢脾 6 个，并分置两侧，其上的继箱排巢脾 10 个；上加副盖，缝隙同样用纸条糊封。准备就绪后，在底箱放一个铁盘或一块瓦片，夹入几块烧红的木炭，然后在木炭上撒入硫黄粉。每个继箱用硫黄粉 5 克，若是 6 个继箱，则需用硫黄粉 30 克。待硫黄粉燃烧完毕后，即将纱窗门关闭并糊封。因二氧化硫气体不能杀死蜡螟的卵和蛹，所以每隔 15～20 天要熏蒸一次，并连续 3 次，才能将卵孵化的蜡螟幼虫和蛹羽化的蜡螟成虫彻底杀净。

保存的巢脾取出使用时，应先经一昼夜的通风；最好用 3％的盐水灌脾，经一夜后摇净，然后放在阳光下每面各晒3～4 分钟，才插给蜂群，这样蜂王易接受产卵。

至于蜜粉脾的保存，除了用保存空脾的方法熏蒸消毒外，还要注意防止蜜盖湿面溢出及化粉发霉。因此，蜜脾应待蜂蜜成熟封盖后才能取出保存；花粉脾要待粉房表面出现光泽时才能提出，并在花粉表面涂上一层浓蜂蜜，同时用塑料薄膜包装后才进行保存。

（十二）蜂群合并

蜂群合并是指将两群或两群以上的蜜蜂，合到一个蜂箱里作为一群饲养的操作过程。

蜂群合并的目的是为了提高蜂群质量，以利繁殖和生产。在蜂群饲养管理过程中，往往由于蜂王产卵力或管理上的差异，造成群势强弱不均，或是失去蜂王，或是繁殖、育王、产浆、取蜜及其越夏越冬等需要，都得采用蜂群合并的办法来调剂群势。

蜂群合并时，一般是将弱群合并到强群；把无王群合并到有王群。要合并的蜂群如果都是有王群，则必须在合并的当天上午将劣的蜂王提走；对于无王群，应在合并的当天中午进行彻底检查，毁掉所有的改造王台，然后才能进行合并。合并时尽可能邻群就近合并，并在傍晚或夜间进行。

蜂群合并时，若需要保留提出的蜂王以备后用，可用闸板将一个蜂箱隔成 4 个小区，每只蜂王带一框有少量封盖子的蜂脾，把 4 个小群饲养在一个蜂箱里，在不同方向各开巢门出入；也可以用蜂王盒将蜂王贮存在有王群内。

蜜蜂是过着群体生活的昆虫，每个蜂群都有各自不同的群味。若在蜜源缺乏、胡蜂危害、盗蜂骚扰、蜜蜂警戒性特别高的情况下，随便将两群蜂合并在一起，就很容易引起互相斗杀，甚至发生围王困死蜂王的损失。只有在外界蜜源丰富、蜂群采集繁忙、群内幼蜂多的情况下进行合并，才比较容易成功。

合并的方法，归纳起来有直接合并和间接合并两种，应视具体情况灵活运用。

1. 蜂群直接合并法

此法适用于大流蜜期和早春陈列前的蜂群；也适用晚秋、越冬以前的蜂群。合并时，于傍晚将无王群的蜜蜂连同巢脾放到另一群蜂箱的隔板外，使两群的巢脾间隔 5 厘米左右，然后向两群蜜蜂各喷几下淡烟，或喷些蜜水、高粱酒之类的物质，使群味混合，第二天再把两群的巢脾靠在一起。如不发生咬杀，合并就算成功，待 2～3 天蜂群稳定、活动正常后才进行调整。

2. 蜂群间接合并法

在非流蜜期、失王较久、巢内老蜂多而子脾少的情况下进行蜂群合并，必须采用蜂群间接合并法。对于巢内没有子脾又发生工蜂产卵的蜂群，最好先补给一两框卵虫脾，让蜂群稳定后再进行合并。合并时用铁纱闸板或铁纱副盖将两群隔开分置；经一昼夜后，待两群群味统一时，才撤去铁纱把两群合在一起。也可以用报纸穿成许多细孔，并在报纸两面喷些蜜水，让蜜蜂自行把报纸咬通，两群蜂即自然合并在一起，待蜂群稳定后才进行调整。

（十三）蜂巢调整

蜂巢调整是指调换蜂群内部巢脾位置的操作过程。目的是为了加快蜂群繁殖，提高蜂产品的产量。

在正常情况下，蜜蜂能将蜂巢中心的温度调节控制在33～35℃，所以蜂王一般都在蜂巢中心开始产卵，然后再向两侧巢脾扩展。为了使蜂王所产的卵能在稳定的温度下孵化，当蜂群度过恢复阶段以后，就应该开始将蜂巢中间的子脾向外撤，同时把大部分已经羽化出房的蛹脾或空脾调入蜂巢中央，让蜂王产卵。待卵产满脾后，又同样将其往外撤，并将空脾调入蜂巢中间，让蜂王再产卵。这样通过经常调整，可使蜂王始终在蜂巢中心产卵。在巢脾排列上，应做到产卵空脾居中，两侧顺序是小幼虫脾、大幼虫脾、蛹脾、蜜粉脾。

中蜂在产卵繁殖时，蜂王同样先在蜂巢中心开始产卵。但由于产卵数量不多，常是卵、幼虫、封盖子混在一个巢脾上，而且子脾常偏集于巢脾靠巢门这一端。为此，在气候良好、工蜂足够分布时，宜将巢脾作前后对调，使子脾能迅速扩展到全框。当有3框子脾时，往往会出现两大一小或两小一大的现象，可以将小子脾调入蜂巢中央，让蜂王产卵，以扩大子圈。

当群势增强、子脾都占巢脾面积60%以上时，就可以加入空脾扩大蜂巢，空脾每次只能加一框。中蜂应加在子脾外侧与边脾之间，意蜂可加在幼虫脾与蛹脾之间，以供蜂王产卵。

巢箱加满巢脾以后，如没有进行分群，意蜂就可以加继箱。加继箱时，蜂数应达8～9足框。为了便于蜂群保温，上下箱体的巢脾应调整相称，放在箱内的一侧，巢脾外加隔板。

在通常情况下，繁殖期内不加继箱，而是采取分群繁殖的办法，到流蜜期才加继箱，组织采蜜群。在流蜜期间组织的采蜜群，应在巢箱与继箱之间加隔王板，并将蜜脾和蛹脾抽调到继箱，巢箱留下卵虫脾，同时上下箱都应有适量的空脾。继箱里的空脾供蜜蜂贮蜜，巢箱里的空脾供蜂王产卵。

（十四）蜂团收捕

旧式蜂巢饲养的中蜂，因不便检查和管理，蜂群增殖只能依靠自然分蜂；新式活框饲养的蜂群，在分蜂季节也往往因检查疏忽或受气候的限制，不能及时检查而发生自然分蜂；有时因胡蜂等敌害的侵袭，巢内缺蜜或患幼虫腐臭病无力清除时，或发生盗蜂等，蜂群会弃巢飞逃。不论是发生自然分蜂或弃巢飞逃，飞离蜂巢的蜜蜂都有暂时结团的特性。因此，必须掌握收捕蜂团的技术。

收捕蜂团的工具，通常使用的是竹编的收蜂笼，其口径25厘米，高32厘米，内层铺棕皮，外层铺竹叶（图36）。使用时，若在笼内绑上一块巢脾，或涂一些蜂蜜，对蜜蜂更有吸引力。当自然分蜂群或逃亡飞出群团集以后，可将收蜂笼靠在蜂团上方，笼口的内沿必须接近蜂团，利用蜜蜂的向上性，再以淡烟或蜂刷慢慢驱蜂上移入笼，如果蜂团骚动不安，可略喷水镇定，待蜂团全部入笼后，轻稳地取下收蜂笼。

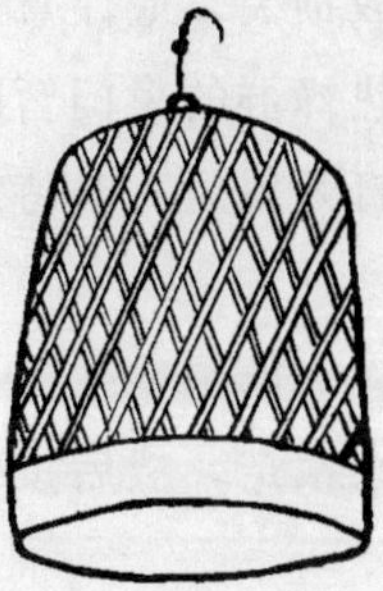

图 36　收蜂笼

蜂团收捕后，可立即到分蜂原群或其他蜂群抽出 2 框没有王台（有王台应割除）的幼虫脾，置于一空箱内，并视群势强弱加入空脾或巢础框，幼虫脾居中，空脾或巢础框排在子脾的两侧，最外侧加隔板，并把箱安放在适宜的地方。然后将收蜂笼口对准箱内没有放巢脾这一边，突然用力震落蜂团入箱，并迅速盖好箱盖，调节好巢门。几分钟后观察蜂团是否有上脾，若没有上脾应及时催蜂上脾，过 2～3 天再进行检查调整。

收捕回来的蜂团如果来不及处理，可用一块蚊帐布或尼龙纱把笼口封起来，先吊在阴暗通风处，待后处理。

如蜂团聚集在高处，收捕不便时，可设法驱散它们，使其重新在较低处结团，再行收捕。如蜂团聚集在小树枝上，可用整枝剪轻稳地将整个蜂团连小树枝剪下，直接把蜂团抖入箱内。如分蜂群或飞出群是剪翅的蜂王，飞出后蜂王必落于巢门前的地上，可将蜂王找到（蜂王落地后常有少数蜜蜂围护），捡起来装进蜂王诱入器或空火柴盒里，迅速按上述方法配置一个新箱取代原箱，并将诱入器放在箱内底板上，原箱移到旁边或新址。飞出的蜂团因无王，不久即飞返原巢，待蜂群安定后放出蜂王。

久雨初晴，蜂场内一旦有一群发生自然分蜂，往往会引起其他有分蜂热的蜂群一起分蜂；蜂群发生逃亡，也常会出现几个蜂群一起迁飞。发生上述情况时，常会几个蜂团聚集在一起，这种现象称“合同分蜂”或“乱蜂团”。“合同分蜂”不仅收捕麻烦，而且会造成损失，应注意避免。因此，当一群发生分蜂时，应将临近有分蜂热蜂群的巢门暂时关闭起来，并打开纱窗，待分蜂群蜂团收捕后再打开巢门。对待迁飞的蜂群，为预防发生“乱蜂团”，也可以采取这种方法。

如果发生了“合同分蜂”或“乱蜂团”，可先向集结的蜂团喷水镇定，然后按中蜂乱蜂团的处理方法进行处置。

（十五）人工育王

在养蜂生产中，要更换老劣蜂王和分群，都需要有优质的蜂王。蜂王的好坏，直接关系到蜂群的强弱和产量的高低。因此，培育好蜂王，是养蜂一项很重要的工作。

利用蜂群培育蜂王的特性，采用人工育王的方法培育新蜂王有许多好处，它能按生产计划的要求，如期地按质按量地培育出新蜂王，能与良种选育工作相结合。通过移虫或移卵的方法育王，不仅可对母群进行选择，而且可对幼虫或卵的日期进行选择。通过对育王群（哺育群）的合理组织和管理，还可以为蜂王幼虫期的发育创造最适宜的条件。

1. 育王应具备的条件

（1）要有丰富的蜜粉源 有丰富的蜜粉源条件，才能促进工蜂多吐王浆饲喂蜂王幼虫，培育出优质的蜂王。自蜂群繁殖最高峰算起，经培育雄蜂、造王台、育王、处女王交配产卵，直至新王提用，至少要有一个月时间。因此，育王要有一个月以上连续的蜜粉源。

（2）温暖而稳定的气候 蜂王和雄蜂的发育，移虫以及处女王交配，都需要20℃以上温暖而稳定的气候条件。

（3）有大量适龄健壮的雄蜂 育王之前必须选择有优良种性的

强群培育健壮的雄蜂，而雄蜂的性成熟期是在出房 12 天以后。因此，必须见到雄蜂出房或将要出房才能着手移虫育王。

(4) 要有群势强壮的育王群 只有健康无病虫害并拥有优良蜂王的蜂群，才能有强壮的群势。而只有强壮群势的蜂群，才具有各期的蜜蜂育王群，尤其是有大量适龄的哺育蜂。

2. 人工育王前的准备工作

(1) 培育种用雄蜂 雄蜂从卵到羽化出房需要 24 天，而出房到性成熟需要 12～14 天。这样，雄蜂从卵到性成熟共需要 36～38 天时间。蜂王从卵到出房到性成熟仅需要 21 天左右，因此，在进行人工育王前 15～20 天，就需要着手培育雄蜂。培育雄蜂的方法即在优良蜂群的中央，插入有较多雄蜂房的巢脾，或将巢脾下端割掉 1/2～2/3，让蜂群修造雄蜂房；同时要紧缩蜂巢和加强保温，进行大量的奖励饲喂，造成人为的蜜压脾，促使蜂群产生分蜂热，蜂王产雄蜂卵。为保证处女王的交配成功和授精质量，起码应按一只处女王有 50 只以上雄蜂的比例来培育雄蜂。

(2) 准备育王需用的工具 进行人工育王需要准备育王框、蜡碗、移虫针、饲喂器等工具。大体与生产王浆的用具相似，但由于育王的数量比较少，一般采用巢脾式三段育王框比较适宜，每批育王 30 只左右。巢脾式三段育王框在巢框的上端与两侧各有 5 厘米宽的巢脾，其中间用木条构成“Π”形的框，两侧木条嵌三根王台条，每根王台条有 10 个圆孔，可套入 10 个木碗，木碗再套蜡碗，有的在框梁上还设饲喂槽（图 37）。这种育王框保湿好，移虫方便，王台容易被接受，培育蜂王的质量好。

3. 种群和育王群的组织

(1) 种群 即是提供育王幼虫的种用蜂群。必须经过长期考察，选择种性好、生产性能突出、群势强、蜂王产卵力强、粉蜜充

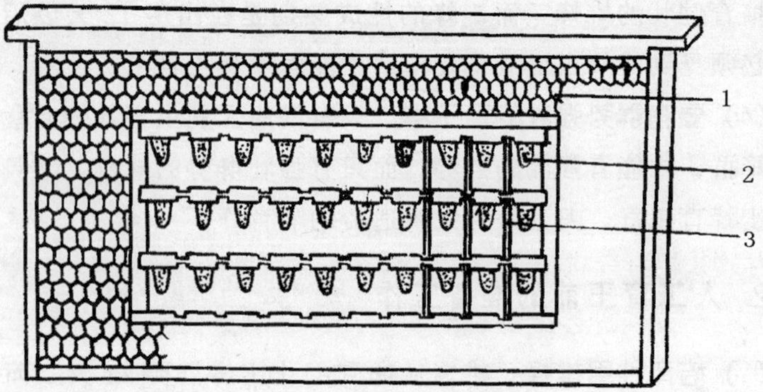

图 37　巢框式三段育王框

1. 巢房　2. 王台　3. 分隔板

足、哺育蜂多的蜂群作为母群。在移虫前 4 天，将浅褐色的工蜂巢脾，插入两个蛹脾之间，供蜂王产卵，并将其他空脾抽出。每天要定期检查，并把蜂王产卵的位置记载下来，以便 3 天后供移虫用。如群内幼虫脾过多，应酌情抽出，并加适当奖饲。

(2) 育王群　即用于哺育王台幼虫的蜂群。它必须在移虫前 1～2 天组织好。育王群应具备优良的种性和突出的生产能力，没有病虫害，意蜂要有 12 足框蜂以上的群势。为保证新王在遗传上的稳定性，也可以用种群兼作育王群。

意蜂育王群一般采用继箱式组织，以巢箱为有王区，继箱为育王区，巢箱与继箱用隔王板隔开。上下两区巢脾的数量最好相等，不满箱时外加隔板。在育王区应拥有幼虫脾、蛹脾和粉蜜脾，在排列上育王框居中，两侧顺序为幼虫脾、蛹脾和粉蜜脾。在组织育王群时，要进行全面检查。若有自然王台应全部毁掉；如果蜂数不足，可以从别群抽调快要出房的蛹脾补入，并紧缩蜂巢，保持蜂多于脾。

育王群组织好后，在保证饲料充足的前提下，每晚用500～1000 克的蜜液进行奖饲，最好在饲料中加入少量鸡蛋、牛奶等蛋白质饲料，直到王台封盖为止。

中蜂的育王群，最好选择具有分蜂热或自然交替倾向的强群，这样移虫接受率高，培育的蜂王质量好。因此，应选用一年以上的老王群或有自然交替倾向的蜂群，有6～8足框的群势。组织时，先用隔板把蜂王限制在留有2个蜂脾的一边产卵，另一边为育王区，内放2框有粉蜜的成熟蛹脾和2框幼虫脾，幼虫脾居中，育王框置于两个幼虫脾之间。待移虫后24小时，把隔板换为框式隔王板，并把巢门移到有王区与育王区之间，育王区的巢门应占整个巢门的2/3宽，以避免工蜂偏集于有王区。中蜂哺育蜂王幼虫的王浆量，是随着虫龄的增大而增加的。因此，育王期间，每天需奖饲2次蜜液加蛋白质饲料，中蜂每次育王以20只左右为好。

4. 育王方法

(1) 移虫育王法 这是普遍采用的人工育王的方法，它的优点是成功率高，蜂王出房的时间一致。移虫前，先将装上蜡碗的育王框放在育王群内，让工蜂整修蜡碗，2～3小时后取出，用蜂刷轻轻扫落蜜蜂，拿到室内移虫。移虫室要求清洁、明亮，室温在25～30℃，相对湿度为80％～90％，如温湿度不够，可在室内烧开水产生蒸汽，以升温增湿。

移虫分单式移虫和复式移虫两种。单式移虫比较简便，但育出的蜂王质量不如复式移虫的好。

移虫时，一人从育王群中抽出育王框，到室内后取出王台条并排在桌上，蜡碗口向上，用清洁的圆头细竹棒往蜡碗里点上米粒大小的稀王浆；点完一条即用湿毛巾盖好，以免王浆干涸；待3个王台条的蜡碗都点完王浆后，即可移虫。在往蜡碗点王浆的同时，另一人可从种群中提出准备好的种用幼虫脾，取脾时应用蜂刷轻轻拂去附着的蜜蜂，切不可用抖落的方法，以免幼虫移位。取出的幼虫脾立即拿到移虫室，一面垫一块隔板，并迅速用移虫针将孵化24

小时以内的幼虫轻轻沿其弯部后面钩起，移入蜡碗内的王浆点上，每一个蜡碗移入一个小幼虫。移毕，将王台条嵌入育王框，使蜡碗口朝下，立即插还育王群。若采用复式移虫，即将经过一天哺育的育王框从育王群中取出，用消毒过的镊子把蜡碗中已接受的幼虫轻轻取出，不要破坏王台的原状和搅动王台内的王浆，然后再从种群中移放 24 小时以内的小幼虫，再将育王框重新放入育王群。采用复式移虫的，第一次移虫用的幼虫不一定是种群，可以从任意蜂群中提取，而且幼虫的日龄可稍大一些，能够提高接受率，但第二次移虫的幼虫一定要用种群的而且日龄不能超过 24 小时。

育王框放入育王群以后，第二天可提出检查。已经接受的，则见王台加高，台中的王浆增多；未接受的，则王台不增高，甚至被破坏，台中没有王浆，幼虫被工蜂抛弃。如果接受率太低，与需要的数量相差太大，应及时再移一批虫。

移虫后，如果蜜粉源丰富，蜜蜂会在育王框的王台间筑造赘脾包围王台，这样会影响蜂王发育，甚至使处女王不能出台。因此，应视蜂群情况，在蜜粉脾之间加入巢础，避免工蜂在王台间筑造赘脾，如发现赘脾应及时切除。育王期间，如气温较低，应酌加保温。

从移虫之日（复式移虫应从第二次移虫）算起，经过10～11天，王台就得分配到交尾群中去。

(2) 裁脾育王法 中蜂分蜂性较强，不易保持强群，更由于巢房口径较小，幼虫期间王浆不够丰盛，移虫比较困难。因此，除了利用分蜂期间或自然交替的优良自然王台外，还可以采用裁脾的方法来培育蜂王。其方法是：从种性优良并具有分蜂热的种群中，选择一张有大量刚孵化的幼虫脾，用锋利的刀将该巢脾削去下端的一截，使很多小幼虫处在削口的边缘。这样，工蜂便会将削口处的幼虫房改造成王台。

裁脾后的 2～3 天进行检查，选留十几个发育良好、位置适宜的王台，并将筑造或饲喂情况不好的王台、提早封盖的急造王台和多余的王台全部毁掉。同时要记录选留的王台幼虫的日龄，以便掌握王台分配的时间。如果一群裁脾育王的数量不够，可以多培育几批。

（十六）交尾群的组织与管理

交尾群是诱入成熟王台，让处女王出房、交尾直到产卵的小蜂群，是一种过渡型临时性组织的蜂群。虽然人工分出群可以做交尾群，但比较浪费，在大批育王时，一般都要组织交尾群。

目前养蜂生产上使用的交尾箱型号极不一致。通常有1/2标准箱的交尾箱；有 1/4 标准箱的交尾箱。这两种型号交尾箱的巢脾都必须事先嵌于标准巢框中让蜂群筑造和贮存粉蜜，也可供蜂王产卵，使用时才拆开，连蜂带脾提进小交尾箱。这种小交尾箱具有占工蜂少、搬运方便、经济等优点，问题是要另做这些小巢脾和小交尾箱，需要添置蜂具，也给饲养管理带来一些麻烦。因此，在养蜂实践上，普遍喜用十框标准箱以闸板隔成三区或四区，每个小区用一块小副盖和在不同方向开一个小巢门来作为交尾箱（图 38）。每个小区各放一个交尾群。

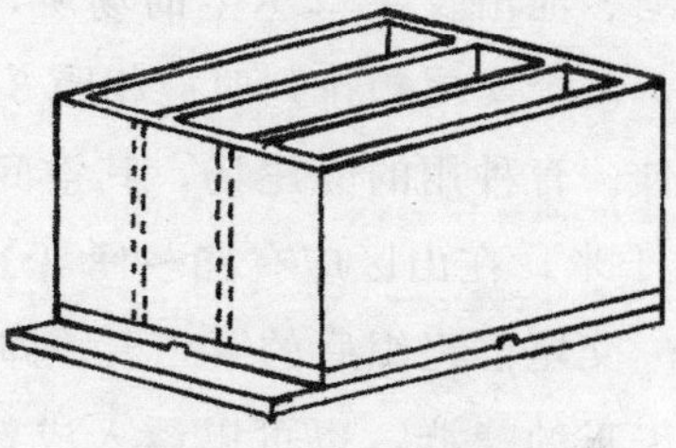

图 38　三区交尾箱

交尾群虽然是小群，但必须具备独立生存的条件。因此，必须具备各期的蜜蜂，以便承担巢内外的各项工作。交尾群内应有充足的粉蜜，并附有子脾，利用蜜蜂的恋巢性，以巩固群势。交尾群宜用封盖子脾，以便蜜蜂出房后加强群势，并有巢房供新王产卵。

交尾群一般在诱入王台前一天组织。可以将一个蜂群的老蜂王提走或隔在一个小区内，该群分隔出 3～4 个小群作为交尾群，但必须提前一星期在蜂箱各个方向开小巢门，让蜜蜂在各个巢门出入习惯；也可以临时组织，从准备分群或换王的强群中，提出带蜂的封盖子脾和蜜粉脾，每个小区内放入带蜂的封盖子脾和蜜粉脾各一片来作为交尾群。临时组织的交尾群，若放在原来场地，为防止外勤蜂飞回原巢，致使群内蜜蜂过少护不住子脾，或使诱入的王台受冻，可在组织时，从原群选出一片带幼蜂较多的巢脾，将蜜蜂抖给交尾群。在组织交尾群的巢脾上如有王台，应将脾上的王台除净。为了避免蜜蜂错投和便于处女王交尾时认巢，应在各个交尾群的巢门前分别贴上黄、蓝、白等不同颜色的标志。

少量的交尾群，一般不必另设场地，可放在蜂场附近比较独立而且目标比较明显的地方。大批育王的交尾群则应安放在距离生产群远一些的地方，以免处女王错投。交尾群排放场地的前面要避开水塘、池沼及杂草丛生的场所，应选择前面开阔、蜂路畅通的地方。两个交尾箱排列时应相距 3 米以上，若利用坡地高差进行安置更佳。育种用的交尾场，其空间距离，在平原地区直径应有 25～30 千米，在山区应有15～18 千米的距离。

交尾群组织后的第二天，即可诱入成熟王台。此外，人工分群或失王的蜂群，也可以诱入成熟王台。诱入王台的时间要掌握准确，不宜过早或过迟。如果过早，蜂王尚未发育成熟，蛹体易损伤或冻伤；如果过迟，先出台的处女王会将其他王台破坏掉，造成育王工作的失败。一般以移虫或复式移虫后的 10～11 天，王台蛹盖变成红褐色时诱入。

诱入王台时，先将育王框提出，用蜂刷轻轻扫落或用淡烟驱逐附着的蜜蜂，不可用抖落蜜蜂的做法，以免使蛹体受震动；提出的王台要保持原有的垂直方向，不可侧放或倒置。然后，小心轻稳地将王台连同木碗旋托从王台条的圆孔中取出，并保持王台下端的垂直状态，装入用 14 号铁线制成的王台保护圈（图 39）。王台保护圈下口直径6毫米、上口直径18毫米，长35毫米。王台放入保护圈后，将基部的铁线插入交尾群子脾上端中心部分，并调整好相邻巢脾的距离即行。

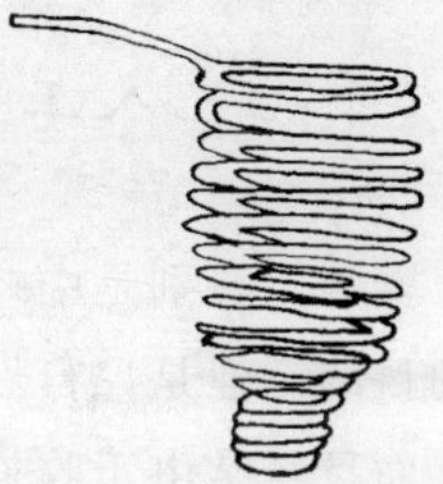

图39 王台保护圈

王台诱入交尾群以后的第二、三天，要检查处女王是否出房。若处女王已出台，可将王台保护圈取出。处女王出台后的5～10天，要在上午10时前或下午5时后开箱检查其交尾情况，察看是否有丢失。处女王出台后的12～15天，要检查新王的产卵情况。若发现尚未交尾产卵的处女王，或产卵不正常的新王，均应剔除。待新王产卵正常后，即可提用。

交尾群因群小蜂少，对温湿度的调节能力和对盗蜂、敌害的抵抗能力比较差。因此，从组织交尾群起，直至新王产卵提用的整个过程，对交尾群的管理都应细致周到，要注意保温、遮阴、食料状况，以及防除盗蜂和敌害。交尾群的巢门，平时应缩小至仅能同时出入一两只蜜蜂，以利工蜂守卫防盗；但在处女王青春期的午后，应将巢门略放大，以利处女王飞出交尾和归巢。在处女王交尾期间或新王开始产卵期间，应在傍晚进行少量的奖励饲喂，以促处女王交尾和蜂王产卵。因为交尾群经不起盗蜂的攻击，所以在管理上要消除一切可能引起盗蜂的因素。一旦发现被盗，应及时采取措施处理。对于胡蜂、蚂蚁及其他敌害，也需注意防除。为了安全起见，当处女王交尾成功、新王开始产卵后，可在巢门口加隔王片，以防他群蜂王错投斗杀而损失。一般在处女王交尾成功和新王开始产卵后，交尾群的使命就算完成，新王可以提用诱入新分出群，同箱可留一个新王，将三个或四个交尾群合并成一个新的蜂群。

（十七）人工分群

蜜蜂，特别是中蜂，虽然可以通过自然分蜂，达到增加生存单位的目的。但是，自然分蜂往往会干扰蜂场秩序，造成管理上的麻烦，而且经常由于收捕不及时造成损失。因此，活框饲养的蜂群，应尽量采用人工分群。

人工分群就是有计划、人为地将一群蜂分成两群乃至数群蜜蜂的做法。人工分群一般在蜂群繁殖盛期进行，经过人工分群后，到主要流蜜期时，不仅原群仍能发展成为强大的生产群，而且分出群也能发展成具有一定生产能力的蜂群，从而达到增加蜂群数量、扩大生产能力、提高蜂产品产量的目的。

人工分群一般有单箱分群和混合分群两种形式。单箱分群即把一个强群分为两群或三群；混合分群即从两群或几群中，各抽出部分蜜蜂和子脾，组成一个新分群。

1. 同箱分群法

在气温较低或蜜源不大丰富时，可在同箱内用闸板将蜂群隔成两群，使其一大一小。大群的蜜蜂，子脾和蜜脾约占 2/3，留原来的蜂王照旧产卵；小群的群势约占 1/3，第二天诱入一只新王或一个成熟王台，另开巢门出入。为使蜜蜂出入习惯，应在人工分群前一星期预开两个巢门，最好在箱体的不同方向。

同箱分群，管理方便，有利于保温和预防盗蜂，当处女王交配产卵后，也便于更换同箱的老王或进行同箱双王繁殖，到流蜜期组织采蜜群也非常便捷。如果处女王交配不成功，进行合并也极方便。通常中蜂都采用此法进行分群。

2. 原地均等分群法

在外界蜜粉源充沛、场地宽敞的情况下，可将一个强群的蜜蜂、子脾和蜜脾平均分成两群或三群。如果是分为两群，先将原群的蜂箱横向外移一个箱位，在原群的位置上放一个空箱。然后从原群中提出大约一半的蜜蜂和子脾，置于空箱内，剩下的巢脾也均匀搭配分开。第二天给没有蜂王的那群诱入一只新王或成熟王台。如果是要分为三群，先将原群的蜂箱向后移两个箱位，在原群的位置上并排放两个空箱。然后将原群的蜜蜂、子脾和蜜脾大约等分为3群，老王和1/3的群势留在原群，其余的2份分别置于两个空箱内，第二天两个无王群诱入2只新王。分箱后，如工蜂有偏集现象，可将蜜蜂偏集多的蜂群移离原群位置远一些，而将蜂少的蜂群向原群位置移近一些，这样蜂量就可以得到调整。

3. 混合分群法

在流蜜期，有时为了分群，又不影响采蜜，可以从各强群中抽出1～2框带蜂的蛹脾，混合组成有3～4框蜂的新分群，找个适当的地点排放。第二天给这个新分群诱入一只新王或成熟王台。这种分群法，既不会影响原群的采蜜，又可以减少分蜂热，使蜂群处于积极工作状态。这种混合组成的新分群，可培育下一个蜜源的采蜜群。分群时为了减少外勤蜂返回原巢，每群可多抖入2～3框卵虫脾上的幼蜂，以免子脾受冻；同时将新分群的巢门用面巾纸塞住，让蜜蜂自己咬出来重新认巢，以减少返巢蜜蜂。随后，如发现蜂量过少，可酌情再补充一些幼蜂。

（十八）诱入蜂王与围王解救

将蜂王放入无王群内的做法称诱入蜂王，也叫“介绍蜂王”。

在给蜂群更换蜂王或给新分群、失王群补给蜂王时，都必须诱入蜂王。

诱入蜂王时的气候、蜜源、蜂群情况以及蜂王的行为和生理状态，与诱入蜂王的成功与否有着密切关系。下列状况诱入蜂王都不易被接受：蜜源缺乏，天气恶劣，巢内贮蜜不足；蜂群有蜂王或处女王或王台，已经发生工蜂产卵的蜂群；所诱入蜂王在生理和行为习惯与蜂群原来的蜂王差别较大等。在正常情况下，若蜂群失王不久，尚未改造王台，或工蜂还没有产卵之前，诱入蜂王容易成功；在蜜源丰富或没有发生盗蜂的情况下，诱入蜂王容易成功；给弱群诱入蜂王或在夜间诱入蜂王容易成功；在外界气温较低或巢内贮蜜充足时，诱入蜂王容易成功；在蜂王安静稳重或操作轻稳的情况下，诱入蜂王容易成功。

诱入蜂王与合并蜂群一样，都存在着对气味或分泌的信息素有一个适应的过程。因此，诱入蜂王时，应根据天气、蜜源、群势、蜂王行为和生理状态的不同，采取不同的方法。但不论采用哪种方法，都必须在诱入蜂王前半天对无王群进行详细检查，并将改造王台全部毁净；需要更换的老王、劣王也应提前半天提走，使蜂群有短时间的失王期，以增强其需要蜂王的迫切感。诱入蜂王的方法归纳起来，有直接诱入法和间接诱入法两种。

1. 直接诱入蜂王法

在外界蜜源丰富、天气良好时，给人工分群、蜂王衰老的蜂群、失王不久又未出现改造王台的蜂群诱入蜂王，可以采用直接诱入法。具体又有下列几种不同的做法。

（1）喷蜜（糖）水和烟诱入法 傍晚先向无王群喷些蜜（糖）水或熏几下浓烟，然后手蘸蜂蜜，轻稳地抓住蜂王的胸部或翅膀，放在无王群的框梁上，让它自行爬进蜂群，并盖好箱盖。

（2）滴蜜圈诱入法 傍晚从无王群内提出边脾，在边脾上无蜂或蜂少的地方，用蜂蜜浇滴一个直径为15厘米左右的蜜圈。在蜜圈内也滴一些蜜，然后把蜂王放进蜜圈中，让工蜂和蜂王各自安静吃蜜，即可将脾放入群内，并盖好箱盖。

(3) 带蜂脾诱入法 傍晚将要诱入的蜂王连同一片带卵虫的蜂脾，喷些蜜水后直接放在无王群的隔板外3厘米左右的地方，也向无王群喷些蜜水，即盖好箱盖。第二天检查时，若蜜蜂和平共处，蜂王安然无恙，就可以把这片有王的蜂脾与无王群的巢脾合在一起。

(4) 抖蜂诱入法 在黄昏或夜间，将无王群的蜜蜂逐脾抖入蜂箱内。这样，脾上巢房内未成熟的蜂蜜也会随同溅出一些，沾到蜜蜂的体上，也可以稍加喷些蜜水。抖后趁蜜蜂恐惊、混乱、爬行拥向箱角时，将要诱入的蜂王随之放入箱底蜜蜂较少的地方，让其自行爬向蜜蜂聚集的地方。然后将巢脾恢复原状，并盖好箱盖。

直接诱入蜂王后，第二天早晨应进行箱外观察。若蜂群工作正常，采集蜂有带粉进巢，且无死蜂拉出巢外，巢门口或巢门板无蜜蜂聚集，说明蜂王已被接受。如发现巢门口沉寂，蜜蜂几乎没有出勤，或巢门前有死蜂或蜜蜂聚集，要开箱察看，发现蜂王被围，应立即解救。在诱入蜂王过程中，如不慎引起蜂王起飞，应立即盖好箱盖，稍等片刻，蜂王会飞回原箱盘旋进巢。若过久未见其回巢，可提出一个蜂脾抖落在巢门口，让其起飞或放出蜂臭，招引蜂王归巢。或到邻群巢门巡视，如在其他蜂巢门口有蜜蜂聚集成小蜂团，飞去的蜂王可能就在其中，应立即进行解围。

2. 间接诱入蜂王法

在外界蜜源缺乏，蜂群失王已久，出现改造王台或产生工蜂产卵的蜂群，宜采用间接诱入法。初学养蜂者，在操作技术不熟练的情况下，也宜用此法。常用的诱入器有扣脾诱入器和全框诱入器（图40）两种。

图 40　全框诱入器

用扣脾诱入器诱入蜂王，即是将蜂王带几只原群的幼蜂关到诱入器中。在无王群内选一片褐色老脾，于中、上部附有蜂蜜、花粉和一些空房处扣入。不宜扣在新脾上，否则易脱落。诱入器初扣进时不宜重压，待取出诱入器底部的活动铁片后，才用力均匀地压下，使诱入器四周铁齿没入巢房内，然后放入蜂群中，调整好蜂脾距离即可。

用全框诱入器诱入蜂王，即是将蜂王带原群的一个蜂脾装进诱入器中，封严上盖后放入无王群内。

采用间接蜂王诱入时，若没有现成的诱入器，可以用铁纱自制。在蜂王诱入后的 2～3 天，应进行检查，如发现工蜂啮咬诱入器的铁纱，或蜜蜂重叠包围诱入器，有些工蜂还翘翅示威，表示工蜂尚未接受诱入的蜂王。见到这种情况应全面检查一下蜂群，看是否有蜂王或没有毁除的王台。查明原因后，结合采取喷蜜水或喷淡烟等措施，待 1～2 天后再检查视察接受情况。如发现诱入器的铁纱上面，只有稀疏数只的蜜蜂，有的工蜂还用舌头通过铁纱去饲喂蜂王，表明诱入的蜂王已经被接受，即可轻稳地将蜂王放出。用全框诱入器的，可将蜂脾带蜂王提出诱入器进行合养。

蜂王诱入后，一般经过 1～2 天便可产卵。如久未产卵，可到其他蜂群抽卵虫脾插入诱导，并加奖励饲喂，以促蜂王产卵。

3. 蜂王被围的解救

诱入蜂王后，若发生部分工蜂将蜂王紧紧围在中央，形成似鸡蛋或小拳头大小蜂球的现象称为“围王”。发生围王时，应立即解救，否则时间过久，蜂王会因被困而闷死或饿死。

（1）**投水解救法** 将被围的蜂王和整个小蜂球投入水盆中，围王的工蜂即会飞散，蜂王就可解救。

（2）**滴蜜解救法** 用蜂蜜滴浇围王的小蜂球，使蜜蜂忙于去舔食蜂蜜，蜂王就可解救。

（3）**喷烟解救法** 用淡烟向围王的小蜂球吹喷，迫使蜜蜂散开，最终蜂王得以解救。但不可用过热的浓烟，以免使蜂王和蜜蜂受伤。

（4）**樟脑油或卫生球解救法** 将围王的小蜂球放在一张涂有樟脑油的报纸上，或在小蜂球的旁边放几粒卫生球，然后用纸盒将其罩起来。经一定时间打开纸盒，工蜂因难以忍受刺激气味而飞散，蜂王就可解救。

解救被围的蜂王时，一定要耐心，切不可用手将蜂王从蜂球中拉开，以免拉断蜂王的翅膀或激怒工蜂刺死蜂王。

（十九）蜂王贮存

在养蜂生产中，有时由于培育的蜂王过多，或组织采蜜群，或越冬和早春繁殖期需有备用蜂王，或断子治螨、治病等需要，常有一些过剩的蜂王需要贮存起来。在一般情况下，养蜂场是采用小群合箱贮存蜂王，但要浪费较多的工蜂。因此，可以采用蜂王盒来贮存蜂王。由福建漳浦林南强设计的蜂王盒，是一个长 90 毫米、宽 63 毫米、高 26 毫米透明的塑料小盒，由底盒和上盖等组成。底盒内刚好嵌装半边巢脾；上盖有旋转式蜂王进出口和六道隔王栅（图

41)。这种蜂王盒适用于贮存、幽禁、诱入、邮寄和携带蜂王。使用时，应先在盒底内嵌入半边巢脾，盖好上盖后，从蜂王进出口处放入蜂王，并关闭活动盖板。然后将蜂王盒竖直插在隔板正上方的缺口里，并固定好，使上盖靠向蜂群巢脾，上盖与隔板处于同一平面上，以便能盖副盖。蜂王盒放在蜂群内，工蜂可以通过隔王栅自由出入饲喂蜂王，蜂王也可以在小巢脾上产少量的卵。

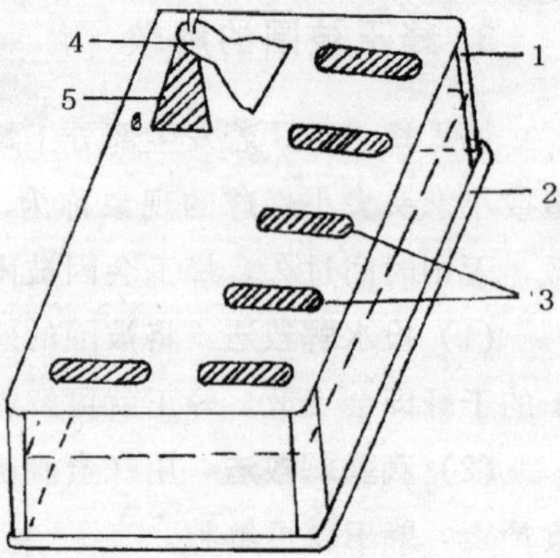

图 41 蜂王盒

1. 上盖 2. 底盒 3. 隔王栅
4. 活动盖板 5. 蜂王进出口

经试验，这种蜂王盒幽闭贮存 66 天后的蜂王，释放后的第二天能照常产卵。一般在一个蜂群中的一块隔板上可以同时插入 3 个蜂王盒，贮存 3 只蜂王。

蜂王盒当作诱入器或邮寄携带蜂王的用具时，应在隔王栅处加封铁纱；邮寄或长途携带蜂王时，应在蜂王盒中放置炼糖，并携带 7～8 只幼蜂。

炼糖是蜂王在邮寄或护送途中的饲料，它是用纯净的白砂糖和成熟的蜂蜜调制而成的。制法即将 500 克白砂糖加入 150 克净水中，搅拌均匀后加热到 112℃，再加 150 克成熟蜂蜜混合均匀，继续加热至 118℃撤火，让其逐渐降温，至 80℃左右时搅拌，直至成乳白色糖团为止。

（二十）盗蜂防范

盗蜂是指飞到别群的蜂箱内去骚扰和盗窃蜂蜜的蜜蜂。发生盗蜂时，有一群盗一群的；有一群盗几群的；有几群盗一群的；有全场蜂群互盗的。一般是强群盗弱群；有王群盗无王群；缺蜜群盗有蜜群；无病群盗有病群。发生盗蜂后，轻的受害群的贮蜜被盗窃一空，重者造成工蜂大量死亡或蜂王遭受围杀，甚至会引起逃群。因此，对盗蜂应注意防范，尤其是中蜂更不可掉以轻心。

盗蜂一般发生在蜜源缺乏的季节，特别是在久雨初晴的日子里或蜜源末期更易发生。这是由于工蜂有强烈的采集欲念，对蜜源十分敏感，于是别群的贮蜜、场院上洒落的蜜汁、仓库里的存蜜，都成了它们寻找的对象。此时如果巢门过大、蜂箱有缝隙、饲喂不当、开箱检查过久等，都会引起盗蜂。

通常在蜜源末期或久雨初晴的日子里，可以发现一些举动慌张而油光发黑的老蜂，在比较破旧且有缝隙的蜂箱四周窥视，企图钻进蜂箱，甚至会趁弱群巢门防卫不严潜入蜂箱。当这些搜索蜂混进蜂箱，待它吸饱蜂蜜返巢后，便会引来作盗的蜜蜂进行攻击性作盗。此时被盗群蜂巢周围的秩序非常混乱，被盗群的守卫蜂也成倍或数十倍增加，在巢门口展开一场恶斗。这时，在被盗群巢门前可以看到蜜蜂丛集、乱飞、爬行、互相咬杀，地上即出现许多翅膀损缺的死伤蜜蜂，有的双双抱啮而死，这表明已经发生盗蜂。如果被盗群失去抵抗能力，只好听任盗窃，这时进出巢门蜜蜂与正常情况相反，进巢时是空腹的，而出巢时是饱腹的。同时蜜蜂出入匆忙，飞声尖利，凶暴异常，逢人就螫。要防止盗蜂，必须查清作盗群。在没有蜜源采集的季节里，仔细观察，若发现有早出晚归、进出紧张的蜂群，就可能是作盗群。此外，可在被盗群巢门口，向出巢的蜜蜂撒些面粉，再巡视各群出入的蜜蜂，如发现身上带有面粉且腹部膨大的蜜蜂进巢，表明该群是作盗群。

盗蜂会扰乱蜂场秩序，造成管理上很大麻烦，而且会给蜂群带来损失，甚至会发生大量逃亡。因此，在蜂群日常管理中，应注意防范盗蜂。

要防范盗蜂，关键是要进行正确的饲养管理。例如在蜜源末期要及时缩小巢门，堵塞蜂箱裂缝；在缺乏蜜源的季节，检查蜂群不宜过久，必要检查应在傍晚外勤蜂活动较少时进行；在一般情况下，全场蜂群的群势和贮蜜要力求均衡，弱小群或失王群应及时合并，有病群要及时治疗；饲喂蜂群应在黄昏时进行，而且要先喂强群，后喂弱群；场上的存蜜、巢脾和蜂蜡要保存在蜜蜂不能进入的密封房间内，洒落在箱外或场上的蜜汁和糖浆，应立即用水冲洗擦净或用土埋盖；同场不要兼养中蜂和意蜂等。

一旦发生盗蜂，应立即制止，而制止盗蜂，应根据不同情况，采取不同的处理方法。

（1）一群盗一群的处理方法 发生一群盗一群时，应立即缩小被盗群的巢门，仅容一两只蜜蜂能够出入，以利被盗群的防卫，然后向被盗群的巢门前和蜂箱周围喷水，并用稻草、树枝等虚掩巢门和蜂箱，以驱逐和迷惑盗蜂，使盗蜂逐渐减少和飞散。

（2）一群盗几群的处理方法 发生一群盗几群时，应先找出作盗群，然后将作盗群的蜂箱移开原位数尺，巢门仍开着，让作盗的蜜蜂继续飞出；另以一个空箱，内置几个空巢脾放在作盗群的原位，用以收集归巢的盗蜂。这样盗蜂飞返原巢后，突然发现蜂王、贮蜜、子脾尽失，盗性立减，待其安定不作盗时，再将原群移回合并。

（3）几群盗一群的处理方法 发生几群盗一群时，可将被盗群暂时移开原位，原位置放一个有两张空巢脾的蜂箱，并于巢门口安装脱蜂器或竹管（竹管长20厘米、口径1厘米，外口与巢门平，竹管内扎鸡毛），使盗蜂能进不能出，待晚上连箱带蜂搬入暗室禁闭，再把被盗群搬回原位。被禁闭的盗蜂每夜进行一次大喂糖、大喷烟处理，盗性会逐渐消失，到第三天早上将其搬到室外把蜂抖落在空箱里，让其各自飞回原群。

（4）多群或全场互盗时的处理方法 在发生多群盗多群或全场

互盗时，在受害群很多的情况下，可采取两种方法处理：一是立即迁场，分散安置；一是全场连续进行大饲喂，至全场蜂群的巢内都贮满食料为止，即可制止盗蜂。

（二十一）逃群预防

蜜蜂是群居性的昆虫，有着强烈的恋巢性。它们除非发生自然分蜂，不会轻易弃巢逃跑。只有当其生存受到严重威胁时，才会被迫迁飞逃亡，举群抛弃原巢到新址重新营巢安居。

引起蜂群逃亡的原因很多，有巢虫或其他病虫害的危害、巢脾陈旧、缺蜜饥饿、花粉变质、盗蜂骚扰、群势太弱、烈日暴晒、寒风吹袭、熏烟或震动、箱内有异臭味等，都会引起逃群。特别是中蜂，其恋巢性相对较差，更易发生逃群。

蜂群在逃群之前，事先是有一定的征兆。起初是出勤显著下降，接着连巢门前的守卫蜂也逐渐减少；开箱检查，可发现工蜂骚动不安，贮蜜耗光；同时蜂王腹部缩小、产卵明显减少或停卵，继而幼虫断绝；等到蛹脾基本出尽，便弃巢逃亡。有时急于逃跑，还会先将子脾啮弃。

当发现蜂群有逃群征兆时，应立即将蜂王剪翅，并调入1～2片带卵虫的蜜脾，以加强蜂群的恋巢性。同时应尽快查明原因，从速纠正。对缺乏饲料的蜂群，应先调入蜜脾后才调入子脾，以免子脾遭受啮弃。另外，可用抖蜂的方法，在傍晚提出有逃亡征兆蜂群所有的巢脾，把蜜蜂和蜂王都抖落在巢门板上，让其自己爬入箱内，抖落的巢脾全部灌满浓糖浆，第二天又从其他蜂群调入一片卵虫脾，蜂王就会恢复产卵。

如果发现蜂群已经逃亡，蜂王随工蜂飞逃出巢团集，可按收捕自然分蜂群的方法进行收捕。并调入蜜脾和卵虫脾，同时把蜂王剪翅和进行适量饲喂。逃亡的蜂群若蜂王已经剪翅，蜂王必定落在巢门前的地上，找到蜂王后用蜂王盒或扣脾诱入器暂时关闭在原箱内，逃群结团的蜜蜂发现没有蜂王会再飞返回巢，然后再按上法进行处理。

发生逃群时，往往会引起同场其他蜂群相继飞逃。为了防止事态扩大，应立即暂时关闭邻近蜂群的巢门，并将纱窗打开通气，待逃群处理后，再开巢门。

（二十二）蜂蜜采收

采收蜂蜜就是从蜂巢里提出蜜脾进行分离蜂蜜的过程。一般当蜂群内巢脾上的巢房已贮满蜂蜜，且蜜房有部分封盖或大部分呈鱼眼状时就可以采收。过早取蜜，分离出来的蜂蜜水分多，营养价值和酶值低，而且容易发酵变质。不及时取蜜，若没有空脾加进巢内，工蜂采回的花蜜无处存放，会影响工蜂采集的积极性，降低蜂蜜产量，还容易产生分蜂热。因此，要及时采收符合质量标准的成熟蜂蜜。

采收蜂蜜要根据蜜源、天气、群势以及巢内贮蜜情况而定，必须在保证质量的前提下争取较高的产量。

采收蜂蜜之前，应将取蜜的工具准备齐全，并洗刷干净。应准备好摇蜜机、空继箱、空巢脾、蜂刷、割蜜刀、蜜盖盘、蜜桶、滤蜜器以及脸盆水、毛巾、肥皂等。取蜜的流程包括脱蜂取蜜脾、切割蜜盖、分离蜂蜜、过滤装桶等程序。采收蜂蜜宜在晴天早晨蜜蜂未出巢采集之前进行。

1. 脱蜂取蜜脾

脱蜂就是把栖附在蜜脾上的蜜蜂脱除。常用的方法有抖蜂和药剂脱蜂两种。

（1）抖蜂 用抖蜂提取蜜脾，务求动作轻稳，尽量减少工蜂的伤亡。操作时，必须用双手紧握两个框耳，用腕力上下迅速抖动几下，使蜜蜂防不胜防地跌落下箱。新脾易断裂，抖动应轻些，抖后脾上剩下的少数蜜蜂用蜂刷刷落。蜂刷若沾蜜发黏，应用清水洗净后再用，以免刷伤蜜蜂。

抖蜂是项技巧很强的技术，初学养蜂者会感到为难，往往抖不下蜂反而挨螫。必须经过一段时间的练习，直到能在 2 个巢脾宽的间隙，轻稳抖动几下，就能抖掉巢脾上 90％以上的蜜蜂为止。

采蜜群有继箱群和平箱群两种。继箱群取蜜脾时，先取下箱盖，倒置在地上，将继箱连同蜜脾搬下来放在倒置的箱盖上。然后在隔王板上放一空继箱，并在空继箱两侧各放一片空巢脾，接着取出继箱内的蜜脾，逐脾将蜂抖入空继箱内，抖完后再将空巢脾放到原来的脾位。如果巢箱中贮蜜很满，也可以适当抽取部分封盖子脾少的蜜脾，但要特别注意蜂王的安全。平箱群取蜜脾时，可先将要提取的蜜脾带蜂提出来放在空箱里，然后再逐脾将蜂抖回原巢，并补入摇蜜后的空脾。平箱取蜜一般不必先寻找蜂王，只要最初抖的一两脾上没有蜂王，往后连续抖蜂，蜂王抖落后掉在工蜂身上，不至于跌伤。如果平箱群内安放框式隔王板，将贮蜜区和育王区分开，取脾抖蜂就更为方便。

取脾抖蜂时，若遇上性情凶暴的蜂群，可用喷烟器向蜂群略喷浓烟，待蜜蜂“嗡嗡”一阵又比较安定后，再提脾抖蜂。但在喷烟时切勿将烟灰散落在蜜脾上。

（2）**药剂脱蜂**　规模较大的蜂场，为节省抖蜂的劳力和时间，且避免蜂螫，可采用药剂脱蜂。方法是先用 22 毫米厚的木条钉一个木框，其外围尺寸相当于继箱的尺寸，上面钉一层薄木板，框内钉两三层粗布即成脱蜂罩。使用时，把药液均匀地浸湿框内的粗布，以药液滴不下来为度。打开箱盖后，将整个贮蜜继箱取下，换上一个装好空脾的继箱，再把贮蜜继箱叠在上面。先向贮蜜继箱内的蜜蜂喷一点烟，使蜜蜂活动起来，然后放上脱蜂罩，几分钟后，蜜蜂就会下降到置空脾的继箱，即可取走整个继箱的蜜脾。

目前较好的脱蜂药剂有丙酸酐或苯甲酸。丙酸酐在应用时以等量的水稀释，在26～28℃时使用效果最好，苯甲酸在18～26℃时使用效果最好。石炭酸会污染蜂蜜，已禁止使用。使用药剂脱蜂要注意掌握好剂量和时间，以把蜜蜂驱逐下降离开蜜脾就行。

2. 切割蜜盖

分离摇蜜之前要切割蜜脾上的蜜盖。操作时，一手握住蜜脾的一个框耳或侧梁，蜜脾的另一个框耳和侧梁放在蜜盖盘上的“♯”字形的木架上。一手拿着热水烫过的割蜜刀紧贴框梁由下而上地拉割，即可平直，整齐地割取蜜盖。不能从上向下切割，以免割下蜜盖扯毁巢房。割完一面，再割另一面，然后送到摇蜜机去分离蜂蜜。

3. 分离蜂蜜

蜜脾割完蜜盖之后，随手放进摇蜜机的框笼里分离。最好把重量大致相同的蜜脾作一次分离。因为重量悬殊的蜜脾一起分离时，会使摇蜜机产生较大的震动。在转动摇蜜机的摇把时，应掌握由慢到快、再由快到慢、逐渐停转的规律，不可用力过猛或突然停转。遇到较重的新蜜脾，第一次只能分离出一面的一半蜂蜜，换面后摇净另一面蜂蜜再换回来分离那一半，以免巢脾发生断裂。特别是中蜂的巢脾很脆，更需小心轻稳地分离蜂蜜。取完蜜的空脾可拿去抖蜂换脾或还回蜂巢。

带封盖子的蜜脾，应选出来先摇，并避免碰压脾面损伤蜂子，摇后立即放回蜂群。带幼虫的蜜脾，最好不取出摇蜜，需要摇蜜时，应特别小心，尽量不让幼虫移位或甩出。

4. 过滤装桶

分离出来的蜂蜜，会有一些蜡屑、幼虫、死蜂或杂质，需用滤蜜器过滤，滤蜜器安放在摇蜜机的出口处。经过滤后的蜂蜜先放在大缸内或大口桶内澄清，1～2 天后，把浮在蜂蜜上面的细蜡屑、泡沫和杂质去掉，然后将纯净的蜂蜜装入包装桶内。蜂蜜装桶不可太满，特别是夏季高温季节更不宜过满，但必须密封。

割下的蜜盖还附有不少蜂蜜，待摇蜜后慢慢滤出。滤蜜后的蜜盖可稍加些水煮溶，放在口径较小的平直光滑的容器冷却，冷却后取下上层的蜂蜡，下层的蜜水可作饲料奖励饲喂。

摇蜜工具使用后都要洗净晒干，摇蜜机的轴承上点油防锈。

（二十三）王浆生产

生产王浆是利用蜂群哺育蜂过剩时的吐浆能力，人为地给予较多的人工台基，移入幼虫，待幼虫消耗较少，剩余王浆量最多的时候，取出幼虫收集台基内王浆的过程。蜂王浆从 20 世纪 60 年代以后，就成为养蜂的主要产品之一和养蜂生产经济收入的主要项目。蜂群生产王浆，不仅对蜜蜂的采蜜和繁殖没有什么影响，而且可以有效地控制分蜂热，促进蜂群工作的积极性。

生产王浆有一定的季节性，而且应具备群势强壮的蜂群，一般要求如下：有 8 足框蜂以上；充足的饲料，特别是有足够的粉源；适宜的气温，气温达到 15℃以上；有生产王浆的工具和操作熟练的技术人员。

生产王浆的方法与人工育王基本相似，但不要培育雄蜂和种用群。一般在移虫后 48～68 小时、趁王台里堆积王浆量最多时，挑出幼虫就可以取浆。意蜂每 4～6 个王台可取浆 1 克，而中蜂生产王浆比较困难，尚未普及。

生产王浆的程序包括组织产浆群、准备适龄幼虫、王浆框的安装、移虫、取浆、过滤、冷藏等操作过程。

1. 组织产浆群

当出现下述现象时即具备生产王浆的条件：蜂群经过新老蜂更换，新蜂不断增多，群势日益增强；外界气温日趋升高并趋于稳定；蜜粉源相继开花，蜜蜂饲料充足。组织产浆群时用隔王板将继箱与巢箱隔开，蜂王放在巢箱里产卵，为繁殖区；继箱里为无王产浆区。把即将出房的封盖子脾和空脾从继箱调入巢箱，两侧放蜜粉脾。继箱里留2框小幼虫脾放在中间，1～2框封盖子脾，2框蜜粉脾，即可生产王浆。产浆群在管理上，应注意蜂群密集与保温。采用继箱群产浆时，如群势不足，上下箱体可适当减少巢脾数，保持相称；空处应加隔板和保温物；粉蜜不足时，应结合奖励饲喂。

2. 准备适龄幼虫

生产王浆时，准备充足的适龄幼虫是十分重要的。幼虫供应群可以是单王群，也可用双王群，最好饲养一部分双王群，中间用闸板隔开，每区放脾3～4框，中央为卵虫脾，两侧为蜜粉脾。这样可视需要随时抽出幼虫脾，并换入空脾让蜂王产卵，再过5天又有成片的适龄幼虫可供移虫。

3. 王浆框的安装

王浆框是一个用木条制成的与巢框外围尺寸相同的木框，框梁宽度仅17毫米，框内侧条上钉4根木条，每根木条上可黏附20～30个蜡碗。20世纪80年代后广泛采用塑料台基条，用细铁线绑缚或万能胶黏附在王浆框的侧条上，每框一般安装3～5根台基条。在移虫前，应将安装好台基条的王浆框放进蜂群打扫12～24小时，以提高第一次移虫的接受率。

4. 移虫

生产王浆时，移虫和取浆均应在明亮、清洁的场所进行。移虫时，从蜂群里取出让蜜蜂清扫好的王浆框，用稀释的鲜王浆液点台；同时从供虫群提出幼虫脾；用弹簧移虫针针端顺巢房壁直接插入幼虫体底部，连同浆液提出，再把移虫针伸到台基底部轻压弹性推杆，便可连浆带虫推入台基底部，依次一个一个台基移虫。移好虫的王浆框，尽快放入产浆群继箱内的两个幼虫脾之间。若第一浆移虫的接受率不高，第二天可补移一次虫，以提高接受率。

5. 取浆

移虫后 48～68 小时，就可以提出王浆框取浆。取浆前应将取浆的场所打扫干净，将取浆用具和贮浆器具用 75％酒精消毒。取浆时，从蜂群中取出王浆框，轻轻抖落工蜂，再用蜂刷扫落附着的蜜蜂。把王浆框集中到取浆室后，逐框把王台条取下或翻转成 90°，用医用手术刀或薄刀片顺台基口削去加高部分的蜂蜡，按顺序镊出幼虫，暂时用消毒过的湿毛巾覆盖。然后用 3 号画笔从台基边插入台底，旋转 360°，把王浆沾带出台，然后刮入王浆瓶内，再复一笔，王浆就可刮尽。有条件的地方，可用真空泵吸浆器取浆。取浆后的王浆框，随即移虫再放回产浆群。若台基周围有赘蜡应刮除，有损坏的台基应补齐；台基经多次使用，颜色变深，移虫接受率下降的，应及时更新。

6. 过滤

刮取的王浆，最好经 100～120 目的尼龙网袋过滤，将王浆中的蜡屑等杂质过滤掉，然后装入无毒塑料王浆瓶，每瓶重量 1000 克，并贴上标签、标明毛重、净重、生产日期和生产单位。

7. 冷藏

经过滤分装的王浆应及时放进－20℃低温冷藏。一般从采浆到过滤分装冷藏不超过4小时，以减少王浆中活性物质的损失。

（二十四）蜂花粉生产

花粉是蜜蜂的蛋白质食料，在外界粉源充足的时候，应采收和贮存一些花粉，以便在缺乏花粉的时候，给蜂群进行补充饲喂，以促蜂群繁殖。目前，我国已将蜂花粉列为主要的蜂产品之一，生产蜂花粉可以取得一定的经济效益。

各种蜜粉源植物的花粉量不一样，在蜂群活动季节，有时采进巢内的花粉过多，以致限制蜂王产卵，影响蜂群的发展。这时，就可以生产商品蜂花粉。春季油菜、紫云英、果树的花粉量虽然比较多，但正值蜂群繁殖期，蜂群需要大量花粉，因此生产蜂花粉的数量很有限。而夏季以后的油菜、乌桕、玉米、向日葵、荞麦和秋冬季节的茶叶等蜜粉源植物开花时，就可以大量生产商品蜂花粉。

生产蜂花粉的主要方法是用脱粉器截留蜜蜂携带回巢的花粉团。脱粉器的脱粉板是用打上孔的薄金属板、硬木板或塑料板制造。西方蜜蜂的脱粉孔径为4.2毫米。当蜜蜂携带花粉回巢时，脱粉器的孔眼只能通过蜜蜂本身，花粉团则被刮下来，落入集粉盒内。一般每天脱粉时间以1～2小时为宜，每群蜂可脱集花粉80～100克。

脱集蜜蜂刚采集的新鲜花粉，含水量通常为15%～40%，容易发生霉变、发酵变质；同时鲜花粉团质地疏松湿润，容易散团，不宜过多翻动。因此，脱粉器集粉盒里收集的蜂花粉应及时取出进行干燥。干燥的方法有热风干燥法、真空干燥法、远红外干燥法等，更常用的是用干燥箱进行干燥。干燥时将蜂花粉铺在盆上，厚度 12～25 毫米，在 43～49℃的恒温下烘干。当蜂花粉团干燥到含水量 2%～5%时，能用手指磨搓成粉状即可。然后用铁纱筛掉花粉团上的灰土和杂质，就可装在无毒塑料袋内密封，每袋 10～30 千克，再放入 0～4℃低温冷室里贮存。

（二十五）蜂蜡生产

蜂蜡是养蜂生产本身制造巢础的原料，在工业上也有着广泛的用途。按照蜜蜂的泌蜡能力，每 2 万只工蜂一生能分泌 1 千克蜂蜡，一个强群在春夏流蜜期可分泌蜂蜡 5～7.5 千克，但在生产实践中远远没有达到这个数字。因此，必须抓住时机，掌握蜂群的泌蜡规律，争取多生产蜂蜡。

1. 多造巢脾

在一片巢脾中，除巢础外，还有 50 克左右的蜂蜡。将老旧巢脾通过熔化、压榨，可以得到蜂蜡。因此，应抓住流蜜期的有利时机，多造新脾来更换旧脾，争取多产蜂蜡。

2. 割取封盖蜡

在流蜜期间，可将贮蜜区的蜂路适当放宽，使蜜房增高，摇蜜时连同蜜盖割下，就能增加蜂蜡产量，而且所产的蜡质量高。

3. 勤割雄蜂房

在分蜂季节里，蜂群会在脾角修造雄蜂房，只要定期勤割雄蜂房，不仅可以多产蜡，而且可以控制蜂群分蜂热和减少蜂螨为害。

4. 日常积累

在蜂群日常饲养管理过程中，应注意收集框梁上的蜡瘤、赘脾，生产王浆的碎蜡或更换下来的旧王台基、箱底的蜡屑，修整巢脾割取的巢房及其零星碎蜡等，积少成多地生产蜂蜡。

5. 蜡框采蜡

在流蜜期间，当巢脾数量已经满足需要以后，可以给蜂群加采蜡框收蜡。采蜡框用巢框改装，即在巢框高度的 2/3 处钉一根横梁，再把上梁拆下，并在边条的顶端各钉一个铁皮框耳，活动框梁就放在铁皮框耳上（图 42）。横梁的上部用来收蜡，只需在上梁下面粘一条巢础，蜜蜂就会很快造出自然巢脾。横梁的下部镶装巢础，修造巢脾供蜜蜂贮蜜和蜂王产卵用。根据蜜源的好坏和群势的强弱，一般每群蜂可分散放置这样的采蜡框 2～3 个。等到上面部分造好脾时，将上梁取下，自第二行巢房起将巢脾割下；再把活动框梁放在铁皮框耳上，让蜜蜂造脾，继续割取蜂蜡。

图 42　采蜡巢框

还有一种更简单的采蜡框，就是在巢框的中部钉上一根横梁，使巢框分作上下两部分，并在上梁下和横梁下各粘一小条巢础，即可插入蜂群让其修造成自然巢脾。

采蜡框一般加在继箱内的蜜脾之间。不仅可以割取蜂蜡，而且可作检查之用。如其他蜂群都造脾，而个别群不适，说明这群蜂有失王或分蜂热的可能。

采收或收集起来的蜂蜡要及时进行初加工，即将蜂蜡放在钢精锅里，加适量的清水进行煎熬；待全部熔化后，倒入脸盆或金属提桶等容器里，冷却至常温时，将蜡块倒出，刮去底层的黑色污物，晾干后用塑料袋包装贮存或向收购部门出售。

（二十六）蜂胶刮集

蜂胶是西方蜜蜂从植物幼芽及树干上破伤处采集的树脂，并混入蜜蜂上颚腺分泌物和蜂蜡等凝结成一种具有芳香气味的胶状固体物。在医药上具有一定的价值。目前尚未采收蜂胶的专用器具，只靠在日常饲养管理中注意刮集，具体常用的方法有两种。

1. 直接收刮

在日常的饲养管理中，随手用起刮刀直接从纱盖、继箱口边沿、隔王板、巢脾与箱壁或巢脾框之间及其衔接处将蜂胶刮下，捏成小团。刮集时注意不要将蜡瘤、蜂尸等杂物混入。

2. 盖布取胶

用防水布、细白布做成盖布，先在框梁上横放几根木条，使盖布与上框梁有 0.3～0.5 厘米的间隙，促使蜂胶积聚。取胶时将盖布平放在硬木板上，让太阳晒软后用起刮刀刮取。有冰冻条件的，可将盖布放入冰柜，让蜂胶冻结变脆，然后提出锤搓下来。刮完胶的盖布再盖回蜂箱，将有胶的一面仍然盖在下面，经 10～20 天可进行第二次刮胶。

为防止蜂胶中芳香物质的挥发，应及时将采收的蜂胶用无毒塑料袋包好，密封，并注明产地和采收日期。蜂胶可在低温条件下贮藏。

（二十七）蜂毒电取

蜂毒是蜜蜂毒腺和碱腺分泌出具有芳香气味的透明毒液，贮存于毒囊中，刺螫时由螫针排出。蜂毒在医疗上有良好的用途。国内外一些科研机构和大专院校都开展对采收蜂毒的方法和蜂毒的医学临床试验。

采收蜂毒的方法有水洗蜂毒和电取蜂毒两种。水洗蜂毒方法，剂量不易掌握，只能按蜜蜂的数量估算。电取蜂毒方法，质量纯净、剂量准确。因此，目前一般都采用电取蜂毒的方法。

电取蜂毒一般在蜜源花期结束后，蜂群转地运输前进行。这时取毒可利用转运中极易老死和飞跑的壮年蜂进行排毒，不会影响采蜜和产浆。

电取蜂毒以巢门取毒法最方便。取毒前要将取毒器调配好，先在托盘内摆进平板玻璃，其上复贴尼龙纤维布，并用图钉绷紧在框架上，然后压上电网，使电网、尼龙纤维布、玻璃板之间不留较大的间隙，最后在电池盒内装进 20 节 1 号电池串联成 30 伏的电源即可生产。在晴天下午，将取毒器放在蜂箱巢门前，按一下电源开关，工蜂爬入电网，碰上左右钢丝，形成通路而触电；触电的成年工蜂就会立即发生螫刺反射，把毒液刺射在玻璃板上。起初只有少数工蜂排毒，由于示警信息素的作用，会招来许多蜜蜂拥上电网，于是发生了连锁的大量工蜂的触电排毒过程。约隔 15 秒钟关掉开关，停电后，排毒工蜂立即拔出毒针。过 10 秒钟后，再按一下开关，照原法继续取毒。如果发现蜜蜂堆结，应把工蜂刷向空隙处，让工蜂的螫针能刺向尼龙纤维布。约过 5 分钟，上网排毒的工蜂不多时，就可以换另一箱取毒，这时应将停在电网没有飞走的工蜂打扫掉，以免在另一箱取毒时伤亡。

工蜂刺射在玻璃板上的蜂毒，很快会凝结成骨胶样晶点。取毒结束后，在避风处，用单面刀片把蜂毒晶点从玻璃板上刮下，即成为蜂毒粗品，用干净的玻璃瓶封装，送交收购部门。为提高蜂毒质量，应保持电网、尼龙纤维布、玻璃布、蜂箱和环境的洁净。

电取蜂毒每群排毒蜂为 1500～2000 只，每次需 7～10 分钟，可收干蜂毒 0.1 克左右。定地饲养的蜂群隔一周可再次取毒；转地饲养的蜂群，在取毒后应休息 3～4 天转地才安全。不要在流蜜期间取毒，因电击蜜蜂会引起吐蜜，使蜂毒污染，降低蜂毒质量。

（二十八）蜂群短距离移动

蜜蜂对蜂箱的位置有很强的认巢性，所以蜂箱排定、蜜蜂经认巢飞翔以后就不能随便移动。如果需要短距离移动，应根据具体情况采取相应的方法。一般有逐步移动法、直接移动法、间接移动法和幽闭法等。

1. 逐步移动法

蜂群仅作前后左右短距离移动时，即在每天傍晚或早晨蜜蜂没有飞翔的时候，逐步地移动蜂箱。向前后移动的，每天可移动 1 米左右；向左右移动的，每天移动不超过 0.5 米。这种方法适宜蜂群需要移动 10～20 米的距离。

2. 直接移动法

蜂群需要移动到预定的位置，中间有障碍物或其他蜂群干扰时，不能采取逐步移动法的，可于早晨蜜蜂未出巢时关闭巢门，然后直接移到预定的位置。不要马上打开巢门，可先从纱窗或纱盖往箱内蜂群洒水，过半天时间打开巢门时又立即用卫生纸轻堵巢门，箱外用树枝或青草虚掩。蜜蜂自行咬纸出巢后，因经过波折，又见箱外的虚掩物，会重新做认巢飞翔，这样飞回原址的蜜蜂就很少。对于飞回原址的少数蜜蜂，若旁边有其他蜂群，就让它自行投靠，如旁边没有蜂群，可在原址置一空箱，内放 1～2 个巢脾收容返回的蜜蜂，然后并入邻群。此外，北方初冬蜂群基本结团或冬末蜂群刚刚开始活动时都可以采用直接移动法。

3. 间接移动法

间接移动蜂群即是在傍晚黄昏时刻、蜜蜂停止外出活动时，先把要移动的蜂群统统搬离原址 5 千米外的地方暂时安置，放养10～15 天后，再搬回来放在预定的新址。

4. 幽闭法

在春秋低温季节或长期阴雨时期，将需要移动的蜂群的巢门关闭，并打开纱窗，最好放在黑暗通风的地方幽闭 2～3 天，然后搬出来向箱内喷些水后放在预定移动的位置。这种方法的缺点是蜂群不能外出采集，要消耗巢内大量的饲料。

（二十九）转运蜂群包装

转运蜂群包装是将巢脾与蜂箱、继箱与巢箱固定下来，不使蜂群在转运中因颠簸摇动而发生事故的操作过程。

转运蜂群包装一般是在转运前 1～2 天进行。包装过早，蜂群发生变化，检查困难；包装太晚，工作来不及。可以采取分批包装的办法，将巢箱和不必调整或少调整的蜂群先包装。

1. 固定巢脾与蜂箱

若巢脾侧梁或上梁上有蜂路卡的，装钉比较方便，只要外侧巢脾钉固后，再用起刮刀把中间一条蜂路撬大一些，塞进一块稍大的蜂路卡就行。如果巢脾上没有蜂路卡，普遍是用木头制成的蜂路卡固定。常用的木头蜂路卡有两种，一种是用长 30～40 毫米、宽 15 毫米、厚 12 毫米的木条块，钉有 2 个三分钉。固定巢脾时，在巢脾框梁两端各塞进一个卡子，并把巢脾向箱壁一侧推紧，再在最外面的巢脾两端框耳上用钉钉固，最后在蜂巢中间的两个框梁之间挤进两块厚一点的蜂路卡。另一种是按蜂箱宽度的内围尺寸，用宽15毫米、厚8毫米的木条，木条上按巢脾框梁宽度的距离打孔嵌入长15毫米、宽12毫米、厚8～10毫米的丁字卡。固定巢脾时，只要在蜂箱框梁上两端各横放一条丁字形蜂路卡，并在两端巢脾框耳用钉钉牢就行，最后用铁钉钉牢铁纱副盖。

2. 固定继箱和巢箱

继箱与巢箱的连接，可用长300毫米、宽30毫米、厚5毫米的竹片；或用长300毫米、宽30毫米、厚10毫米的木片；或用长300毫米、宽20毫米、厚1～2毫米的铁片，每条两端各钻2个小孔。连接时，把继箱、巢箱的前后或左右两面，按“八”字形钉住。最后用直径1厘米粗的绳子捆绑，以便上下车时抓提。

七、蜂群管理

在养蜂过程中，蜂群管理因季节和生产方式不同，应采取相应的不同措施。蜂群的繁殖和发展、退缩和维持是随着季节、蜜源的不同而出现阶段性变化的，根据蜂群不同阶段变化规律采取相适应的技术措施称为阶段管理。按养蜂的生产方式来分，蜂群管理一般分定地蜂群管理、定地结合小转地蜂群管理和长年转地蜂群管理。以福建的物候条件所导致的蜂群变化规律为主题，并综合全国各地的大致情况，将蜂群各个阶段的管理和不同养蜂生产方式的管理分述如下。

（一）春季蜂群恢复阶段的管理

春季蜂群的管理，总的要求是保证蜂群能够顺利恢复，加速繁殖和发展，缩短复壮时间，尽快养成强群，能够及时地充分利用主要蜜源。

春季蜂群的复壮，首先，必须依靠产卵力强的年轻健壮的蜂王和优良的巢脾；其次，必须有一定的群势和适当密集；第三，必须有良好的粉蜜源并结合奖励饲喂；第四，必须有温暖的场地并做好蜂巢的保温工作；第五，必须注意防治病虫害。因此，春季蜂群恢复阶段，在管理上应做好以下几项工作。

1. 促进蜜蜂飞翔排泄

北方蜜蜂在越冬期间，一般是不能排泄的，粪便都积累在大肠里，使大肠膨大几倍。开春以后，蜂王一开始产卵，蜜蜂就要将蜂子分布区域的温度维持在 34～35℃，于是就要成倍地增加饲料的消耗，因而更加引起肠中积粪量的增多。因此，必须创造条件，促进蜜蜂提早飞翔排泄。安排蜜蜂排泄的时间以当地早春蜜粉源植物开花之前 20～30 天为宜。在安排蜜蜂排泄之前，应把蜂场打扫干净。选择晴暖无风、气温在 8℃以上的天气，打开箱盖取下保温物，让阳光晒暖蜂巢促使蜜蜂出巢飞翔排泄。此时应注意观察，凡是出巢蜜蜂飞翔得特别有劲，说明越冬顺利；凡是蜜蜂腹部膨胀，爬到框梁或巢门板就排泄的，说明越冬期饲料不良或受潮；如果蜜蜂出巢迟缓，飞出甚少或无精打采，说明群弱蜂少；若蜜蜂出巢后在箱上乱爬，秩序很混乱，则可能是失王。

蜜蜂出巢飞翔排泄时，一般能直接返巢。如果发现有少部分蜜蜂落地冻僵，则应小心将其捉回蜂巢。

蜜蜂排泄后，应在巢门前斜靠一块木板或厚纸板，再盖上草帘遮光，使蜂巢保持黑暗和安静，以免蜜蜂受阳光吸引飞出来受冻。条件许可时，可以让蜜蜂继续排泄一两次。待外界气温适宜时，就可以撤去巢门前的遮光物。

长江中下游地区，冬末初春多阴雨，箱内比较潮湿，也应该在晴暖天气，打开箱盖晒箱，翻晒箱内的保温物。

2. 及时检查蜂群

越冬蜜蜂经过飞翔排泄后，蜂群即将进入早春繁殖期，应选择晴暖天气，从上午 10 时以后到下午 2 时这段时间，及时对全场蜂群作一次快速检查。主要查明蜂群大概的群势，现存饲料的多少，蜂王是否健在以及其他情况，以拟定补救措施。在检查过程中，应把贮存的蜜脾立即补给缺蜜的蜂群，并顺手抽出多余的空脾，更换箱内保温物，清理箱底等。等到晴天温度稳定、阴处气温不低于 14℃时，再进行全面检查。这次检查，应清除箱底死蜂、蜡屑和霉迹，处理病蜂，调整群势，进行保温、饲喂，为蜂群繁殖创造适宜的条件。

3. 选择温暖和有粉蜜源的场地

春季气温不稳定，应选择小气候比较温暖的场地放置蜂群，最好是北面有围墙或较高的建筑物，这样晴天接受热能较多，寒流袭击时，又能减少热量的散失。同时场地周围应有一定的粉蜜源，如蚕豆、早油菜等，可供蜜蜂采集，不仅能节约饲料，更重要的是能使蜜蜂兴奋和促进蜂王产卵。

4. 加强保温，注意除湿

早春的气温与蜜蜂子脾发育所要求的巢温有很大的距离，特别是清晨、夜间时或有寒流的天气里，温度的差距就更大。在自然状况下，蜜蜂必须依靠高度的密集来适应这种差距。但是这种高度的密集，不仅会限制蜂王产卵圈的扩大，还会促使蜜蜂大量吃蜜，加速新陈代谢，缩短蜜蜂寿命。另外，由于寒冷集结，会使部分子脾得不到蜜蜂的保护而受冻挨饿，从而造成蜜蜂早春拖子或蜜蜂羽化后不能飞行，失去工作能力。因此，为了使蜜蜂在早春能正常而又迅速地繁殖，必须加强保温，南方还需注意除湿。

蜂群早春的保温工作，北方在蜜蜂飞翔排泄时进行；长江中下游地区在立春前后进行；南方在大寒左右进行。其方法有：

(1) 紧缩蜂巢，密集群势 早春繁殖，应保持蜂脾相称，甚至蜂多于脾。密集后的蜂群，从整体来看，脾数减少了，但从一张脾的局部看，却是蜂多于脾，蜜蜂密集有利于保温和哺育，蜂王产卵集中，产卵圈扩大。随着气温逐渐升高，适时加脾，不会妨碍蜂王产卵。根据试验，在早春繁殖初期，蜂多于脾的比蜂少于脾的蜜蜂成活率提高 25%，蜂王产卵量提高 7%，且子脾发育健康。如没有紧缩蜂巢，使蜂群处于脾多于蜂的状态，在气温较高时会扩大子圈，但到寒流来的时候就会冻坏。更严重的是使工蜂无益辛劳地哺育蜂子，致使其寿命缩短，容易造成春衰。到此时会给管理带来困难：如抽出多余的虫蛹脾，甚感可惜；若不抽出，又难以保温。

在早春气温不稳定时，单箱饲养的意蜂群必须具有 3 足框以上，凡是 3 足框以下的弱群宜采用同箱夹群饲养。要做到蜂多于脾，起码每个巢脾应拥有 1～2 足框的蜜蜂。

(2) **同箱夹群饲养** 对于一些弱群，北方 3 足框蜂以下，南方 2 足框蜂以下，可以用闸板将一个蜂箱隔成两区，进行同箱夹群饲养。这样有利保温，要比单群饲养的繁殖快。对于 1 足框蜂以下的弱小蜂群，如果不是为了保存蜂王，可以进行合并；若是为了保存蜂王，可以进行多群同箱饲养。

(3) **箱内保温** 早春季节，单箱饲养的蜂群，应把巢脾集中在蜂箱中央，两侧各加隔板。隔板用铁钉暂时固定，蜂巢两侧的空间应塞满稻草等保温物。框梁上盖布或数层草纸，把蜜蜂压到框间蜂路以下，促使蜜蜂护脾育儿。副盖上盖棉垫或草帘。长江以南地区，气候潮湿，巢门宜对着蜂巢中央，以利于蜂群排湿；北方早春比较干燥，气温又低，巢门宜开在蜂巢旁边。

(4) **箱外保温** 早春时，必须用纸糊封箱缝，封闭纱窗，箱底应垫稻草，箱四周捆扎草帘，只留巢门。低温阴雨天，必要时可加塑料布覆盖蜂箱，但天气晴暖时，应立即撤除。早晚或天冷时要随时缩小巢门，以蜜蜂出入不拥挤为度。

(5) **翻晒保温物除湿** 南方的早春阴雨天气多，空气潮湿，晴天的午前把箱内保温物拿出翻晒，午后转凉前塞回箱内，有除湿和减少热量散失的作用。由于蜂巢的温度高，而蜂巢边缘是冷空气团，所以水汽就会在蜂巢旁边的保温物上的冷热交锋处凝结，致使保温物受潮，若不及时翻晒就会发霉。

(6) **逐步撤除保温物** 南方在 3 月，北方在 4 月，可根据气候和蜂群发展情况，逐步撤除保温物。一般是先撤除蜂箱周围的，再撤除箱底的；而且是先撤除强群的，后撤除弱群的。箱内的保温物，也是随着蜂巢的扩大而逐步撤除。

5. 注意饲喂蜂群

早春蜂群恢复活动以后，蜂王产卵逐渐增加，随着子脾面积的扩大，蜂群就要消耗相当多的蜂蜜、花粉、水分和无机盐，如果缺乏这些物质，就会影响蜂群的发展。因此，必须注意饲喂蜂群，采取奖饲和补饲相结合的措施，并防止蜂群缺粉弃子。

在进行蜂巢保温时，如果巢内每脾的蜜不到1千克的，应及时补饲；达到此数时，再结合多次量少的奖励饲喂，并注意补饲花粉、水分及无机盐等。开始奖饲时，先隔天一次，随着幼虫增多，改为每天一次，但都应在傍晚黄昏时进行，数量以当夜能吃完为度。饲喂糖浆的浓度视天气而异，长期低温阴雨、蜜蜂排泄困难时，糖浆浓度要高，糖与水的比例为2：1；若天气晴暖、外界有粉无蜜时，糖浆浓度可降至糖与水比例为1：1。当封盖子脾新蜂大量出房时，更需注意巢内的贮蜜情况，严防大批新蜂饿死。当外界蜜粉源可满足蜂群需要时，即可暂停饲喂。

6. 调整子脾和加脾扩巢

早春蜂王产卵正常以后，经过一段时间应采取子脾调头、调整及加脾扩巢等措施，以加速蜂群的繁殖和发展。

在春季，由于气候的影响，巢内温度不均衡，常造成子圈偏于巢门这一侧巢脾。在气候暖和、工蜂足够分布时，宜将子脾作前后对调，使子圈能扩展到全框。当子脾有3框时，往往会出现两小一大或两大一小的现象，可酌情将小子脾调入蜂巢的中央，待子脾都展满全框后，才陆续将空脾依次加在子脾外侧与边脾之间，以供蜂王产卵。另外，在相同的条件下，由于蜂王恢复产卵的时间有先有后，致使蜂群繁殖有快有慢。因此，可从先产卵的蜂群中抽调卵虫脾，补给后产卵或未产卵的蜂群；也可从繁殖快的蜂群抽调子脾，补给繁殖慢的蜂群，促使全场各蜂群平衡发展。在繁殖过程中，若发现子脾被封盖蜜包围，严重影响子圈扩展时，则可以在每次检查蜂群时，用割蜜刀切开蜜盖，并稍喷温水。这样既可作奖饲，又可扩大子圈。

如果新蜂相继出房，逐渐代替老蜂，巢内各期子脾齐全，则表明蜂群已经度过恢复阶段，并向发展阶段推进。随着蜂群的强壮，当气温比较稳定时，就可将产卵空脾直接加入蜂巢中央，供蜂王产卵。

7. 抽调子脾强弱互补

群势调整后的蜂群，大约经过1个月的时间，由于在新老交替过程中，各群蜜蜂生死的比例和蜂王产卵量不一致，就会出现有的蜂群蜂多子少、有的蜂群蜂少子多的现象。此时，应打破群界，从哺育力不足的弱群内，抽调卵虫脾加入蜂多子少或蜂多于脾的蜂群内哺育。同时，可从强群中抽调正在出房的封盖子脾并带一些幼蜂补给弱群，使弱群逐步转强。

8. 注意防治蜂螨与疾病

一般在越冬前，要对蜂群进行彻底的治螨，才能保证蜂群安全越冬。但有时由于受条件限制或管理上的疏忽，存在有些越冬前的蜂群治螨不彻底的现象。对此，应在早春繁殖初期，趁卵虫极少的时机，选择晴天进行治螨。治螨前须喂饱蜂群，使蜜蜂腹部伸展，蜂螨暴露。

早春阴雨天多、气温不稳定，容易发生孢子虫病、下痢病、麻痹病和各种幼虫病，必须在做好饲养管理的前提下，结合药物进行防治。

（二）春季蜂群发展阶段的管理

当蜂群完成新老交替、度过恢复阶段以后，群势就会迅速发展。养蜂者应掌握好蜂群发展规律，采取一切措施，促进蜂群尽快发展，并在发展中正确处理分蜂热，以培育强群迎接流蜜期。

1. 提早育王，更换蜂王

蜂群进入发展阶段后，当意蜂群势达 10 足框蜂、子脾超过7～8 框时，在天气暖和、蜂多于脾、外界有一定粉蜜源的情况下，就会出现分蜂热。因此，应利用蜂群这个特点，采取抽补子脾和幼蜂的办法，重点培养几个强群，使其提早发生分蜂热，以便提早育王，更换蜂王。在北方，由于早春育王受群势、气候和蜜源条件的限制，同时由于组织交尾群，会削弱原群的群势，而不利于第一个流蜜期的生产。因此，可于前一年的秋季培育一批新王，并控制产卵，保持蜂王生理上的青春，以便来春发挥其产卵力。控制蜂王产卵的办法，是在秋季最后一个花期将结束时，用秋王更换春王，当其产少数卵后即断子越冬。

2. 控制一定群势，采用双王饲养

蜂群在发展阶段，维持强群对发挥工蜂的哺育力不利，且容易产生分蜂热，所以蜂群以控制在中等群势繁殖为宜。当意蜂发展到7～8 框时，可用闸板将蜂箱隔成大小两区，分别巢门出入。大区留原来蜂王产卵，小区诱入一个成熟王台。当小区新王交尾成功、开始产卵时，即用大区的成熟封盖子脾补充小区；当两群都发展到很拥挤时，将闸板移到正中间，巢箱上加隔王板和继箱。巢箱内主要留卵虫脾和空脾，封盖子脾和蜜粉脾调到继箱。如果是诱入产卵王，则应将两区平均分开，待两群都发展到很拥挤时，即用上法加

继箱。也可以在加继箱时，抽掉巢箱中的闸板，把一只蜂王和封盖子脾及蜜粉脾提到继箱，继箱里再加1～2框空脾让蜂王产卵，巢箱内也必须有供蜂王产卵的空脾，上下箱之间加隔王板。刚加继箱时，如果群势不足，则上下箱体的巢脾应放在蜂箱中央，两侧加隔板和保温物。

在双王群管理中，每隔6～7天要全面检查一次，必须保证蜂王有产卵的巢脾。

中蜂发展到4～5框蜂时，也可饲养双王群。当两群发展到即将拥挤时，如离流蜜期还远，可分作单箱群，再以成熟王台分别组成双王群。这样不仅可以消除分蜂热，还可以加快蜜蜂的繁殖。如果临近流蜜期，则可将老王分出一个小群作繁殖群进行夹箱饲养，用新王群组成采蜜群。

3. 生产王浆，解除分蜂热

分蜂热是蜂群繁殖发展后一种增加生存单位的本能表现，是由于蜂群中蜜蜂泌浆能力过剩，使王浆中的蜂乳酸等物质促进了部分工蜂卵巢管的发育，与蜂王物质的对抗失去平衡，工蜂方面处于优势，以及其他环境条件的辅佐而引起的。发生分蜂热会使蜂王产卵减少，工蜂消极怠工，影响正常的繁殖和采集，所以必须加以解除。

解除蜂群分蜂热最有效的办法之一是生产王浆。当群势发展壮大并加继箱以后，就可以连续生产王浆，不仅可以充分利用工蜂哺育力，提高经济效益，而且可以有效地控制分蜂热。

当蜂群内贮蜜充足，产生蜜压脾现象时，可适量取蜜，这样能有效控制分蜂热。特别是中蜂，习惯把蜂蜜贮存在子脾的周围，更容易产生蜜压脾现象，更需及时取蜜。

此外，当蜂群进入发展阶段，青年蜂大量增加的时候，要及时插础造脾。这样不仅可以充分利用工蜂泌蜡力，而且可以扩大子脾面积。尤其是中蜂的蜂王，喜欢在新脾上产卵，更应抓住蜂群未发生分蜂热之前，争取多造新脾增加蜂王的产卵量，以加速蜂群的发展。

（三）春夏流蜜期蜂群强盛阶段的管理

流蜜期蜂群管理的主要任务，是抓住时机组织强盛蜂群生产蜂产品，同时有计划地继续繁殖蜂群。因此，在流蜜期前要培育适龄工作蜂；流蜜初期要调整和组织好生产群；流蜜中期要保持强壮群势，集中力量投入生产；流蜜后期要为下一个蜜源储备力量或为越夏越冬奠定基础。

1. 流蜜期前培育适龄工作蜂

流蜜期采集蜂是否适龄，对蜂产品的产量影响甚大，不适龄的采集蜂不但不能外出参加采蜜，反而要消耗许多饲料，这就是流蜜期间某些强群采不到蜜的原因之一。拥有较多的老蜂和 7 日龄以内的幼蜂的强群，同样会使王浆产量不高。

在流蜜期的适龄工蜂，可分为采集、酿蜜、产浆和造脾等不同类型的适龄工蜂。例如，流蜜期前 33 天产的卵，此时正成为刚适龄的造脾蜂；前 31 天产的卵，此时成为最适龄的采集蜂；前 28 天产的卵，此时成为适龄的产浆蜂。为使适龄的造脾、采集、产浆蜜蜂数量多，应在上述时间前 10～15 天，让蜂王大量产卵，一直维持到大流蜜期结束前 30 天。

第一个主要蜜源花期的适龄工作蜂，须提前在复壮阶段培育，如果没有辅助蜜源，提供早春繁殖的地方，会造成第一个主要蜜源变成复壮阶段。第二个或第三个主要蜜源花期的适龄工作蜂，一般在第一个主要蜜源花期或两个主要蜜源花期之间的辅助蜜源花期培养。例如，福建闽南的荔枝是 4 月 10 日开始流蜜，开始培育适龄工作蜂的时间是 2 月下旬；龙眼是 4 月 25 日开始流蜜，开始培育适龄工作蜂的时间是 3 月 10 日。

2. 流蜜初期调整和组织好生产群

流蜜期间要获得较高的蜂蜜和王浆产量，必须要有较强的群势。因此，在流蜜初期要调整和组织好生产群。

（1）意蜂生产群的组织法 一般在流蜜期前 10 天，要将投入生产的蜂群调整成强群。即单王群要有 10～12 足框蜂、放脾 12～14 足框、子脾 8 框以上的群势，卵、虫、封盖子脾的比例为 1∶2∶4；双王群应达 14 足框左右蜂、放脾 16 足框、子脾 10 框的群势，其中封盖子脾达 6 框，卵虫脾 4 框。如果群势不足，则必须从其他较弱的蜂群提出带幼蜂的封盖子脾补入或将弱群并入。为抽补和合并方便起见，流蜜期前，蜂群可按主副群搭配，分组排列。生产群蜂巢的布置是：单王群的巢箱和继箱各放 6～7 框脾，继箱与巢箱之间加隔王板，继箱中应放封盖子脾和蜜脾，巢箱中放卵虫脾、蜜粉脾和空脾；双王群的继箱和巢箱中各放 8 框脾，继箱中放成熟封盖子脾和蜜脾，巢箱中放卵虫脾、蜜粉脾和空脾，继箱与巢箱之间加隔王板，巢箱的中间用闸板隔为两区，各放一个蜂王。

（2）中蜂采蜜群的组织法 中蜂不易养成和保持强群，且性好密集，致使难以上继箱。因此，在流蜜期间，一般多保持平箱采蜜，也没有生产王浆。中蜂小群也能积蜜，只是产量较低，群势过强又容易产生分蜂热。因此，在南方宜保持 6～8 足框蜂、放脾 8～10 框的群势投入采蜜，其中应有 3～4 个封盖子脾，其余的放空脾和巢础。巢箱也可以用框式隔王板隔成大小两区，即分为育虫区和贮蜜区。育虫区放脾 3 框，为卵虫脾和一个空脾；贮蜜区放脾 4～5 框，为封盖子脾和蜜脾及巢础框。巢门开在两区之间，贮蜜区的巢门应占 2/3。

3. 流蜜期间保持强群投入生产

保持强群，集中力量采蜜，结合产浆，兼顾造脾和繁殖，这是流蜜期间蜂群管理的基本原则。为了达到上述目标，应采取下列措施。

(1) 控制蜂王产卵 蜂王所产的卵要经6周以上才能成为采集蜂。到成为采集蜂时已对此期的蜜源作用很小，而且育虫阶段要占用哺育蜂，影响采集工作。因此，在南方荔枝、龙眼这种短促又丰富的蜜源流蜜期间，要采取一些措施来控制蜂王产卵。除用隔王板将蜂王限制在巢箱产卵外，必要时可再加框式隔王板将蜂王限制在巢箱的小区内，仅在2～3脾的范围内产卵，也可用全框诱入器或蜂王盒幽闭蜂王，控制其产卵。隔一段时间，视蜜源泌蜜情况才将其放出来。在继箱中生产王浆，可适当放1～2框幼虫脾。

(2) 断子取蜜 在大流蜜期到来时，从采蜜群提出蜂王和一框带蜂的卵虫脾另成小群进行夹箱饲养，第二天给采蜜群诱入一个处女王或即将出房的成熟王台。因处女王出房，从交尾到产卵，要经过十几天的断子期，这样不仅可以更换蜂王，而且可以减轻巢内的哺育工作，使较多蜜蜂外出采集，能大大提高产蜜量。但中蜂不宜采用此法。

(3) 减轻哺育负担 流蜜期间，为使蜜蜂能集中力量采集、酿蜜和产浆，减轻工蜂的哺育负担，可以用空脾换出生产群中部分的卵虫脾，分别补给弱群哺育，这样也可以提高蜂蜜和王浆的产量。

(4) 消除分蜂热 流蜜期间蜂群产生分蜂热，是蜂群管理上的败笔，会造成蜜蜂消极怠工，严重影响蜂蜜的产量。因此，应采取调整群势，连续生产王浆、加础造脾、放宽蜂路、及时取蜜、定时毁台等措施来消除分蜂热。特别是中蜂，在流蜜期间采取早取蜜、勤取蜜是消除其分蜂热的有效措施。

(5) 补充外勤蜂 对于时间比较长的流蜜期，生产群经过一段时间采集以后，因劳累缘故而衰老死亡的蜜蜂增多，会使群势下降，应及时补给即将羽化的蛹脾，或将副群搬走，使外勤蜂并入生产群，以保持生产群的群势。

(6) 注意小群管理 在流蜜期间对于那些不能成为生产群的小群，或组织生产群时提出蜂王带蜂的小群，也要注意管理。由于这些小群不会产生分蜂热，采集积极性高，除了担负从生产群抽来的那些卵虫脾的哺育工作、提供成熟封盖子脾或补给外勤蜂的任务外，还能采到一些蜜。特别是新分出群或交尾群，虽然只有2～3框蜂，但在大流蜜期，按单框计算，有时采蜜量竟超过强群。因此，对于这些小群，应创造条件，促使群势迅速发展。在防止蜜压子脾而适当取蜜的前提下，应加强小群管理促使其很好地繁殖和发展，以便补充生产群的群势，或培育成下一个蜜源期的生产群。

4. 流蜜后期留足食料和恢复群势

在流蜜后期，要根据下一阶段的任务和要求来决定管理措施。应该注意的是，无论下阶段任务如何、蜜源是否有连续，在一个蜜源期结束都要留有一定的食料，以免发生盗蜂现象（特别是中蜂）；这也是避免在下一个蜜源期如遇不测造成蜂群挨饿或发生盗蜂损失的保证措施。如果要隔一段时间才有蜜源采集或将要转到另一地方，则必须在蜜源后期抓紧恢复群势或调整蜂群，以利再战；如果下阶段没有蜜源可采，又临近越夏越冬，就必须留足食料。

(1) 留足食料，严防盗蜂 在流蜜后期要少取蜜或不取蜜，并适当抽出整片的蜜粉脾贮存起来，当蜂群需要时再加进去，有生产王浆的蜂群，当每群每次产浆降到10克左右时，就要适时停产。在流蜜末期，若发现有少数蜜蜂在蜂箱周围绕圈飞行，寻找蜂箱缝隙企图钻进蜂箱，且各群巢门守卫蜂戒备森严，则表示蜜源即将结束，必须注意严防盗蜂。

(2) 恢复群势，调整蜂群 在流蜜后期，抓紧恢复群势、调整蜂群，迎接下一个蜜源期，是连续追花夺蜜的关键措施。如果距离下一个蜜源期有30天以上的时间，则应注意抓好繁殖工作，培育一批工作蜂。因此，要及时放出幽闭的蜂王，利用贮备蜂王分群繁殖；利用强群的幼蜂或将出房的封盖子脾补给新分群；把继箱中的空脾与巢箱中的卵虫脾对调，促使蜂王大量产卵，使在下一个蜜源流蜜前10～15天，每群都有一定数量的封盖子脾。如果距离下一个蜜源的时间很短，或是要转地追逐蜜源，没有时间再培育生产的工作蜂，就得调整群势，保持一批有实力的生产群。调整群势的方法有：撤掉副群，将采集蜂并入生产群；将一些中等群势蜂群中的幼蜂连带将出房的封盖子脾抽补给生产群，并从生产群抽出刚封盖子脾给小群，抽出卵虫脾给中等群势的蜂群。调整群势使生产群都拥有比较强壮而且均衡的群势，以投入下一个蜜源期的生产。

（四）南方蜂群越夏度秋阶段的管理

夏季是江浙以北地区养蜂生产的繁忙季节，这些地区6～8月有枣、乌桕、棉花、苕子、荆条、芝麻、向日葵、草木樨、椴树等主要蜜源植物开花流蜜，蜂群的分群、采蜜、造脾、产浆等任务，大部分在这个季节里完成。在华南地区，6月份还有山乌桕、窿缘桉、芝麻等零星蜜粉源可以采集，应抓住这个时机，培育一批越夏度秋的蜜蜂；但进入7～8月份后蜜粉缺乏、气候炎热、敌害严重，正是养蜂最困难的阶段，故养蜂上有“苦七绝八”的说法。

我国养蜂饲养管理中有“北方养蜂难在越冬，南方养蜂难在越夏”的说法。从表面来看，南方养蜂越夏的困难，好像是炎暑高温的气候造成的。其实并非如此，在新疆吐鲁番盆地，夏季午后最高气温常达40℃以上，虽然从上午11时至下午3时，蜜蜂停止采集，仅采水、扇风，而白天其余时间仍在30℃以上，蜜蜂采集却十分活跃，整个暑热的夏秋都是蜜蜂采集棉花蜜的季节，蜜蜂繁殖也十分正常。从这种现象看，可以说高温气候并不是影响蜜蜂采集、繁殖的主要因素。实际上南方养蜂越夏的困难，在很大程度上是蜜粉源枯竭造成的。因蜜粉源枯竭，大量依赖蜜粉源为生的多种凶恶胡蜂类转入集中危害蜜蜂，致使蜜蜂不仅没有蜜粉源采集，而且还遭受众多敌害骚扰为害而造成很大的损失。南方的蜂群，在采完山乌桕和窿缘桉花蜜以后，便进入缺蜜高温的夏末初秋季节。从7月份的小暑到9月份的白露这两个月的时间，习惯上称为越夏度秋时期，是蜂群最难度过的阶段。这个阶段，蜜蜂外出活动少，蜂王产卵甚少或停卵；新蜂出房少，老蜂的比例大。由于生少死多，群势逐日下降。蜂群经过越夏度秋后，群势一般会衰退1/3～1/2。为了减少蜂群的损失，应将蜂群迁到凉爽、有零星蜜粉源的海滨放养。在管理上要千方百计地为蜂群创造良好的环境条件，以保存蜂群的实力。为了蜂群能够安全越夏度秋，必须采取应对措施。

1. 蜂群越夏度秋前的准备

（1）留足食料或及时饲喂 越夏度秋时期长达两个多月，据测定，2.5足框蜂，放脾4框的中蜂，每日耗蜜约50克，而意蜂几乎要增加一倍。在整个越夏度秋时期，按上述群势，一群中蜂需消耗蜂蜜3千克以上，意蜂需消耗蜂蜜6千克以上，随着蜂数的增加，耗蜜量也需酌情增加。因此，在山乌桕、窿缘桉流蜜后期就得按蜂群耗蜜要求留足食料；如果贮蜜不足，则应及时用2∶1的浓糖浆饲喂，直到有一定数量的封盖蜜为止。

（2）保持新脾，做到蜂脾相称 蜂群进入越夏度秋时期，意蜂必须保持整齐的浅褐色巢脾，中蜂最好都是当年新造的巢脾。与此同时要抽出没有子脾的旧脾，做到蜂脾相称。

（3）拥有新王和合并弱群 越夏度秋期的蜂群，应拥有当年培育的新王，以维持这个期间有一定的产卵力。对于没有能力越夏度秋的弱小蜂群，要及时合并，以保证蜂群有适当的群势。至于群势的大小，应根据当地的气候、蜜粉源条件、越夏度秋时期的长短和饲养管理水平而定。一般来说，意蜂宜在4足框蜂以上，中蜂宜在3足框蜂以上，才能保证能够安全越夏度秋。

(4) 遮阴防晒和垫高蜂箱 在越夏度秋的高温季节里，为了减少蜜蜂因采水和扇风的辛劳而衰退，应将蜂群置于阴凉的地方，切勿让阳光直晒，更忌午后的西照。如果蜂场没有自然遮阴物，则应事先有计划种一些遮阴作物，也可以人工搭棚遮阴。

另外，为了减少蜂群受地面辐射热的影响，并防止蟾蜍、青蛙等捕食蜜蜂，可以用竹木等材料搭架，将蜂箱垫高30厘米左右。为防止蚂蚁侵入蜂箱骚扰，可在架脚加水碗或撒些废柴油、石灰等驱避剂。

2. 蜂群越夏度秋期间的管理

(1) 适扩巢门和脾间距离 越夏度秋期间，每足框蜂应有1厘米宽的巢门，以利巢内通风。但为了防止胡蜂、人面天蛾以及其他敌害的侵袭，可在巢门口每隔1厘米钉1根铁钉或加铁片制成的隔栅巢门，中蜂也可换上圆孔巢门。同时可将巢内巢脾之间的距离稍微放宽到10毫米，以利巢内散热。

(2) 减少开箱以保持安静 越夏度秋期间，应以箱外观察为主，没有特殊情况不开箱检查，更忌中午高温时候开箱，以免扰乱蜂群的安静而消耗食料，或引起盗蜂。如果确需开箱检查，则应待傍晚时仅作快速局部检查。

(3) 添加水脾散热保湿 越夏度秋期间，天气炎热干燥，蜂巢温度较高，蜂群常需出动许多蜜蜂出巢采水回来降温。为了减少蜜蜂采水劳动的消耗，应把保存下来较好的空脾，灌上半房高的清洁水或0.5%的细盐水，每隔2～3天换一次。这样不仅可以降温增湿，又可以满足蜜蜂对水和盐类的需要。此外，还可以在蜂箱周围洒水降温，也可以在中午前后用没有喷过农药的喷雾器向蜂箱喷些水。

(4) 严防敌害以减少损失 越夏度秋期间要严防胡蜂的危害，同时还可趁蜂群断子期防治1～2次蜂螨。饲养中蜂，如果箱底蜡屑污物较多，会使巢虫滋生为害，应注意清除，也可以在傍晚进行换箱。换出的箱刮净污物后消毒，抽出的巢脾也应及时消毒保存，旧脾或收集起来的碎蜡应及时熔蜡，不让巢虫有滋生的条件。此外，夏季田间及周围环境时有喷农药防治果蔬病虫害和消灭蚊蝇，应注意防止蜜蜂中毒。

3. 蜂群越夏度秋后期的处理

(1) 紧缩蜂巢和恢复蜂路 在9月上旬蜂群进入越夏度秋后期，要进行一次全面检查，视群势的退缩情况及时抽出空脾，使蜂巢紧缩，蜜蜂密集。同时要将原来稍为放宽的脾间距离恢复为正常的蜂路，使蜂群进入正常的生活。

(2) 奖励饲喂和补给花粉 9月份天气开始转为凉爽，而且外界有一些零星的蜜粉源开花，蜂王先后恢复产卵，应及时进行奖励饲喂，促使蜂王早产卵、多产卵，为生产冬蜜培育适龄采集蜂。若天然花粉不足，则最好能补给贮存的天然花粉，没有的话也可补给代用花粉，一来可以促使蜂王产卵，二来可以防止蜂群缺粉弃子。

(3) 中蜂要严防迁飞逃群 越夏度秋后期，是中蜂在一年中最容易迁飞逃群的阶段。这是由于中蜂已长时间没有蜜源，巢内存蜜甚少，加上天气转凉，外界有零星粉蜜源开花，具备迁飞逃群条件。特别是那些贮蜜少又没有子脾，或因胡蜂、巢虫敌害侵袭的蜂群，更有迁移新居的意念。因此，在这个时期，应及时了解蜂群情况，纠正蜂群管理上的缺点，做到蜜足、密集、促产（蜂王产卵），做好除虫防病，合并不利于秋冬繁殖的弱群，以防止中蜂迁飞逃群。

只有当蜂群度过秋季的恢复阶段，完成蜜蜂新老更替以后，才能真正算作蜂群已经安全越夏度秋。

（五）北方蜂群秋季渐退阶段的管理

北方蜂群秋季的渐退阶段，是从全年最后一个蜜源后期开始的，是由原来蜂群强盛阶段以生产为主转为以繁殖为主的阶段；这个阶段也是本年繁殖的结束，并为翌年蜂群繁殖打好基础的重要阶段。这个阶段出现的时间是愈北愈早，跨度可从立秋到小雪。蜂群管理的主要任务是多培育适龄越冬蜂，为翌年的繁殖打好基础。

1. 培育新蜂王，更换老劣蜂王

老劣蜂王产卵较少，且在冬季的死亡率高，来春往往有明显的滞产现象。因此，必须在初秋培育一批优良的蜂王，以更换老劣蜂王或作为贮备蜂王。例如，江浙在棉花期、华北在荆条花期、东北在椴树花期或苕条花期培育的蜂王，到来春产卵都比较好。更换蜂王之前，必须对全场的蜂王进行鉴定，分批更换。更换下来的蜂王可暂时组成小群，利用它们产一批卵来培育越冬蜂，到停卵时才淘汰。

2. 培育适龄越冬蜂

适龄越冬蜂是指在越冬前羽化出房，仅进行过两三次排泄飞翔，没有做过哺育和采集工作，没有分泌过王浆的幼蜂。在秋季参加哺育和采集工作的蜜蜂，一般是不能越冬的。所以，要用秋季培育出来的幼蜂越冬。这些越冬蜂由于各器官和生理功能保持幼蜂状态，经过越冬后仍具有哺育能力，所以是翌春蜂群繁殖的基础。

羽化出房的幼蜂，由于后肠里积有粪便，必须在飞翔时才能排泄掉。如果在秋季出房的幼蜂，因天气因素来不及排泄飞翔，它们不仅不能安全越冬，还会影响到其他蜜蜂越冬。因此，为培育适龄越冬蜂，到一定时候要迫使蜂王停卵。为了保证适龄越冬蜂的数量和质量，在最后一个主要蜜源流蜜期，要用产卵力强的新蜂王更换产卵力弱的老蜂王；要进行一个疗程的治螨；要抽出巢内多余的空脾，做到蜂脾相称；要进行保温和奖饲，促进蜂王产卵。

在培育适龄越冬蜂的同时，必须保持巢内有充足的饲料，但也必须保证蜂王有产卵的巢房。因此，一般只提出 1/3 的蜜粉脾，有意识地造成蜜粉压产卵圈的现象，使子脾面积不超过七成，让蜜蜂和蜂子生活在蜜粉过剩的环境中，以提高蜜蜂的营养水平，同时也提高适龄越冬蜂的质量。

北方秋季最后一个蜜源流蜜期结束的时间，大致也是蜂王停卵的时间。此时管理上的关键，是要尽可能地保护最后一批子脾安全出房，并使其能够进行排泄飞翔。

3. 平均群势、加快繁殖

在正常情况下，真正能越冬和参加翌年早春复壮阶段哺育蜂子的是本阶段最后一批 3～5 框子脾出房的蜜蜂。这样只要中等的群势就能培育这些子脾，而且能保质保量。就是强群在本阶段也必然经历逐步减少子脾，到最后也是仅有 3～5 框子脾，直至停产这个过程，能参加越冬和翌春哺育工作的同样是这些蜜蜂。因此，应把继箱群拆成平箱，满箱的平箱可抽出部分蜜蜂，平均组成 6～7 个巢脾，有 4～5 足框蜂的中等群进行繁殖，这样可以加速繁殖，能增加全场适龄越冬蜂的总数。蜂王不够，要提早贮备。北方要求强群越冬的，可待越冬蜂培育后再进行合并。

4. 贮足蜂群越冬饲料

全年最后一个蜜源流蜜时，就要有计划地为蜂群越冬准备足够的蜜脾。选留蜜脾应从第一次取蜜着手进行，应选留脾面平整、无雄蜂房、繁殖过几代蜂儿又贮满蜜的优质巢脾，将其放在蜂巢旁边让蜜蜂封盖，待封盖后取出贮存。留蜜脾的数量，依各地越冬期的长短和群势强弱而定。一般来说，在北方越冬的蜂群，在整个越冬期每框蜂需 1.5～2 框蜜脾；转地到南方越冬的每框蜂需 1～1.5 框蜜脾。此外，还需留一些半蜜脾和蜂蜜。在秋季，还必须为蜂群在越冬后早春繁殖贮备一定的花粉脾：在北方繁殖的，每群蜂需留 1～1.5 框；到南方繁殖的，每群蜂需留 1 框。蜜脾和花粉脾应妥善保存，注意防巢虫和盗蜂。

若最后一个蜜源流蜜不稳，难以留足越冬的饲料，应提早在前一个流蜜期选留。如果两个蜜源都留不足，则须在蜂王即将停卵时进行灌脾或用饲喂器进行补助饲喂。饲喂时间，江浙在 11 月以前，河南在 10 月，东北和西北在 9 月。越冬饲料的质量与蜂群安全越冬的关系很大，凡是容易结晶的蜂蜜和质量不好的白糖，都不能作为蜂群的越冬饲料，更忌用含有甘露蜜的蜜脾。用蜂蜜喂蜂，应加 10%～20%的水，用文火化开；用白糖喂蜂，应加 40%～50%的水，用文火化开，并加入 0.1%酒石酸于糖浆中，可促使蔗糖转化成葡萄糖和果糖。同时，应集中在 2～3 天内喂足。

5. 狠治蜂螨，严防盗蜂

在秋季，蜂群群势下降，子脾减少，蜂螨在每个封盖子房中的寄生密度增加，蜂体的寄生率也随着提高，尤其是小蜂螨为害更为猖獗。所以，在秋季必须狠治蜂螨，否则蜂群越冬不安静，死亡率高，来年螨情发展快。

秋季治螨，可分两步进行。第一步在 8～9 月，结合育王，在组织交尾群时提出封盖子脾，使原群无封盖子脾，然后先在原群治螨；待交尾群的封盖子脾出房，新王交尾产卵后，待卵孵化成幼虫时进行治螨。第二步在蜂群进入越冬前的断子初期进行，把各群带有少数蜜蜂的封盖子脾集中到几个继箱内，造成五六个箱体（最底下为巢箱），放在蜂场上风向的边角，诱入一个已经停卵的老王；

一星期后把出完蜂子的空脾抽出消毒，集中一下群势，到新蜂全部出房后，再抓紧治螨。

对于抽出子脾的蜂群，于第二天就可以开始治螨，隔 1～2 天一次，直到没有蜂螨落下和幼虫将封盖时止。这次治螨较狠，受药剂影响可能会缩短蜜蜂寿命，但它们还不是真正的越冬蜂。如果治螨彻底，能使出房新蜂发育健壮，就可以提高越冬蜂的质量。

秋季蜜源结束时，容易发生盗蜂，应及时采取预防措施。

6. 适时断子，整齐快速

在秋季，当外界条件不适应蜂群繁殖时，蜂王产卵逐渐减少，但不能马上停卵。此时，若让蜂王继续产少量卵给工蜂哺育，不仅会增加食料的消耗，而且会影响蜜蜂的寿命和治螨工作。为了保持越冬群势和工蜂与蜂王生理上的青春，可以在培育越冬蜂的后期迫使蜂王停止产卵。蜂王停卵时间，西北地区宜在 9 月中下旬，使最后一批幼蜂能在 10 月中旬全部出房；东北地区宜在 10 月上旬，使最后一批幼蜂能在 10 月下旬全部出房。为使断子整齐快速，可选用下列方法中的一种：一是子脾多时，将蜂群运往无粉源的地方放牧，然后撤除保温物，加宽蜂路，停止奖饲，从蜂巢中抽出花粉脾，或大量喂糖（蜜），以蜜压脾促使自然断子；二是在子脾开始减少时将其搬入暗室，在暗室内提早断子；三是把蜂王用蜂王盒或扣脾笼幽闭关禁，待外界气温降到 7～8℃、群内子脾出完后才放出来。

7. 保存空脾和蜜粉脾

秋季因蜂群群势渐退，从蜂巢中抽出来的空脾和越冬需要的蜜脾与粉脾，应及时分开新老脾、优劣脾、全蜜半蜜脾、蜜粉脾。然后用起刮刀刮净巢框上的蜂胶蜡迹，用快刀削平突出的房壁，再按巢脾保存的方法进行消毒和保存。

（六）北方蜂群越冬阶段的管理

我国幅员辽阔，地形复杂，冬季南北气候差异很大。在华南地区，冬季霜雪不多，日间气温常在15℃以上，有冬季蜜源的地方蜜蜂尚能采蜜、造脾和培育蜂王。而在北方，却是冰天雪地。因此，南北冬季蜂群管理的措施，就有很大的区别。在北方，越冬阶段管理的主要任务，是使蜂群处于半蛰伏状态，消耗最少的饲料，维持最低的代谢，延长蜜蜂寿命，以达安全越冬。为达此目的，在管理上应做好以下几项工作。

1. 北方蜂群越冬阶段的状况

北方蜂群到秋末，当封盖子脾全部羽化出房后，随着气温的逐渐下降，蜜蜂就在蜂王周围的巢脾上形成越冬蜂团。蜂团在箱内形成的部位，是由巢门和外部的热源等条件决定的。一般是在对着巢门的巢脾上形成，强群比弱群的蜂团更靠近巢门；在室外越冬的蜂群，蜂团则靠近蜂箱受阳光照射的一面；双群同箱越冬的蜜蜂，蜂团是在闸板的两侧形成。蜜蜂结团以后，依靠群体并消耗蜂蜜所产生的热量，来维持生命活动所必需的温度，以度过漫长的冬天。

2. 北方蜂群安全越冬适宜的条件

北方蜂群在越冬阶段，可以用“群强蜜足蜂适龄，不冷不热暗又静，空气流通无鼠害”来概括蜂群越冬所需要的适宜条件。

（1）强群越冬 蜂群越冬阶段群势强弱的标准，要根据当地越冬期的长短和气温情况，以及翌年主要采蜜期到来的迟早来确定。其关键是必须保证来年第一个主要采蜜期到来时，蜂群能够恢复发展壮大起来而投入生产。越冬群势依地区来说，东北地区有7足框蜂以上为强群，4足框蜂以下为弱群；黄河流域有6足框蜂以上为强群，3 足框蜂以下为弱群；长江中下游地区有 5 足框蜂以上为强群，2 足框蜂以下为弱群。按各地要求的标准，弱群可组成双王群或一箱多群越冬，效果与强群相似，而且可以贮备蜂王，但对于过弱的小群则应进行合并。强群越冬省饲料，抗寒力强，越冬死蜂少，蜂数下降率低，来春恢复快。

(2) **蜜足质好** 北方蜂群越冬饲料标准，要根据当地越冬期的长短而定，同时要考虑来春蜜蜂排泄飞翔以后所需饲料的数量。一般越冬期从 10 月至翌年 4 月的，每框蜂应有 2.5～3 千克优质饲料蜜；越冬期从 11 月到翌年 3 月的，每框蜂应有 2～2.5 千克优质饲料蜜；越冬期从 12 月至翌年 2 月的，每框蜂应有 1.5～2 千克优质饲料蜜。但弱群的比例应适当高些。

(3) **温湿度适宜** 北方蜂群越冬期，箱底温度以保持在 0～4℃为宜。如果温度偏高，则蜂群活动量大，耗蜜量增加，粪便多，体力消耗大，长期如此，会将巢内贮蜜提前耗尽，并有可能发生下痢病；如果温度偏低，也会促使蜂群活动加强，为提高温度而大量吃蜜，同样会造成蜜蜂消耗体力且积粪满腹，致使其下痢或死亡。越冬期蜂巢内相对湿度宜保持 75%左右。如果湿度过高，会使封盖蜜吸水变质；如果湿度过低，则蜂蜜易结晶，蜜蜂不便取食，而且会使蜜蜂缺水，造成饥饿或乱飞乱爬现象。

(4) **黑暗安静** 保持蜂巢黑暗安静的环境有利于蜂群越冬；而光亮和震动会打扰蜂群的越冬生活，促使部分蜜蜂离团飞出箱外冻死。若经常受震动，会使蜂群耗蜜量增加，蜜蜂肠道积粪多，寿命缩短，对安全越冬不利。

(5) **空气流通** 越冬期虽然外界气温很低，但越冬蜂团仍需适量的空气流通。如果通气不好，蜂群受闷而不安，会造成散团或死亡。因此，在调节温湿度的同时，应注意适量的空气流通。

(6) **防除鼠害** 鼠害是北方越冬蜂团的大害。若老鼠钻进蜂箱咬脾吃蜜，轻者吃掉部分蜜蜂和咬毁部分巢脾；重者会使蜂团零乱，脾毁蜂亡。因此，应注意防除，确保蜂团无鼠害。

在北方蜂群越冬阶段，养蜂者可根据上述条件，因时因地制宜，采取灵活措施，确保蜂群安全越冬。

3. 北方蜂群越冬蜂巢的布置

北方越冬蜂群有单群平箱、单群继箱、双群同箱以及多群同箱几种类型。因此，蜂巢布置应根据类型不同而有所差异。

(1) **单群平箱** 这种类型的越冬群，蜂巢布置时，应把半蜜脾放在蜂巢中央，整片蜜脾放在两侧。巢脾的框梁上要横放几根10～20毫米粗细的木条，使蜂团便于移动。

(2) **单群继箱** 这种类型的越冬群，群势应在7足框蜂以上，蜂巢布置时，应在继箱内放8～9框整片蜜脾，巢箱内放满半蜜脾和空脾而不能放粉脾，使越冬群在继箱蜜脾的下部结团。

(3) **双群同箱** 这种类型的越冬群，蜂巢布置时，应把半蜜脾放在闸板的两侧，整片蜜脾放在外侧。这样能使2个蜂群倚靠闸板结成一个冬团，以便互相借温。

(4) **多群同箱** 这种类型的越冬群，以4个小群同箱为宜。蜂巢布置时，又以2个小群为一组，在一组当中可按双群同箱的方法布置。

在布置蜂巢时，一般要求蜂脾相称。但群势在5足框蜂以上的强群，或天气比较暖和的年份，可脾略多于蜂，使蜂群有活动和调节巢温的余地，否则容易造成伤热。同时脾间的距离也可以稍大些，但弱群的蜂路则不必放宽。

4. 北方蜂群越冬保温包装方法

北方蜂群在越冬阶段保温包装的方法，因地区和气候条件的不同而异。一般分为室外越冬箱内外保温包装法和室内越冬保温法二种。

(1) 室外越冬箱内外保温包装法 北方蜂群室外越冬箱内保温包装方法大同小异，一般是在箱内有空间的地方塞稻草捆、棉花捆等保温物，在蜂巢的框梁上覆盖布或草纸，在副盖上放草帘或棉花垫，在纱窗内粘贴多层草纸，窗外缝隙用纸糊封。箱内保温随气温下降情况由轻到重。

箱外保温包装方法和程度与箱内保温包装则有较大的差异，一般有稻草、培土和围墙包装等 3 种。

①稻草包装法：适用于长江流域地区。可分单箱包装和联合包装两种。单箱包装即在箱盖上面先纵向用一块草帘把前后箱壁围起来，再横向用一块草帘沿两侧箱壁包到箱底，留出巢门，然后加塑料布包扎防雨。联合包装即在地上铺上砖块或石块，排上一列平整的空巢箱，箱盖上铺一层 10 厘米厚的稻草。然后将蜂箱排在稻草上面，每 2～6 群为一组，各箱间隙填上稻草，前后左右都用草帘围起来，留出各群的巢门，最后加塑料布包扎防雨。

②培土包装法：适用于黄河流域地区。选择高燥地方，按照箱底面积，在地下挖成 30～40 厘米深的坑。坑里保持干燥，并填踏实的保温物，蜂箱排在保温物上面，以 3～5 箱平列一起。蜂箱左右、后面及箱盖上加 15～20 厘米厚的保温物，然后培上 30～40 厘米厚的土，再抹上一层泥，并使上部保持一定的斜面，防止雨雪侵入。巢门前面不包装，直接露在外面，待天气寒冷时再用草帘围上。

③围墙包装法：适用于长城以北至东北沈阳以南地区。用砖块或石头砌成围墙。内围放置蜂群后，前后左右要有 20 厘米、上下要有 30 厘米的空隙，以便装填保温物。

箱外包装从当地气温降到 0℃以下时开始，要一次包装完毕，以防老鼠钻入为害。包装以后，每隔 10 天打扫一次巢门，并掏出死蜂。下雪后应马上扫净，以免雪融浸湿包装物。

(2) 室内越冬保温法 黑龙江、吉林、内蒙古和新疆北部这些高纬度地区，冬季气温经常降到－20～－30℃，蜂群宜采用室内越冬。室内越冬蜂群入室不宜过早，否则会使蜜蜂闷热不安而造成损失。一般应在水结冰，寒冷已经稳定，大地未积雪之前入室。黑龙江北部地区在10月下旬至11月上旬，靠南部一些地区在11月中、下旬分批入室，先入弱群，后入强群。

蜂群入室时，搬动蜂箱应选择寒冷而干燥的天气。如蜂箱上有积雪，应小心扫掉，巢门先用铁纱封闭，然后将其小心抬入室内，切勿惊动蜜蜂。蜂箱在室内排列，应离墙20厘米，第一层蜂箱应离地40厘米。强群应放在下层较冷的地方，最强群要靠近室门，且不用任何保温物。待全部蜂群入室后，视蜜蜂安静时才打开巢门。入室头几天，蜂箱逐渐转暖，室内温度也逐渐回升，应打开通气筒的活门调节温湿度，使室内温度保持在0～2℃，相对湿度保持在75%～80%。

5. 北方蜂群越冬期间的管理

北方蜂群在越冬前期，要求不让蜜蜂飞出蜂巢，应用木板或厚纸板挡在巢门前遮光。在箱外包装以后，如果发现有蜜蜂飞出，说明箱内蜂巢温度太高，要扩大巢门加强通风，必要时应撤去蜂箱上面部分的保温物，使之散热。越冬后期，是整个越冬阶段气温最低的时期，也是蜂群最容易出事故的时候，必须加强管理。此时蜜蜂处于稳定的半蛰伏状态，任何干扰和震动对蜂群越冬都极为不利，切勿开箱检查，必须根据箱外观察来判断箱内情况。因此，每隔五六天应观察一次，特别是天气突然变化时，更需勤观察，以便及时消除对蜂群不安全的因素。管理上有以下几项工作要做。

(1) 调节巢门 调节巢门是越冬蜂群管理的重要工作。巢门不能太高，有6～7毫米就行，以免老鼠钻入为害。巢门宽度，弱群50～60毫米，中等群70～80毫米，继箱群因蜂箱里空间大，有60～70毫米就行。巢门应视蜂群情况和需要进行调节。

(2) 掏出死蜂 蜂群到越冬的中后期，往往有一些死蜂及杂物堆积箱底或堵塞巢门，影响蜂巢通气。因此，每隔一星期应用铁线钩从巢门钩出蜂尸和杂物。掏死蜂的动作要轻，以免惊扰蜂群，同时要注意观察掏出的死蜂及杂物，从中分析判断蜂群内情况，以便酌情处理。

(3) 失王补救 蜂群在越冬期间，偶尔也会发生失王现象。蜂群失王以后，在晴暖天气的中午，会有部分蜜蜂在巢门内外徘徊不安和抖翅。发现这种情况，可将蜂群搬入室内检查，如确已失王，应及时诱入贮备蜂王，或与弱群合并。

(4) 防蜜结晶 由于蜜蜂不能食用结晶蜂蜜，越冬期间蜜蜂常因蜂蜜结晶而饿死，或因口渴造成散团。因此，必须防止蜂蜜结晶，其方法是加强保温，或由巢门口向箱内塞入一些湿棉花球。如果发现蜜蜂吸水，则说明蜂蜜结晶，应赶快将蜂群搬入室内，换入不结晶的蜜脾，防止蜜蜂饿死。如果没有贮备的蜜脾，可将蜂蜜加2%～3%的水，用文火煮开，待冷却灌脾后进行更换。更换出来的结晶蜜脾，可待到春天暖和时，切开蜜盖喷热水后，插入强群中让工蜂食用，也可先放在50℃的热水中猛蘸两三下，然后放在摇蜜机中摇出蜂蜜。

蜂蜜结晶引起蜜蜂口渴与蜂群失王的表现区别是失王群是个别群，口渴是多数群；失王群的蜜蜂抖翅不采水，口渴群的蜜蜂采水不抖翅。

(5) 防震动和防积雪堵巢门 越冬蜂群需保持安静，严防剧烈震动，以免惊散蜂团而造成损失。下雪天要用铁纱封闭巢门，并用红色塑料布斜遮巢门，防止蜜蜂趋光飞出遭受冻害。大雪纷飞时，要及时打扫巢门前及其蜂场的积雪，防止雪堵巢门而闷死蜜蜂、浸湿蜂群和保温物。

(6) 防除鼠害 需用木质坚固、不易被老鼠咬破的蜂箱，并用铁片钉严箱缝和孔洞，巢门上应装隔栅或钉几个铁钉。在蜂场附近，应注意捕杀或用毒饵诱杀老鼠。如果在巢门前发现有较多的蜡渣和缺头、缺胸的碎蜂体，并看到蜂箱上有咬洞，则说明老鼠已钻进蜂箱，应将蜂箱搬进室内、套上网袋开箱将老鼠驱出杀死，然后修好蜂箱破洞将其放回原位。

(7) 防缺蜜饥饿 到越冬后期，在蜂群很少活动的情况下，如果发现个别蜂群的蜜蜂不分天气好坏而不断往外飞，则可能是缺蜜的缘故，应将蜂群及时搬到室内检查。如果确属缺蜜，则应加进蜜脾，待蜜蜂结团后再搬出去，依旧做好包装。

6. 长江中下游地区蜂群的越冬管理

长江中下游地区蜂群越冬期间，常有饿死的蜂群，而未见冻死的蜂群。因此，要求饲料充足，保温不必太早。一般在越冬前期不要保温太热，仅在副盖上覆盖纸或草帘。待12月以后，在箱内隔板外侧加保温物，强群塞半草，弱群塞满草。越冬场所不能选择在有油茶、茶树或甘露蜜的地方。越冬前期应将蜂群放阴处，抽出粉脾，适当扩大蜂路和巢门，促使蜂王早停卵，早结团。在越冬后期（12月中旬以后），才将蜂群迁移到向阳干燥的地方。

7. 严寒地区蜂群室内越冬的管理

东北或新疆北部严寒地区，蜂群采用室内越冬，在蜂群入室的头几天，要勤观察而不开箱检查。当室温稳定后，每隔10天左右查看一次就行。查看的时候带一根1米长的胶皮管，一头由巢门伸到蜂箱里，另一头放在耳朵上，听箱内的声音以判断蜂群的情况。如果听到响声很均匀的微弱的“嗡嗡”声，说明蜜蜂很安静；如果听到“刷刷”声，说明箱内太冷，应将巢门和进气筒缩小一些；如果听到“呼呼”声，就是箱里太热，要放大巢门和进气孔。

如果发现蜂群因饥饿或受冻产生“假死”现象时，应立即将蜂群搬到25℃左右的室内进行急救，方法是迅速用温蜜水喷洒假死的蜂群，盖好保温物，使蜜蜂慢慢苏醒过来。然后再补充饲料或加保温物，待室温降至外界常温，蜜蜂重新结团后才搬回原址。

蜂群越冬过后，通常在3月中旬至4月中旬，当外界气温达到8～10℃时就可出室，一般是强群先出室，弱群迟出室。出室时应选择在晴暖无风的中午。搬蜂箱时，应用铁纱先把巢门封上，用担架抬出。待全部搬出排列后，才开巢门。

（七）南方蜂群冬蜜期间与度冬的管理

南方的冬季有石栎、山桂花和八叶五加等主要蜜源植物开花流蜜，流蜜期从10月下旬至12月下旬长达2个月时间，特别是八叶五加花味芳香，蜜多又浓，蜜粉俱佳，对蜜蜂很有吸引力，中蜂采集非常活跃，不仅能采蜜，而且能繁殖、造脾，甚至会发生分蜂热。意蜂在流蜜前中期对低山丘陵的蜜源也能较好地利用，但一般都采用平箱群采蜜。为了充分利用这一天然蜜源，在冬蜜期间应做好以下几项工作。

1. 做好流蜜前的准备

在冬季蜜源流蜜前，应在抓好蜂群繁殖的基础上，于10月中旬，根据群势的不同，把全场的蜂群分为主群和副群两类，并将主群培养成采蜜群，副群作为繁殖群，以在流蜜中期补充采蜜群群势。在11月上中旬，应培养一批新王，到流蜜盛期换入采蜜群。

2. 培养强群、控制分蜂热

采集八叶五加等冬蜜的中蜂群，需有5～7框蜂的群势，不足时可由副群补充。同时应及时换入新产卵王，并及时加础造脾。这样，既可以消除分蜂热，又能保证多收蜜。

3. 适当保温，防治疾病

南方的冬季也常有刮西北风的天气，蜂群应排放在靠近蜜源且避风向阳的地方，以减轻工蜂远途采集受冻的损失。巢门以朝南或东南为好，以便整天都有日照。11月上旬以后，山区日夜温差大，箱底应垫一层稻草，并伸出巢门板15～20厘米。11月份是中蜂囊状幼虫病的发病高峰期，应注意防治。

4. 早取周密，轮脾取蜜

当八叶五加等冬季蜜源流蜜后，子脾周围贮满蜂蜜造成蜜压脾时，就必须进行取蜜，以调动工蜂采集的积极性。在流蜜期间，应视天气和进蜜情况，轮脾取蜜，将有封盖子的蜜脾或整片蜜脾取出摇蜜。每次取蜜应留下1～2片有幼虫的蜜脾，以防天气变化。取蜜的时间以中午前后温度较高时进行为好。

5. 留足饲料，度冬繁殖

南方八叶五加流蜜盛期为11月中旬到12月中旬，流蜜盛期过后，应注意留足饲料。南方越冬期较短，仅1月份气温比较低，在福建、广东、广西、云南等省区，冬季1月份气温也很少低于5℃，通常都在10℃以上，晴天有时还达15～20℃，而且野外仍有零星蜜粉源，蜂王还会继续产少量的卵，所以每足框蜂应留1千克贮蜜作为饲料。

冬季蜜源流蜜结束后，应对留在山区度冬的中蜂进行一次检查调整，抽出余脾，使每群蜂有3足框蜂左右，放脾3～4框，并做好箱内保温。对于转到油菜区继续繁殖的中蜂，最好调整成每群有2～2.5框足蜂，放脾3框，进行双群同箱饲养，副盖上有草帘保温。

意蜂群则可于12月下旬迁移到有油菜的地方度冬，一般是3

足框蜂的蜂群，放脾 4 框；4 足框蜂的蜂群放脾 5 框；2 足框蜂以下的弱群，应双群同箱饲养。保温时应将蜂脾集中于蜂箱中央，两侧夹以隔板，隔板外放稻草保温，框梁上盖报纸，副盖上加草帘，箱底垫稻草。度冬期间应注意留足饲料和保持蜂群安静。

（八）定地蜂群管理

定地养蜂就是指一年四季蜂群固定在一个地方饲养。从目前情况来看，山区定地养蜂多于平原定地养蜂，定地饲养中蜂多于定地饲养意蜂。定地养蜂首要的条件是一年内有两个以上的主要蜜源期，四季均有连续不断的辅助蜜粉源，而且蜜粉源能够满足当地所饲养蜂群的需要，养蜂可以获得一定的经济效益。

定地养蜂的特点是根据场地周围蜜源的情况来决定放蜂的数量，可以一个点，也可以是几个点。定地饲养中蜂是以取蜜为主要目标的；定地饲养意蜂是以产浆为主并结合取蜜，而繁殖分蜂是次要的。定地养蜂多数不是作为主业，一般都当做副业。

定地养蜂要根据自己的特点，采取相应的饲养管理方法，着重做好以下几项工作。

1. 选择理想的蜜源环境

定地养蜂在场地周围 3～5 千米的半径范围内，一年内应有两个以上主要蜜源植物开花泌蜜并有辅助蜜粉源。例如福建南靖山区一年内有以乌桕为主的小暑蜜源和以八叶五加为主的冬季蜜源，野外辅助蜜粉源长年不断，是定地养蜂得天独厚的环境。又如河南南阳盆地平原，一年内有油菜、刺槐、芝麻三种主要蜜源花期，还有榆树、椿、枣树及野草类等多种辅助蜜粉源植物，也是定地养蜂理想的场地。

2. 建设蜂场固定设施

由于是定地养蜂，一年四季都没有搬动，为了便于管理，应考虑在蜂场建设一些固定设施。采取露地室外安置蜂群的，可设置简易的围墙，以防人畜进入或野兽侵入。在场地内种植落叶乔木，夏季能够遮阴，冬季落叶可让阳光透照蜂箱，达到冬暖夏凉的效果。排蜂的地方可用砖块或木料做一些固定箱架，使蜂箱离地30厘米以上，不仅蜂箱不易腐烂，而且可避蟾蜍之害。此外，简易住房、引水设施、场间道路等都应考虑在内。有条件时还可考虑建养蜂室，以便集中管理和保证蜂群安全。

3. 适时培育工作蜂

由于定地养蜂在一年内仅有两三次主要蜜源，要取得较好的生产效益，必须适时培育工作蜂。一般应在一个主要蜜源植物开花流蜜前40天，就要加速繁殖，及时培育工作蜂。采取更换新王、饲养双王群、调整蜂群、奖励饲养、及时加脾、注意防病虫等措施，尽可能多培育适龄工作蜂，以迎接流蜜期的到来。

4. 集中群势突击生产

定地养蜂最渴望的是主要蜜源流蜜期的到来。要取得生产丰收，在流蜜期临近时，就要按照蜜源的流蜜规律和当地气候情况，调整群势，组织强群，减轻哺育负担，集中优势，突击生产。在流蜜期间应注意防止蜂群发生分蜂热，保持工作蜂积极工作的状态。

5. 注意保存蜂群实力

流蜜期过后，除注意留足食料外，还应及时调整蜂群，利用辅助蜜粉源进行繁殖，并注意防止盗蜂和病虫害，以保持蜂群实力，为采集下一个蜜源奠定基础。

（九）定地结合小转地蜂群管理

定地结合小转地养蜂模式，既省工、低耗、易管，又具有在一定范围内追花夺蜜、提高养蜂生产经济效益的优点，是一种进可攻、退可守的较保险的养蜂生产方式，可以达到有利就转、无利不前的目的。例如在福建南靖山区定地的中蜂场，常在荔枝、龙眼花期，下山小转地到龙海采荔枝蜜，接着到同安采龙眼蜜后，又退回山区等待采小暑蜜，从而获得较好的经济效益。河南省在总结养蜂生产经验教训的基础上，探索出小转地代替大转地生产的养蜂模式，并取得了明显的经济效益，现已在全省推广应用。应该说，定地结合小转地养蜂模式是一种较理想的养蜂模式。搞好定地结合小转地养蜂的饲养管理，应注意以下几个问题。

1. 定地打基础，有利小转地

采取定地结合小转地养蜂模式，首先必须以定地场地作为根据地和立足点，搞好常年的蜂群饲养管理，从早春气候转暖、外界有零星蜜粉源植物开花时，就要抓好蜂群的恢复繁殖，做好两手准备。若距定地场地主要蜜源泌蜜时间较久，根据当年的天气预报和要转地所在的蜜源情况，估计转地有利时才小转地。同时应及早做好一切准备工作。

临近转地之前，必须往要转地放蜂的地方进行调查看场，了解清楚该地蜜源植物的数量、分布、开花时间、花期、容蜂量和农药喷洒等情况，并把具体排列蜂群的地点联系好，争取得到当地政府和群众的支持。同时，要将运输的路线勘察好，以免夜间运蜂迷失方向。此外，要提早联系好运输车辆，做好转地工作的计划。

2. 不求路远，预算效益

既然是小转地，一般以一次转地放蜂路程不超过汽车运输10小时为限，运输蜂群做到夜晚启程凌晨到达，时间短，夜间气温较低，基本上对强群没有什么影响，蜂群到达后立即可以采蜜，能真正做到有效地追花夺蜜。

进行小转地的目的，主要是增收蜂产品，提高经济效益。因此，每次进行转地时，对生产效益和经济效益都要进行预算。例如一次转地按正常年份能收多少蜂产品，价值有多少，蜂群是增殖还是衰弱，要花掉多少费用，扣除成本后能有多少经济效益。通过预算，若有一定经济效益才转地，不要“赔了夫人又折兵”，得不偿失白辛苦。

3. 强群小转地，弱群留繁殖

要进行小转地，就要力求好收成。因此，必须将全场的蜂群进行排队，并经过调整和补充，组织精干的强群转地。一部分弱小蜂群则应留场繁殖，一来可以减少转地的负担，二来通过精心管理，使这些弱小蜂群加速繁殖，作为采集原地主要蜜源的有生力量。

4. 蜂具要精良，技术应配套

进行转地的蜂具不比定地饲养，蜂箱要求牢固严密，具有纱窗、纱盖等通风部件，摇蜜机要轻巧耐用，蜜桶、产浆工具等应携带齐全。

技术要配套，饲养管理、转地方法、取蜜、产浆和造脾等都要讲究科学，提高技术水平，才能保证蜂群安全转地，获得较好的生产和经济效益。

5. 讲究管理，措施及时

小转地是一种突击性的生产，必须保持强群，集中力量采蜜，意蜂应结合产浆，同时兼顾造脾。因此，管理同上述流蜜期蜂群强盛阶段的管理原则。为了力求蜂产品的丰收，在措施上应控制蜂王产卵，减少蜂群的哺育负担，严防分蜂热，适时取蜜、产浆和造脾。到流蜜后期要注意留足食料，严防盗蜂，并及时了解当地喷施农药的习惯和时间，做到花期结束立即退场。

（十）长年转地蜂群管理

长年转地养蜂，就是连续不断地将蜂群从一个地方转到另一个地方放牧，进行繁殖和生产的养蜂模式。这种养蜂模式可以达到追花夺蜜、充分利用蜜源的目的，也是发展蜂群、提高蜂产品产量和养蜂经济效益的有效措施。

长年转地养蜂，由于蜜源衔接紧凑，连续不断，不仅能够获得高产，而且蜂群增殖快，蜂群壮，疾病少，但养蜂人员终年南北奔波，背井离乡，劳动艰辛，生活艰苦，只有热爱养蜂、不怕艰苦的人才能坚持这种长期性的游牧生活。

通过转地养蜂，可以广泛开辟和有效利用全国各地的蜜源，使蜂群的越冬阶段缩短，恢复阶段提前，渐退阶段推后，强盛阶段延长，从而获得较长时间的生产期，为取得蜜、浆、蜡、蜂全面丰收创造有利条件。由于转地养蜂具有其固有的特殊性和复杂性，要取得较好的经济效益，必须做好以下各项工作。

1. 选择正确的放蜂路线

转地养蜂路线的选择是否正确，与能否培养和保持强群、提高蜂产品产量、取得较好的经济效益有着非常重要的关系。因此，在选择转地路线时，必须考虑到蜜源的利用价值、气候环境、前后两个蜜源的衔接、路途远近和运输条件等。

所谓放蜂路线，就是全年蜂群繁殖、生产所经过的各放牧场地的路线。就一个蜂场来说，放蜂路线可以基本固定，也可能年年变动，但总的来说，是从春天开始，由南往北渐移。就全国范围来看，目前的状况主要有东线、中线和西线三条放蜂路线。每条路线都是沿着铁路线。

(1) 东线 12月中旬至3月上旬，蜂群到福建、广东、广西、赣南的蚕豆、油菜区繁殖；3月上旬至4月上旬，到江西宜春、新余、上饶一带采油菜和紫云英蜜，后到浙江萧山等地采紫云英、油菜蜜；4月上旬至5月上旬，到浙江、江苏、安徽继续采油菜和紫云英蜜；4月底或5月初到苏北、鲁南或河北采洋槐、苕子和枣树蜜，5月底或6月初有许多蜂场出关到黑龙江的铁力、方正、尚志、牡丹江一带，或到吉林的敦化、通化、抚松、露水河等地，利用山花繁殖，到7月椴树开花流蜜时投入生产，也有部分蜂场到辽宁的北票、阜新采草木犀蜜，或到北京、辽宁的义县和凌源等地采荆条蜜以后，再去吉林、黑龙江采椴树蜜；7月底椴树蜜源结束后，就近到黑龙江林口、吉林东丰等地采胡枝子蜜，或到东北西部、内蒙古采向日葵、荞麦蜜；9月中旬全年蜜源结束后，就地整顿蜂群，彻底治螨，初冬后向南转移。北方的蜂群大多留在本地越冬。

(2) 中线 12月底至2月下旬，蜂群在广东、广西、福建、赣南的蚕豆、油菜、紫云英区繁殖；3月上旬至4月下旬，先到湖南、湖北后到河南采油菜、紫云英蜜；4月下旬至6月下旬河南有刺槐、苕子、枣树等蜜源继续流蜜，可在这里进入生产期。河南蜜源结束后，从6月中旬到9月中旬有三条路线可以走：一是到陕西、甘肃、青海或宁夏采草木犀、油菜、荞麦蜜等，后在甘肃越初冬或转回江浙一带；二是到河北、内蒙古采荆条、荞麦蜜等，其后南迁；三是到陕北、山西、内蒙古采草木犀、荆条、荞麦蜜等，其后南迁。

(3) 西线 12月中旬至2月下旬，蜂群在云南、广西的油菜、紫云英区繁殖；2月下旬至3月下旬入川在温江、绵阳一带以及重庆的油菜区进入生产期；4月上旬至5月下旬到汉中盆地或甘肃境内采油菜、狼牙刺、洋槐、苜蓿蜜等；6月份可在甘肃、宁夏采草木犀、芸芥蜜；6月下旬至9月中下旬，有的蜂场到青海采油菜蜜后，回甘肃、宁夏采香薷、荞麦蜜，有的蜂场进新疆采棉花蜜。蜜源结束后，个别蜂场南运四川、云南采野坝子蜜等，大部分南运休整。还有部分蜂场，1～2月份直接到四川繁殖，就地采油菜、苕子、紫云英蜜，4月份起加入西线放蜂路线。

放蜂路线虽有上述这三条，但不是所有蜂场都顺着一条路线走到底。有的是东线走一半就改走中线或西线，有的是中线走一半就改走东线或西线，也有的是西线走一半改走东线，更有的是西线走一半就返回。由于蜂群的情况不同，每条路线或每个放蜂地点的气候和蜜源情况也是多变的，所以在转地放蜂过程中，不仅要有计划性，也要有灵活性，必须根据蜂群的实力，结合不同地区蜜源和气候的具体情况，来选择正确的放蜂路线。一般从南往北走到底转地饲养的蜂群，是在气温逐渐升高、群势渐强的情况下进行追花夺蜜的。因此，在转地运输过程中，应特别注意安全运蜂。在每个蜜源流蜜期间，前中期应以采蜜、产浆为主，后期必须以繁殖为主，才能为下一个蜜源期培育大批适龄工作蜂，从而达到强群高产的目的。在全年蜜源结束后，最好在北方越初冬，进行彻底治螨，然后才返回南方繁殖。即使是转回长江中下游地区越冬的蜂群，也必须有一个月以上的断子期，才有利于治螨和蜂群的休整。

2. 找好适宜的放蜂场地

理想的放蜂路线主要是由几个稳产的蜜源所组成。放蜂路线确定后，就必须找好各个蜜源适宜的放蜂场地。

首先，必须切实调查好放蜂线路中放蜂场地的各个蜜源点蜜源的数量、花期、泌蜜量、泌蜜规律等，特别是放蜂场地周围2千米范围内蜜源的有效采集面积，才能把养蜂生产建立在可靠的基础上。一般在采蜜期，一群继箱群的意蜂或两群的中蜂，需有0.20～0.26公顷（3～4亩）的油菜、紫云英、荞麦，0.13～0.20公顷（2～3亩）的苕子、草木犀，0.40～0.47公顷（6～7亩）的棉花，15～25株的荔枝、龙眼、椴树等。同时，还需注意辅助蜜粉源的情况。有时蜜源面积虽然很大，但放蜂的数量过多，每群蜂平均分配到的蜜源数量并不多；有些地方蜜源面积虽然不大，但放蜂很少，只要每群蜂平均分配达到上述要求，反而比蜂群挤的地方有利。有的地方还要了解当地有无喷农药的习惯，并注意避开有毒植物；例如东北椴树场地，应看看附近是否有芦藜这种毒草，以防蜜蜂采集后中毒。

其次，要实地勘察蜜源植物的生长情况，了解当地的耕作习惯，作物管理措施和土壤性质。生长在有中耕、灌溉、施肥等栽培管理条件下的蜜源，一般长势良好，泌蜜多。不同的蜜源植物对土壤性质也有不同的要求，例如，椴树生长在壤土上，荞麦生长在沙壤土上，枣树生长在冲积土上，草木犀生长在石灰质较多的土壤上，均比生长在其他土壤上泌蜜量大。

再次，要了解当地的气象预报和场地的小气候情况，估计植物开花泌蜜的时间，判断前后两个花期或这个场地的花期与下一个场地的花期是否衔接得上，从而确定进场和离场时间。

在调查好蜜源情况的基础上，还要调查当地历年放蜂数量和蜂产品产量的情况，了解交通、水源、蜂群和养蜂人员的安全保障情况。然后与当地有关部门联系以取得支持，并在他们的引导下，按照场地选择的要求，确定排蜂的地点和人员居住的地方，并安排好蜂群到达后的劳力以及其他事务。

3. 做好蜂群转运前的准备工作

长途转地放蜂的蜂场，一般全年要转运五六次，有时甚至多达十余次。因此，做好蜂群转地前的准备工作，是搞好蜂群转地的前提。

(1) 蜂群和人员合理配备 长途转地放蜂主要的运输工具有汽车和火车两种。为减少运输成本，必须尽量使车厢满载。一般一辆4吨汽车可装70～90个继箱群（两个平箱群抵一个继箱群），需配备3人管理；一个50吨的高边火车皮大约可装280个继箱群，需配备9～12人管理。因此，采用汽车、火车运蜂的蜂场，应做好组织安排，使人力、蜂群符合上述要求，才能做到人尽其才、车尽其用的合理配备。

(2) 备足用具 转运前要筹划好备带的用具和物品。按每组带70～90个继箱群，应带巢脾1000张左右，不足时可用空框与巢础代替，但开始时每个原群巢脾不能少于10张。应带隔王板70块，王浆框100个，饲料每群5～7千克，饲喂器、面网等管理工具都是不可缺的。此外，养蜂员的生活用具也应尽可能携带齐全。

(3) 调整蜂群 越冬阶段蜂群是由北往南繁殖的，因蜂群小可不必调整。而蜂群强盛阶段转运前的调整就比较复杂。因此，在转运前要进行一次全面检查，对蜂群的群势、子脾、蜜粉脾进行调整。强群运输时每个继箱群不宜超过16个巢脾，使蜜蜂骚动时有足够的团集空间，以免闷死，所以多余的巢脾必须在检查时结合调蜂、调子、调蜜抽调出来。一般是强群继箱上不超过7个巢脾，巢箱内不超过9个巢脾，运输才安全。一个强群应有3～4足框的封盖子脾，12天后可出房新蜂2万只左右，加上剩下的老蜂，每群3万只左右的工蜂才能保持采蜜、产浆能力。如果子脾过多，途中新蜂出房会造成拥挤，就是未出房也会增加巢温。因此，应将多余的封盖子脾抽补给子脾少的继箱群，以提高该群的质量；若补给较强的平箱群，可以加上继箱，到新场后由于新蜂大量出房，就能成为生产群。

在调整蜂群的同时，应检查蜂群食料丰缺情况，进行抽多补少，不足的应事先补喂。若群内食料不足，运输途中子脾容易遭弃，蜂王产卵滞缓，途中放蜂易发生逃群，到达新场地后如遇蜜源未流蜜或不流蜜，群势下降甚快；若群内食料过多，装卸笨重，途中震动又易坠脾。因此，必须根据运输时间的长短、子脾的多少，以及到达新场后蜜源能否衔接等情况来确定食料量。一般是12足框的蜂群，运输7～10天，应留食料6～8千克，并有1～2框花粉脾。运输途中的贮蜜含水量不宜过多，有贮满稀蜜的新脾应先摇掉。

调整蜂群的工作，应在转运前一周进行，可把新蜂多的封盖子脾连蜂补给弱群，或将弱群与强群的位置对换，利用外勤蜂飞回原址来削弱强群，增强弱群。

采取主、副群管理的蜂场，可把强盛的主群内将要出房的几个封盖子脾和1～2框蜜粉脾抽补给副群，使原来只有3～4个脾的副群变成有7～8个脾的较强的平箱群，而原来有15～17个脾的主群变成只有12～13个脾的继箱弱群，这样运输比较安全。到达目的地后，再将副群排在主群旁边，并把所有的封盖子脾带蜂退回主群，集中力量采蜜和产浆。副群仍压缩到原来的3～4个脾，任其自然繁殖。

若全场蜂群的群势并不强，一般都只有9～10个脾，4～5足框子脾，其中封盖子脾3～4框，在早春加继箱甚感蜂数不足，不加继箱又恐怕途中新蜂出房易闷死。遇到这种情况，可以巢箱不动进行装钉，上加隔王板和继箱，继箱上放3～4个蜜脾，子脾切勿提到继箱里，这样温度高或蜜蜂增多时蜜蜂可自动上升到继箱，如果缺乏继箱，应抽出2～3个子脾补给弱群或不甚强的继箱群，平箱内保持7～8个脾比较安全。

无王群在转地前必须处理，否则途中放蜂或采用开巢门运蜂时，易发生逃群。群势强的无王群数应先补入1～2个卵虫脾，于夜间才诱入蜂王；群势弱的无王群可以合并。

交尾群的交尾期与转运期应错开。一种方法是在转运前10天处女王出房，让新王交尾成功后起运；另一种方法是介绍王台后启运，途中不能开巢门，待到新场地后让其交配。

(4) 装钉蜂箱 装钉时间一般在转运前1～2天进行，装钉目的是预防运输震动、碰挤压死蜜蜂。装钉方法可参照本书“转运蜂群包装”中的做法（见本书132～133页）。

转运的当天傍晚要关巢门。炎热天，强群有许多蜜蜂爬到巢门外“挂胡子”，此时应先在傍晚用雾水驱散“挂胡子”的蜜蜂，并把巢门板反转，使无缺口的一面朝下，然后在天黑前喷水，把蜂全部赶入巢门内，并立即闸下巢门板钉牢。若等到天黑后才驱赶“挂胡子”蜜蜂，蜜蜂就不肯进巢，会给关巢门增加困难。

(5) 落实运输工具 采用火车运输的，应按时间要求提前填写要求分配车皮的计划表，一式四份，交给当地火车站货运室。计划下达后，蜜蜂进站前还应向站方提出旬计划，告知何时进站，征得站方同意后，察看好摆蜂的货位。进场后的当天上午八时前，在货运室填写货物运单，每个车皮一份。站方给车皮后，要检查车厢有无装过农药之类毒性货物，车厢壁有无严重破损。车厢没有问题可于白天先装入物品用具，于天黑后装蜂。装时动作要快，装好立即告知调度室，争取当夜能挂车出发。

采用汽车运输的，要提前几天与货运部门联系，确定车种和吨位，启运当天下午领车，当夜装车外运。

4. 蜂群装车（船）的方法

蜂群装车前必须事先做好一切准备工作，组织好人员，计划好装车方案。天气热应先把蜂群的气窗打开，等候车船的到来。蜂群转运时应力求快装、快绑、快运、快卸，争取缩短运输时间。车到以后要留意是什么车型，并做相应的安排。车厢不清洁的要打扫或清洗干净。

(1) 装汽车 一辆汽车能装多少群蜂，视车的吨位和车型而定，无棚的比有棚的装得多。例如，4 吨解放牌汽车车厢的面积为 3.5 米×2.25 米，叠 3 层时可装 70～90 个继箱群。车顶距地不得超过 4 米。装车时应先装蜜蜂后装用具，先装前面后装后面，先装重件后装轻件，先装硬件后装软件，先装方件后装圆件。装的时候，要求巢门朝前，强群在外，弱群在里，空件居中，大箱在边，小箱在内，箱箱紧靠，中间无缝。有较多的平箱时，可以 3 个继箱与 2 个平箱相间放于底层，第二、三层都叠继箱，最上面的补缺填平。全部都是继箱群，第一层可以三排横放 7 箱，一排竖放 6 箱，底层共放 27 箱。超过车厢栏杆后的第二、三层全部巢门朝前竖放 5 箱，其他少数零担装于车后，坐人的地方留在后边。装好车后必须用结实的麻绳沿箱横绑，最后还要围绑和竖绑。一般都不采用拖斗装蜂。若用拖拉机装蜂，切忌装得过高，而且要装得很实，绑得很紧，以免震坏。

(2) 装火车 通常以高边车或棚车装蜂为好。一节 30 吨的高边车车长 10 米，可装 120～150 个继箱群；40 吨的车长 12 米，可装 120～180 个继箱群；50 吨或 60 吨的车长 13 米，可装 180～280 个继箱群。火车运蜂有关巢门、开巢门和开关巢门结合三种方式。

①关巢门运蜂：适用于气温低、蜂群弱的情况下转地。一般是蜂群装边缘，零担装中间，不留通道。若气温较高，装蜂时必须留通道。装车前应把蜂箱的气窗打开。高边车把下车门翻上固定好，棚车要把上下全部窗门都打开。装车的方法主要有两种。第一种装法是纵间排 4 列，蜂群竖摆，巢门朝前，靠车厢壁各排一列，车厢中间紧挨一起排两列，与靠两边车厢壁的一列各保持一定距离，形成管理通道或摆放空件用具；弱群装于边角，强群置于通风良好之

处，一般装叠3～4层。第二种装法是纵向装3列，蜂箱横摆，巢门朝两侧，第一列蜂箱后壁靠车厢壁，第二列蜂箱巢门对第一列巢门，与第一列保持60厘米距离的通风道，第三列蜂箱后壁紧靠第二列的后壁，巢门朝车厢壁，并与车厢壁保持50厘米作为通风道，一般装3～4层。

②开巢门运蜂：开巢门运蜂应采用高边车。装车方法可用关巢门运蜂的第二种方法，也可以全车厢只摆2列，蜂箱背靠背摆在车厢正中间，每列叠5层，巢门都朝车厢壁。装叠时两列蜂箱后壁的距离从下到上缩小，第一层相距20～30厘米，第二、三层相距10～20厘米，第四、五层后壁紧靠，有的在两列蜂箱间装一些空件。装叠高度从铁轨到箱顶最高处不能超过4.8米。蜂箱装好后，要用绳索左右拉紧，前后拴牢。

③开关巢门结合运蜂：这种方式是在开巢门的基础上进一步发展起来的，既能充分利用开巢门运蜂比较安全的好处，又能在某些情况下，将巢门暂时关起来限制蜜蜂出巢，尽量减少工作蜂的损失。采用这种方式，虽然在途中会飞失一部分工作蜂，但不必像关巢门运蜂需中途放蜂，可节省运输时间，又不像开巢门运蜂无限制让蜜蜂飞失，还保证长途运蜂的安全，在养蜂实践上具有重要意义。开关巢门结合运蜂，宜采用高边车，装车方法与关巢门运蜂的第二种装车方法相同。开关巢门的时间，应视不同情况灵活掌握。一般是晚上开，白天关；阴雨天开，晴天关；白天行车时开，停车时关；气温低时开，气温高时关。如遇到下述情况应立即关闭巢门，装车后列车不能准时开，或白天编组时间长，或沿途停靠站多，或运蜂时间已超过3天，每天午后有大量幼蜂试飞。

巢门的具体管理方法是：夜间装车的，让蜂群安静后，用喷雾器喷些水就可以打开巢门。白天应有专人轮流值班，先用喷水控制，待蜜蜂大量飞动时，即用中、小号毛巾折成双层，用图钉固定封闭巢门，并经常往毛巾上喷水，以保持潮湿，让蜜蜂在毛巾上自由吸水。如白天气温不高，蜜蜂很少活动，就不必封毛巾。封闭巢门的时间，一般白天以 5～7 小时为宜，遇阴雨天，关闭的时间就更短。由于毛巾既能遮光，又能通气供水，加上晚上开巢门通气，蜂箱内不会太闷热。这样不仅蜂群安全，而且蜂王在途中尚能正常产卵，子脾发育也正常。途中如遇高温，在车站停靠时，应向蜂箱、车内壁喷水，以保证蜂群的安全。长途转运达 5 天以上，中途最好放蜂一次。晚秋及越冬子脾缩减或蜂王停卵期，就可以采用关巢门运蜂方式。

(3) 装船 用船运蜂震动小，运费省，但航运较慢。目前江湖河网地区，常用货轮或小船运蜂。货轮装蜂一般是将蜂箱横向摆放在船板上，巢门朝河沿，箱箱紧靠，全船排 2～3 列，列间留通道，每列一层。小船装蜂一般是装在船底，不留空隙，第一层要摆平，再叠第二层，强群装在边上，弱群居中间，不要高过船面太多，用绳捆绑，装妥就走，连夜到达，到后即卸。

(4) 装马车 车斗小的马车，搭架后可多装，一层可装 30 个继箱群。方法是拿 4 根比车斗长的木棍，前后 2 根短一些，左右 2 根长点，用绳子绑成方框，固定在车斗上，使车斗面积增大。装在边缘的蜂箱巢门朝外，前半箱置于车斗上，外围叠一层，中间可叠 2 层，切忌过高，靠近马的蜂箱巢门朝后。装时先装蜂后套马，卸时先卸马后卸蜂，防止蜂螯马。万一发生惊马现象，要立即用刀割掉缰绳，让马脱缰逃奔。

5. 蜂群运输途中的管理

蜜蜂是喜光的日出性昆虫，都在白天进行巢外的活动。在转地运输途中，由于关闭了巢门，限制了蜜蜂的正常活动，因而会引起蜜蜂骚动不安。骚动不安会增加蜜蜂的运动量，也增加了糖的代谢，所以会引起巢温的升高。巢温升高后，蜜蜂就会离开子脾到蜂箱的空隙处团集。如果巢内空间小，蜜蜂没有团集的地方，骚动不止，就会导致巢温急剧升高，温度再升高更加剧蜜蜂骚动。如此恶性循环引起高温，会造成蜜蜂体内的酶失去活性，蛋白质发生变质，最后导致死亡。此外，蜜蜂骚动所产生的二氧化碳和代谢水蒸气充塞巢内，使巢内实际含氧量急剧降低，加上巢门紧闭，骚动的蜜蜂堵塞气窗，中断空气流通，使蜜蜂需氧量又增加，氧气的供求出现严重失衡，极度的窒息也会造成蜜蜂死亡。

蜜蜂闷死的瞬间，蜂蜜水分的蒸发和代谢水汽弥漫巢内，超过饱和状态，导致蜜蜂只能依靠气管呼吸，排水的功能丧失，所以闷死的蜜蜂多呈湿润状态。

为了防止蜜蜂闷死，保证安全运蜂，必须做好转运途中的蜂群管理，特别是在气温较高、蜂群比较强壮时转运，更需加强蜂群的护理，一般应做好以下几项工作。

(1) **喂水和喷水** 转运时可在蜂箱内放一团吸饱水的脱脂棉，或用喷雾器从气窗给蜂群喷适量的水。适时喂水或喷水可降低巢温，减少蜜蜂的骚动；不要等到蜂群骚动得很厉害时才喷水，否则会导致蜜蜂“热虚脱”而加速蜂群的死亡。因此，一定要在蜜蜂安定时就开始喂水，并掌握少量多次的原则，但应注意中午不宜多喂。每天喷水5～6次，甚至10多次不等，每次每群给水50～150克，雨天可以减少给水量。

(2) **通风降温** 转地运蜂时要打开蜂箱所有的通风气窗，不要有物品工具堵住风口。做好降温工作，是强群在高温季节安全转运的重要保证。火车运送时，要经常往车厢内壁或蜂箱周围喷洒冷水，最好能在车厢内放冰块降温，一般是一个车厢放冰块一吨左右，冰块装在草袋内，冰上加盐，摆在箱盖或通道上。汽车运蜂要求快运少停，最好是夜间运蜂；白天运蜂特别是中午前后运蜂切忌停车，确需停车时应停在树阴下凉快的地方，而且时间尽可能短。

(3) **注意避光** 阳光直射气窗会刺激蜜蜂，引起骚动。因此，火车运蜂若有斜阳直照时，应用铺盖板或其他物品遮住阳光，防止阳光直照气窗。

(4) 蜂群骚动的处理 转运途中通常有部分强群或通风不好的蜂群发生骚动，骚动很厉害的蜂群，会乱跑或拥到气窗狠咬铁纱，并发出很大的声响，致使巢内散发热气，手触气窗有热感。这时，若外界气温不能很快地降低，可以打开巢门放走骚动老蜂，以保证蜂群的安全。

(5) 途中放蜂 火车运蜂，刚离开蜜源场地，如不急于赶下一个蜜源的花期，可在车站放蜂一天再装车，以减弱蜜蜂出巢采蜜的欲望。装车后，第一次放蜂要早，通常于装车后的次日中午前为宜，最迟不能超过36小时，以后的放蜂每隔48小时一次。蜜蜂有偏集的习性，易向上风、水源、蜜源的方向偏集。地势高、飞翔便的地方也易偏集。放蜂要形成一个圆圈，如排成一列，巢门应朝下风向，箱箱紧靠不留空隙，以减少偏集，如有两个组，帐篷可搭于两列蜜蜂之间。放蜂时应缩小巢门，防止盗蜂，并注意物件保管。装车前必须调整由于偏集而造成的强弱群之间的群势。偏集成的强群，老蜂多，容易冲动而闷死，必须补给弱群。这个工作不可轻视。蜂群装车后，立即告知车站行车室，以便及时挂出。

汽车运蜂，气温很高，蜂群强当天又不能到达的，应于下午1时以前放蜂，当天或待翌日晚上装车再运。

船队运蜂，要根据沿岸的空地来决定，可于上午8时前后放蜂，夜间装船再运。夜里运蜂还可以打开巢门，这样既安全又舒服。

(6) 饲喂 在转运后期或遇特殊情况必须在途中饲喂食料的，可于夜间从巢门塞入剥去皮的水果糖或白砂糖，然后洒些清水。也可以借放蜂机会从铁纱副盖浇些浓糖浆。

此外，在运蜂途中，如果发现巢脾摆动得很厉害，是蜂路卡松动的缘故，可在箱壁中部钻个小孔，用较长的铁钉经箱壁钉住侧梁，把巢脾固定住。否则蜂王和大量的工蜂有被撞死的危险。

6. 刚到新场地时的蜂群管理

蜂群到达新场地时，要让汽车停在场地的当中，便于向四周快速排放。同时要根据蜜源开花泌蜜和蜂群强弱等情况，在方便组织生产群或繁殖群，方便管理的前提下，将蜂群排列好。开巢门前，先往气窗内、巢门口喷些水，并关闭气窗门，让蜂群稍微安静后开巢门，先开强群，后开弱群，开巢门先小后大，随后全开。中蜂认巢能力较差，应间隔开巢门。待蜜蜂飞翔半天后或出勤正常后，才开箱拆除蜂巢装钉物，对全部蜂群进行检查，了解蜂王是否健在、子脾好坏、蜂数多少及食料有无等情况。检查后要及时对蜂群进行整理，合并失王群或诱入蜂王，抽出多余的巢脾，调整子脾，补饲喂料等。以后即可按生产的要求进行流蜜期的管理。

八、中蜂生活与管理特点

中蜂是原产我国的优良蜂种。全国除新疆和内蒙古没有发现中蜂外，各省均有中蜂分布。中蜂可分为东部中蜂、海南中蜂、阿坝中蜂、西藏中蜂和滇南中蜂五个地理宗（品种）和类型。其中东部中蜂为我国中蜂的主要品种，约有200万群，占全国中蜂总数的80%以上，广泛分布于我国温带及亚热带的丘陵和山区。由于地区生态条件的差异，东部中蜂又分为两广型、湖南型、云南高原型、北方型和长白山型等5个类型。海南中蜂约有10万群，分布于海南省。阿坝中蜂约有15万群，分布在四川省阿坝、甘孜地区以及青海东部、甘肃东南部。西藏中蜂约有2万群，主要生存于雅鲁藏布江等河流的海拔2000～4000米之间的河谷地带。滇南中蜂约有15万群，主要分布在云南西双版纳和德宏两个自治州。

（一）中蜂生活特性

中蜂在长期的演变进化过程中，以它非凡的生命力和抗逆性经受了自然的选择，在我国的生态地理条件下生存和发展，从而形成了许多与意蜂不同的特殊习性。

1. 飞翔迅速，采集勤劳

中蜂飞行迅速、灵活敏捷，善于避过胡蜂和其他敌害的追捕，这是众所公认的。根据埃特沃尔测量，50米内飞翔的10个工蜂个体，中蜂平均时间为1.92秒，西蜂为2.95秒。哥依勒测出中蜂翅膀每秒振动306次，西蜂为235次。两位学者测定结果都表明，中蜂比西蜂的飞翔速度快，从而可以缩短每次采集途中飞行的时间，增加采集时间内采集次数。

中蜂采集勤劳，早出工、晚收工，采集时间每天要比意蜂长 2～3 小时。中蜂产卵育虫会灵活适应蜜粉源情况的变化，消耗又省，即使蜜源条件较差，管理比较粗放，也能有生产，具有“大年丰收，平年有利，歉年不赔”的稳产性能。因此，中蜂很适合广大山区定地饲养，特别是在深山密林、蜜源丰富、交通不便、西蜂难以利用的地方，中蜂就可以充分发挥它的优势，站稳脚跟，大有作为。

2. 耐寒耐热，喜欢密集

中蜂耐寒又耐热，每日外出采集的时间比意蜂长，并能在微雨及雾天进行采集。中蜂个体比较耐寒，外界气温 9℃就能安全采集八叶五加蜜。在晴天，即使阴处气温只有 7℃时，中蜂也能大量出勤采集野桂花蜜。而意蜂要在 14℃以上才能正常出外采集。南方山区冬季的阴冷天，气温经常在 14℃以下，意蜂在这种情况下出巢，常会冻死在花上；然而，中蜂仍可照常采集和繁殖，甚至还会发生自然分蜂。早春气温 0～1℃时，中蜂就开始产卵。在华北地区，只要有 4 框群势的中蜂就能在室外安全越冬。而夏季炎热的中午，在阳光下气温达 43℃时，只要外界有小蜜源，中蜂就照常外出采集。中蜂虽然比意蜂耐寒又耐热，但它感寒和感热性都比意蜂强。秋季 9 月下旬以后，中蜂就开始糊箱缝作越冬准备，春季 3 月就开始咬巢门和扇风作散热工作。

中蜂喜欢密集，是它长期处在野生状况下为了调整巢温的行为。它的密集程度是根据温度高低而有不同的形式。一般情况下，当温度在 20～24℃时聚集在脾面上，形成紧缩的蜂团，温度越低，密集程度越大。但气温在 25℃ 以上时，中心脾的蜂数就开始稀疏，而去包围着整个子脾的繁殖范围。气温在 35℃ 以上时，部分的蜜蜂又散伏在箱壁上，以利散热。所以说密集是中蜂为适应生活环境的一种本能。

3. 喜欢清洁，讨厌骚扰

中蜂喜欢清洁，身体上容不得一点东西；但中蜂清巢的能力较差，如箱底积存大量蜡屑与其他污物时，由于无力清除而滋生巢虫，最终只好迁飞逃亡。另外中蜂对蜂巢周围的环境很敏感，如有油烟味、农药味、化肥味等异味时，很容易引起蜂群逃群。

中蜂讨厌骚扰，喜爱清静的环境，这是几千年来生存在深山密林隐蔽环境所形成的习性。所以，放蜂的场地，要选择无高音干扰的地方。

4. 喜爱幽暗，讨厌强光

中蜂喜爱幽暗，讨厌强光，这是它长期生活在树洞、岩洞和墓穴等幽暗环境养成的习性。保持蜂巢幽暗，可安定蜂群，蜂王产卵量也多，并且子脾发育好。强烈的阳光照射，会造成蜂群的情绪不安，提高巢温，增加蜜蜂消耗食料和扇风的徒劳。因此，在缺乏蜜源、断子时期，应尽量减少在阳光强烈的中午开箱检查，这样会造成工蜂离脾，影响蜂王产卵和工蜂对幼虫的哺育，弊多利少。

5. 嗅觉灵敏，盗性较强

中蜂嗅觉灵敏，善于发现和利用零星分散的蜜粉源。表现在它能尽早尽快地发现新的蜜粉源；能较快地从一个即将结束的蜜源转移到另一个才始花的蜜源。这是中蜂能适应山区丘陵蜜粉源分散地带生存的重要因素，也是中蜂比较稳产的保证。

中蜂嗅觉灵敏，容易发现蜜源，因此善于窥探别群贮蜜并行盗也在情理之中。中蜂发生盗蜂常在蜜源缺乏的时候，特别是在久雨初晴或蜜源末期发生，这是由于工蜂有强烈的采集欲念，对蜜源十分敏感，于是，蜂场上洒落的蜜汁、别群的贮蜜以及仓库里的蜂蜜等，都成了它们窥探的对象。

6. 白天性躁，夜间温驯

中蜂性情一般比意蜂暴躁，特别是在蜜源缺乏的季节或是在阴冷的天气更为突出。此时若对那些失王群、有病群或有盗蜂的情况下开箱检查，就难以避免挨螫。中蜂容易骚动和发怒螫人，这与其人工饲养和培育时间较短有关，也与它嗅觉灵敏有直接关系：中蜂长期处于自然界野生状态，为了维护群体的安全，具有较高的警戒本能；中蜂嗅觉灵敏，容易发现异物和异味，尚保留有很强的防卫能力，因此常表现出较强的攻击性。

但在夜间中蜂的防卫能力很差，反而比较温驯。当夜间开箱检查时，工蜂容易离脾，但不会随便使用螫针攻击敌害物。这点刚好与意蜂相反，意蜂在夜间只要稍微揭开箱盖，手碰巢脾框耳时就会立即被螫。因此，饲养中蜂可以利用蜜蜂对红色色盲的特点，在蜜源末期怕引起盗蜂的情况下，用红色灯光照明进行检查或处理蜂群。

7. 扇风入巢，蜂箱潮湿

中蜂在长期的生存斗争中产生了对环境的适应性。除了养成灵活敏捷，直进直出巢门，利用早、晚进行突击采集外，还养成扇风头朝外的习性，这样它便能随时观察外界动态，遇有胡蜂等敌害侵袭就立即退避进入巢内。这种扇风习性将外界空气扇入巢内，当外界比较冷凉的空气进入后遇到巢内较高温度时，即在箱壁凝结成水珠，致使巢内的湿气难以排除而保持较高的湿度，这也是野生中蜂长期在岩洞土穴营巢适应较高湿度环境的结果。根据广东昆虫研究所刘炽松、赖友胜等测定，中蜂巢内常年可保持湿度在80%～95%，大流蜜期的雨天可高达100%。这样的湿度虽然对蜂蜜的成熟和管理上有些不利，但对幼虫的生长却有利，尤其是在夏秋干燥季节，使巢内仍然可以保持幼虫发育所需的湿度。

8. 喜爱新王，爱子如命

中蜂喜爱新王，这是中蜂遗传下来的一种行为。中蜂长期在自生自灭的环境中生存，为了增加群体和繁衍种族，常进行分蜂产生新王。新王的产卵强，对繁衍后代有利；新王所具有蜂王物质多，能抑制工蜂卵巢发育，维持蜂群的稳定。因此，饲养中蜂必须年年换新王。

中蜂爱子如命，视其为蜂群的希望，这与中蜂长期生长的自然环境和蜂王产卵有一定关系。一般情况下，蜂群有子脾，蜂性稳定，工蜂采集兴奋，恋巢性强；一旦蜂王停卵、断子，蜂性则不稳定，工蜂采集消极，并潜伏着逃群的危机。

9. 蜂王产卵，头部朝下

中蜂蜂王每产一个卵，都需经过探房、测房和产卵三个过程，整个过程一般需要 20～25 秒的时间。探房即蜂王在一个房孔前停下来，只把头钻进房口，用头上的触角试探一下房孔，当这个房孔里有蜂蜜、花粉或蜂儿时，触角马上可以感觉出来，蜂王就很快转向另一个房孔。当它找到的是一个空房孔时，就会将前足和胸部钻进这个房孔，用几秒钟时间，细心地“查看”一遍，这个过程就是测房，目的是测定这个房孔的大小和查看房孔是否干净。当蜂王确认这个房孔是干净的，就退出头来向前爬几步，将腹部弯曲插进这个房孔产卵。由于巢脾是一个垂直于地面的平面，蜂王产卵即相当于爬在“墙壁”上产卵。中蜂蜂王产卵时有一个特点：当它将腹部插进房孔时，不管它的头部朝什么方向，总要把身体转过一个角度，使头向着正下方，即地球引力的方向。这个动作，仿佛是要把粗大的腹部进一步拧紧在房孔里似。其实是由于中蜂卵比较粗大，产出比较费劲，蜂王将足支撑在下面房孔壁上，相对比前足悬挂在上面房孔壁更容易使劲产卵。

蜂王产下卵后有一个细微的下蹲动作，然后将腹部抽出房孔，蜂王产一粒卵大约需要1分钟时间。当蜂王在完成产卵过程后稍一停息，工蜂立即会过来饲喂蜂王，每次3～8秒。蜂王吃饱时会停止用两根触角轻抚工蜂嘴巴，而将两根触角向两边分开成“八”字，工蜂就停止供食。

10. 蜂卵较大，蜂体偏小

中蜂卵长度平均为1.85毫米，重量平均为0.155毫克，而意蜂卵长度平均为1.55毫米，重量平均为0.105毫克。中蜂卵大小和重量都超过意蜂卵，但孵化出来的三型蜂个体都比意蜂小：例如，中蜂蜂王体长平均21.22毫米，体重平均226毫克，而意蜂蜂王体长平均22.25毫米，体重平均300毫克；中蜂工蜂体长平均12.14毫米，体重平均72.57毫克，而意蜂工蜂体长平均13.50毫米，体重平均100毫克；中蜂雄蜂体长平均13.50毫米，体重平均150毫克，而意蜂雄蜂体长平均16毫米，体重平均200毫克。这种现象是由于中蜂供给幼虫王浆的数量和质量不如意蜂，而且发育的时间偏短和巢房较小的缘故。

11. 怕穷节省食料，喜食天然花粉

中蜂长期在一定地区的自然环境中生存，难以终年都有蜜粉源可以采集，时丰时歉，生怕食料不能接续，从而养成了善于寻找蜜源，又勤于采集，能利用零星分散蜜粉源的特性。同时，中蜂十分珍惜和节省食料，工蜂还有食用花粉的习惯。所以，旧式蜂巢饲养的中蜂，不怎么需要饲喂。在人工活框蜂箱饲养的中蜂，可以看到若蜂群粉蜜充足，蜂性就稳定，繁殖好；如果蜂群缺乏饲料，蜜蜂不安，蜂王停卵，容易逃群。因此，经常保持蜂群有足够的贮蜜，

是养好中蜂的关键措施之一。就是在流蜜期间，也必须掌握“留其食之，取其剩之”的取蜜原则。

中蜂人工饲养的历史不长，由于长期习惯于采集和食用天然的新鲜花粉，所以对人工花粉不感兴趣。实践证明，采用人工花粉饲喂中蜂，效果不好，甚至起反作用，会造成抗拒食用、拖弃幼虫，甚至发生逃亡。这些现象都显示了中蜂对花粉有高度的敏感性和选择性。

12. 喜欢新脾，造脾迅速

中蜂喜欢新脾，厌恶旧脾，这是中蜂泌蜡造脾能力强、抵御巢虫能力差的生存表现。而且新脾房眼大，蜡质新鲜，蜂王特别喜欢在新脾上产卵，因此蜂群繁殖快。新脾上培育出来的工蜂身体健壮，采集力强，蜂巢不易发生巢虫。

中蜂造脾迅速又整齐，是长期遗传下来的一种特性。中蜂生存在自然界中，为了繁衍种族必须进行自然分蜂，以增加生存单位；同时，为了防御巢虫，必须咬掉旧脾更换新脾。这也造就了中蜂泌蜡多、造脾快、不需巢础、造脾整齐的能力。

13. 不采树脂，新脾洁白

中蜂不会像意蜂那样从植物的芽苞、树皮或茎干伤口上采集树脂，所以造脾时没有用树脂来调剂蜂蜡，而是用自己分泌的纯蜡造脾。因此，中蜂所营造的新巢脾非常洁白，但其牢固度比意蜂巢脾差。中蜂新造的洁白巢脾，随着育儿次数的增多，留在巢房内的茧衣也随之增厚，加上贮存粉蜜后因粉蜜色素的影响，也会逐渐由白转黄或黄褐色。

14. 蜜脾干爽，蜜盖平整

中蜂洁白整齐干爽的封盖蜜脾，会让人垂涎三尺。切一小块巢蜜放入口中，即有吃蜜不知甜的感觉，慢慢咀嚼吸净蜜汁吐出蜡渣后，那种新鲜、纯正、芳香、醇甜的味觉会在齿间回旋、沁人心田。中蜂长期在自然界生存，深知蜂蜜遇热会膨胀的道理，所以当巢房内蜂蜜贮满成熟要封盖时，会在蜂蜜与蜡盖之间留下微小的间隙，使蜂蜜遇热膨胀时不至于胀裂蜡盖而造成湿面，以保持蜜房封盖的干爽。同时，中蜂蜜盖的厚度也超过意蜂蜜房封盖的厚度，而且非常平整。中蜂蜜脾封盖这个特性，给生产巢蜜提供了有利的条件。利用中蜂来生产巢蜜，可以得到巢脾新鲜、蜂蜜纯正、封盖平整、蜡质洁白、干爽无湿面的高质量巢房。

15. 害怕震动，蜂易离脾

中蜂长期生存在固定安稳的蜂巢内，未受过震动的干扰。因此，它的护脾性远远不及意蜂。蜂群受到轻微震动后，工蜂即会离开子脾偏集于巢脾的上端及旁边；若受到激烈震动，就会离开巢脾往箱角集结，甚至拥出巢门。中蜂害怕震动容易离脾的特性，虽然在取蜜时很容易抖落蜜蜂提取蜜脾，但对转地饲养是很不利的，会使幼虫长时间得不到哺育和保温，造成幼虫死亡，致使到达目的地后群势严重下跌的现象。

16. 分蜂性强，难成大群

中蜂比较容易产生自然分蜂，这是中蜂增加生存单位的一种形式，也是适应自然环境的一种本能表现。自然状况下的中蜂，长期生活在岩洞、树洞或土穴里，由于受到洞穴狭小容积的限制，阻止了蜂群的发展。蜂群为了改善居住条件和增殖需要，形成了中蜂分蜂性较强的特性，因此也难以培育成大群。中蜂大群的标准，不能与意蜂相提并论，目前国内还没有一个养蜂能手，能将中蜂养成像意蜂那样上继箱达 18～19 足框蜂的大群。只能按中蜂的实际情况以及各地气候和蜜粉源情况出发。在南方的荔枝或龙眼花期的泌蜜期，能培育并维持在 8 足框蜂就可算为大群；而在北方，较有可能养成 10 足框蜂以上的大群。

17. 恋巢性差，容易迁逃

中蜂新法饲养的历史不长，仍保持野生或半野生状态，对自然环境适应极为敏感，一旦原巢的环境不适应生存时就会发生迁飞逃群。当自然生存条件恶劣时，蜂群对原巢即没有丝毫留恋之意，会举群迁飞到适宜的新址重新营巢。中蜂至今仍保持容易迁飞逃群的习性，这也有利于种族的生存及发展。

中蜂恋巢性差，容易发生迁飞逃群，固然有其对自然环境生存适应的遗传因素，但也有一定的现实因素对中蜂生存造成威胁，在不得已的情况下，才举群迁飞。例如蜂巢周围缺乏蜜源，巢内存蜜又少，蜂群难以维持生活；蜂群过于弱小，难以维持巢温和抵御敌害，生存受到威胁；病虫害的感染和侵袭，被盗严重；异味刺激、烟熏难忍、震动惊扰、日晒雨淋等都会引起中蜂的迁飞逃群。

18. 害怕巢虫，爱咬旧脾

中蜂的巢脾是由工蜂分泌的蜡质营造的，没有掺入树胶而显得清香质脆，深受巢虫所爱。特别是夏秋高温期间，群势衰退，护脾蜜蜂稀疏，巢虫滋生又快，常致虫多为患，防不胜防。加上中蜂清巢力弱，抗巢虫能力差，尤其是弱小群，更容易产生蛹脾“白头翁”现象。在巢虫为害严重、蜂群无法清除时，就会发生全群迁逃。中蜂怕巢虫是咬旧脾的原因之一，也是为求生存的需要。

中蜂咬毁旧脾，通常出现在冬季、初春和越夏度秋时，每个时期咬毁旧脾有着不同的目的。冬季咬脾是为了保温，从咬脾的位置和状况来看，中心巢脾咬的圆洞大，向外两侧逐渐缩小。洞的整体也像个圆球形，冬季蜂团聚结在圆洞里，便于传温和保温。咬脾的程度视群势的大小、蜂龄的长幼、贮蜜的多少、巢脾的新旧、巢外条件的不同而异。初春咬脾是为了更新蜂巢供蜂王产卵，由于中蜂蜂王不喜欢在旧脾上产卵，工蜂将旧巢房内原有育儿时遗留下来的茧衣和粪便咬掉，重新修建传温和保温较好的新脾供蜂王产卵，有利于幼虫的发育和生长。越夏度秋时期咬脾是为了驱逐巢虫，中蜂将有巢虫存在的巢脾上巢房壁甚至深达巢房底咬掉，并追逼巢虫落到箱底后，才重新修补巢房。中蜂咬脾不仅要消耗许多蜂蜜，而且蜡屑堆积箱底，不利于饲养管理。因此，必须提高饲养管理水平，采取有效措施，尽可能地避免中蜂咬毁旧脾。

19. 不怕蜂螨，善避胡蜂

蜂螨是意蜂的大敌，严重时会致使蜂群覆没，在 20 世纪 60 年代曾经给养蜂业造成严重的损失。在我国于 20 世纪 50 年代就发现中蜂体上有大蜂螨寄生，但几十年来中蜂还不会受到大蜂螨的危害，在自然情况下，繁殖和生产都很正常。福建农林大学龚一飞曾于 1962 年 7 月特地用意蜂受小蜂螨严重危害的 2 框烂子脾，脾上可见小蜂螨纵横爬行，分别插进 2 个中蜂群的中央，3 日后检查蜂群，发现烂子全部被清除干净，并一直观察到第二年 7 月，试验群繁殖和采蜜均正常。蜂螨对中蜂不能造成危害的原因，估计与中蜂个体行动灵活、身体经常抖动有关，蜂螨难以附着于蜂体上；同时，与工蜂的蛹期不超过 12 天，不能满足蜂螨若虫寄生期有关。所以，还没有发现在中蜂工蜂蛹寄生过蜂螨。

南方山区危害蜜蜂的胡蜂达 5 种，都是十分凶恶的，尤以马蜂最凶猛。但中蜂飞行灵活敏捷，进出巢门直入直出，在巢门口停留的时间很短，善于巧避胡蜂危害。特别是胡蜂猖獗的炎夏期间，中蜂还有在清晨和黄昏突击进行采集的习惯，可以大大减少胡蜂及其他敌害的捕杀。若遇到胡蜂在巢门口侵袭时，中蜂便会在巢门口集中几十只守卫蜂，一致发出“嗤”、“嗤”声，以恐吓胡蜂，甚至群起而攻之。

20. 蜂群失王后，工蜂易产卵

中蜂群失掉蜂王以后，蜜蜂是不会迁逃的。但是蜂群正常的生活秩序会受到破坏，而且蜂群没有蜂王产卵，蜜蜂光死不生，继续下去全群的蜜蜂就会衰老死光。失王群为了延续其种族，在天气暖和有蜜源的季节，就会紧急用工蜂的幼虫改育成蜂王。

失王群由于缺乏蜂王物质，致使蜜蜂性情暴躁，蜂群秩序很乱，工蜂体色转黑油光，出外采集的积极性低落。在没有雄蜂的季节里，尽管蜂群会紧急改造王台，但出房的处女王也不能交配，经过一段时间只能产未受精卵孵化出一些体格很小的雄蜂。失王群的工蜂，更由于没有蜂王物质的抑制，少数工蜂的卵巢小管就会发育起来，出现工蜂产卵的现象。如在蜜粉源丰盛的时期失王，往往一方面工蜂改造王台，另一方面有少数工蜂进行产卵。工蜂产的卵只能孵化出劣小的雄蜂。

工蜂产卵初期，通常也是一房一卵，甚至会在王台基内产卵。缺乏经验的养蜂人员，容易误认为是蜂王产的卵。只要认真对比即可辨别出来。一般工蜂产卵不是成片有秩序地进行，常有漏产的巢房。因工蜂腹部短，卵产不到巢房底的中央。因此后期出现一房数卵现象，东歪西倒，十分混乱。蜂群涣散不安，出勤大减，整群的工蜂腹部都呈现油黑光亮。此时如果开箱察看，容易被螫。

21. 蜜产量低，产浆困难

中蜂工蜂个体比意蜂小，吻比较短，个体每次采蜜量也比较少。根据中国农业科学院蜜蜂研究所杨冠煌测定：北京中蜂在荆条花蜜期，每次采回的花蜜为5.8～22.8毫克，平均12.6毫克；而意蜂每次采回的花蜜为7.8～30.8毫克，平均17.8毫克。中蜂为意蜂的71%。据福州刘仰文测定：福建中蜂在荔枝花期，每次采回的花蜜量为37.18毫克，而意蜂每次采回的花蜜量平均为53.17

毫克。中蜂为意蜂的 69.9%；在龙眼花期中蜂每次采回的花蜜量平均为 29.82 毫克，而意蜂每次采回的花蜜量平均为 35.80 毫克，中蜂为意蜂的 83.3%。两个花期平均，中蜂的采蜜量为意蜂采蜜量的 76.7%。

由上述可见，不论是北京中蜂还是福建中蜂，与意蜂的采蜜量相比，都不如意蜂。在同样数量的采集蜂、每天采集次数相同的情况下，显然中蜂的日产量要比意蜂低。但中蜂勤劳，早出晚归，善于充分利用零星蜜源，在同样仅有零星蜜源情况下，意蜂收不敷出，而中蜂则尚有贮存。

中蜂可以进行人工育王，也可以勉强生产王浆，但中蜂的王浆量少，颜色较深，更由于工蜂房孔小，移虫操作不便，所以至今养蜂者都感到中蜂生产王浆有困难。特别是中蜂的分蜂性较强，不易养成大群。而且工蜂饲喂幼虫的王浆是按虫龄而递增的，王浆只能满足幼虫的需要，没有多少剩余。加上在大流蜜期，工蜂与蜂王抢巢房贮蜜，容易产生蜜压脾，没有空房让蜂王产卵，迫使蜂王产卵量下降，工蜂为了集中力量采蜜，分泌王浆就更少，致使中蜂王浆远远比不上意蜂。更不能像意蜂那样采用无王区产浆。无王区不仅容易出现工蜂产卵，而且工蜂吐浆量更少，王浆产量非常低。

（二）旧式蜂巢的中蜂过箱

将旧式蜂巢固定巢脾的中蜂，改为活动巢脾饲养的操作过程叫做“过箱”。中蜂过箱，是中蜂进行新法饲养的开端。要获得成功，必须注意选择过箱时期和掌握好过箱的操作技术。

1. 过箱时期

中蜂过箱是对蜂群一种强迫性的拆巢迁移，易造成失蜜伤子。因此，要根据当地的蜜粉源、气候、群势和雄蜂等情况来决定过箱时期，以避免或减少损失。

当发现蜜蜂采集勤奋、巢内开始积蜜、巢脾上出现新的蜡迹时，说明外界具有一定的蜜粉源。在这个时期进行过箱，较不容易发生盗蜂，工蜂能较快地修补巢脾，过箱后群势恢复也比较快。在过箱的操作过程中，由于子脾要暴露一段时间，所以宜在气温20℃以上时过箱。

过箱蜂群应具有一定的群势，自然蜂巢一般要有6个巢脾形成篮球大小（相当3足框蜂）时才能过箱。过箱时最好在有雄蜂的季节，这样万一不慎失王才能补救。

按照上述要求，最好在蜂群繁殖始期、分蜂前期、分蜂期及分蜂后期过箱。在蜂群繁殖始期过箱，由于子脾少、损失小，而且过箱后气候和蜜源条件逐渐好转，管理方便，有充分时间养成强群投入采蜜。在分蜂前期过箱，群势较强，气候暖和，蜜粉源较充足，并且有雄蜂，过箱容易成功。在分蜂期及分蜂后期过箱，蜂群造脾的积极性高，当年来得及养成强群。

过箱时，由于早春和初冬气温较低，宜在晴天的午后进行；晚春和初夏气温较高，宜在傍晚进行，也可以在夜间进行。

2. 过箱前的准备工作

过箱操作要求快速利落，所以过箱前要根据蜂群的多少和巢脾的数量，准备好蜂箱、穿好铁线的巢框、承脾平板、埋线棒、插绑用的“∧”形薄铁片、硬纸板、竹夹条、喷烟器、割蜜刀、蜂刷、面网、收蜂笼、钳子、剪刀、细铁线、图钉、蜜桶、面盆、抹布、桌子等蜂具和用具。

过箱时需要3人协作进行，一个负责脱蜂、割脾；一个负责绑脾；一个负责收蜂入笼或协助绑脾，以及清理残蜜等。

过箱之前，应先将旧蜂巢打扫干净，并安排好场所及用具等，以保证过箱操作顺利进行。

3. 过箱的方法

过箱的方法很多，具体采用哪种应视旧巢的形式和具体情况而定。

(1) 翻箱过箱 此法适用于能搬动、轻便的旧桶过箱。操作时，先向巢门口喷些淡烟，然后顺巢脾纵向和地面保持垂直，顺势将旧巢缓慢地翻转过来。接着把收蜂笼紧靠蜂团上方，以轻敲或淡烟驱蜂入笼。待蜜蜂全部上笼后，将旧巢搬走，并将收蜂笼稍垫高，放在原巢位置上，收留归来的采集蜂。旧巢仍保持翻转状态置于桌子上，打开一边的箱板，用利刀紧贴巢脾基部逐一将巢脾切下，并及时用手掌承托。割取出来的子脾平放在承脾板上，不可重叠或沾染蜂蜜，立即进行绑脾。其余没有子脾的巢脾，将其中有蜜的留待榨蜜外，可用于化蜡。

子脾是蜂群的命根子，应立即将其上方有贮蜜的部分切齐，然后视具体情况，采用插绑、吊绑、钩绑、夹绑等方法，将它固定在巢框上。

插绑：凡脾色黄褐、多次育过幼虫、茧衣厚、质地牢固的子脾可用插绑。具体方法是将上方的截切平整的子脾紧贴框梁，并顺巢框穿线用小刀划脾，深度以刚接近房基为度。然后用埋线棒把巢脾穿线嵌入房底，并在相应位置上把“∧”形铁片嵌入脾中，再穿入细铁线绑牢（图 43）。

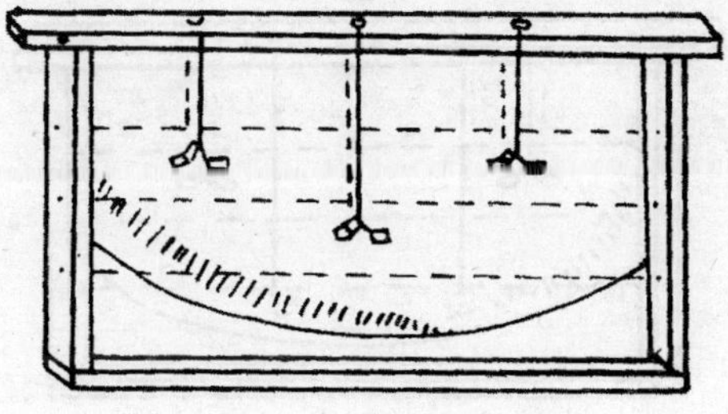

图 43 插绑

吊绑：巢脾新软的宜用吊绑。其截切巢脾和埋线方法同上，最后用硬纸板承托巢脾下沿，再用图钉、细铁线吊绑牢固（图 44）。

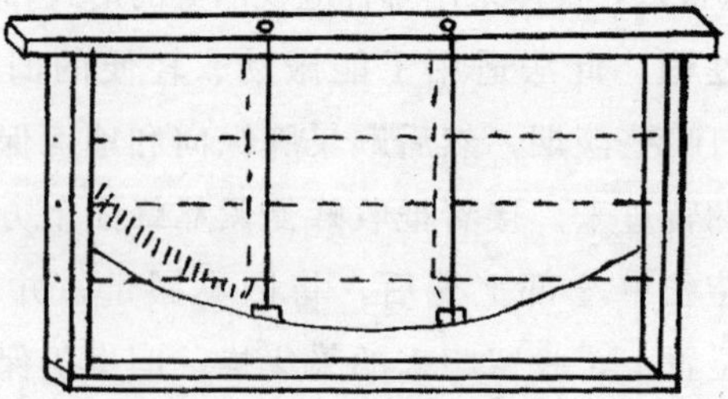

图 44 吊绑

钩绑：凡采用插绑、吊绑后的巢脾，下方仍有偏歪的，可用钩绑进行纠正。即用一条细铁线，一端拴一小块硬纸板，从巢脾歪出的部位穿过，在反面轻轻拉正，然后用图钉将细铁线固定在框梁上（图 45）。

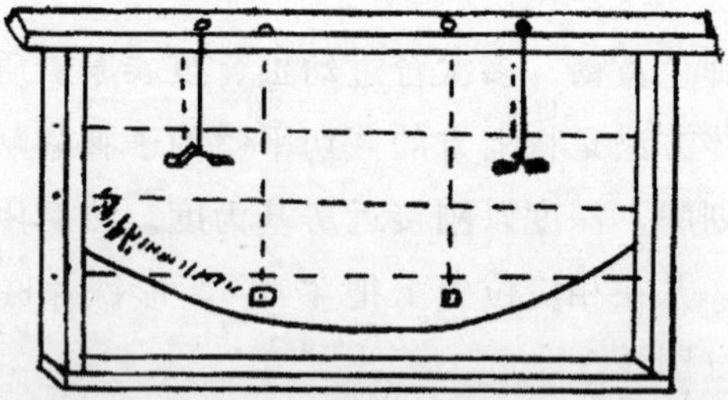

正面

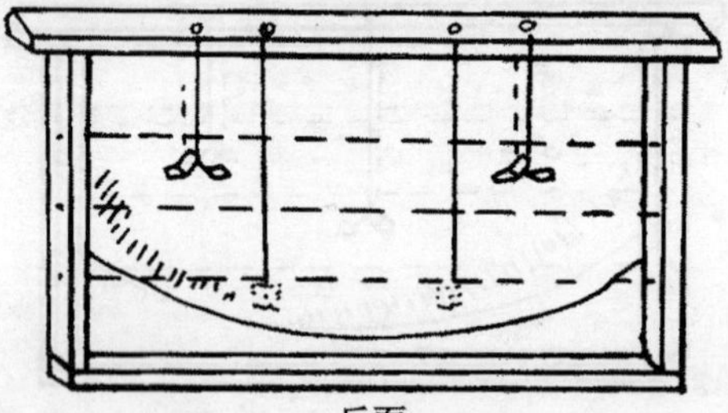

反面

图 45 钩绑

夹绑：大块整齐牢固的能装满框的子脾或粉蜜脾，应按巢框大小先切好，使上下紧接巢框。经埋线后用竹条夹绑（图 46）。

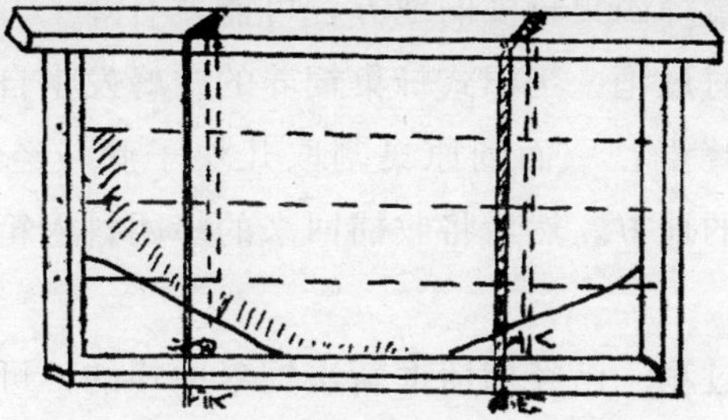

图 46　夹绑

绑脾是过箱成败的关键，应力求平整牢固。绑好的巢脾顺手放入蜂箱内。排列时应将大子脾居中，小子脾置两侧，并视群势大小补加巢脾，外加隔板，隔板外再用稻草塞满，上加副盖，然后把蜂箱放在旧巢的原位上。在巢门前斜靠一块副盖，将收蜂笼内的蜂团抖在斜板上，蜜蜂就会顺斜板拥入巢门。抖蜂后 15 分钟左右，应检查一下蜜蜂是否有上脾。必要时应催蜂上脾，否则时间过长会冻死子脾。假如蜂团结在副盖上，可提起副盖调换一个方向，使蜂团对框梁轻轻挪动，使蜜蜂慢慢爬入巢脾；如蜂团结在隔板外侧，可将隔板调转一面，慢慢催其上脾；若蜂团结集在箱角，可用蜂刷催赶上脾。总之，必须待蜜蜂上脾护脾，过箱工作才算完成。

（2）不翻巢过箱　此法适用于体积大、不能搬动的旧式固定蜂巢的过箱，如建在房顶、屋角、谷仓等处的蜂巢。过箱时，首先应观察巢脾的位置和方向，选择巢脾横向靠外的一侧作为下手的起点。然后用淡烟驱蜂，迫使蜜蜂趋集到另一端，再逐脾喷烟，逐脾切割，直到巢脾全部割完、蜜蜂全部到另一端集结为止。其余步骤照前一种方法处理。待绑脾结束后，可分批手掬或瓢取，将蜜蜂移入新箱。万一有部分蜜蜂丢落地上，必须在蜜蜂团集的地方，查找是否有蜂王。如发现蜂王即提翅放入箱内，其余蜂驱散或移入箱内。如果在驱蜂割脾时把蜂团弄散，应观察附近的地上、树上或屋檐等处，若有蜜蜂团集较多的地方，可能就有蜂王。

（3）分蜂时过箱 当旧式蜂巢饲养的中蜂发生自然分蜂时，可一方面收捕分蜂群，一面到原巢割取几块子脾，经绑脾后放入新箱，置于适宜的地方，然后将收捕回来的蜂团抖入箱内，即是最便捷的过箱方法。

（4）借脾过箱 已经用活框新法饲养中蜂的，可以从活框饲养的蜂群中抽出一定的子脾和粉蜜脾，放入活框蜂箱，然后移入固定蜂巢饲养的蜂群，进行借脾过箱。固定蜂巢中的巢脾割下经绑脾后，分别交给几个活框饲养的蜂群去修整，待子脾都出房后淘汰。

（5）过箱后蜂群的管理 蜂群过箱后第二天，应观察蜜蜂的出勤情况。如果蜂群采集正常，勤带花粉，或发现工蜂积极清巢，衔弃蜡屑，说明蜂群已经接受新巢。万一工蜂活动沉寂，应立即查明原因，及时纠正，预防逃群。一般在过箱第二天的午后，要进行一次快速检查，看巢脾上方是否有泌蜡粘住框梁，若有未接稳或下坠的巢脾，应加以纠正。检查时如发现有改造王台，说明已经失王，应留一个大的王台或进行合并。

过箱后的蜂群，应注意调节巢门，防止发生盗蜂，并进行奖励饲养，促进蜜蜂修脾和刺激蜂王产卵。当巢脾已经接稳时，可逐步撤去绑缚物，待巢脾都已修整增大后，如群势旺盛，外界有蜜源时，应争取多造新脾，以更换原来的旧脾。

（三）养好中蜂的关键技术

养好中蜂除与各地的自然环境有密切关系外，必须掌握王优、群强、蜜足、新脾和密集五个关键技术措施。

1. 勤换老劣蜂王

蜂王是蜂群延续种族的源泉，培育好蜂王年年更换老劣蜂王，是养好中蜂的一项重要措施。

一个蜂群繁殖的快慢和产蜜量的高低，主要取决于蜂王的好坏。年轻健壮的蜂王，产卵力强，群势发展快，且能维持强群，工蜂采集力强，工作积极，少起分蜂热，产蜜量高。因此，饲养中蜂，应在繁殖期提早从高产的强群中培育优良蜂王，以更换劣小或衰老的蜂王。在生产上，中蜂不保留一年以上的老蜂王。

中蜂虽然在自然分蜂时期蜂王衰老或蜂王丧失时会自行培育蜂王，但往往难以符合我们的要求。新法饲养的中蜂可以进行人工育王，也可顺应中蜂自然育王的习性，采用人为选择自然王台来换王。具体作法是：当蜂群出现雄蜂蛹时，即预示着该群产生分蜂热，要加强管理，进行抽补，使之强壮。出现王台以后，要选留在子脾下端又圆又大的5～6个最好的王台，多余的弃除。自然王台封盖成熟即将出房时，就可及时诱入具有3～4框蜂与一定数量蛹虫的新分群，让其出房交尾。新王交尾成功产卵后，即可分批更换老劣的蜂王。

2. 培育和维持强群

强群是加速繁殖和获得高产的基础，而中蜂的强群标准必须从中蜂进化演变的历史和养蜂实际情况出发，而且在周年蜂群消长规律性中，不同阶段都有不同的强群标准. 在早春繁殖时期，有3足框蜂以上的群势，可以算强群，蜂群恢复和发展快。在流蜜期有7～8足框蜂可称为强群，4～6足框蜂为中等群，3足框蜂以下为弱群。在主要流蜜期，应把蜂群组织成强群，集中力量采蜜，而将多余的蜂王用1～2框蜂的小群贮备起来。待流蜜期过后，再利用贮备的蜂王，把采蜜群分开繁殖。这样可以有效地提高蜂蜜产量和蜂群的繁殖速度，使蜂群总是处于积极工作的状态。在越夏度秋期间，有 4 足框蜂可算强群。应具备 3 足框蜂的群势，对外界不良环境才有较强的抵抗力，并能维持一定程度的繁殖，从而保证能安全越夏度秋。

总之，只有强群才能充分发挥蜂王的产卵力，加速蜂群的繁殖和发展，获取较高的蜂蜜产量，并能抵御病虫害的侵袭，安全越夏度秋。

3. 经常保持充足的粉蜜

经常保持巢内有充足的粉蜜，是养好中蜂的物质基础。中蜂长期生存在自然界中，各地一年四季难以保证都有蜜粉源，有的地区一年中甚至有较长时间缺乏蜜源时期，或气候很不利于蜜蜂采集，这就促使中蜂形成早出晚归、勤于采集零星分散的蜜粉源并节省食料的特性。中蜂新法饲养以后，由于受到较多人为的干扰和环境的限制，要使蜂群在野外蜜粉源缺乏和气候恶劣的情况下，保持蜂群情绪的稳定，就必须常年保持巢内有充足的粉蜜。

在繁殖期间，应在不妨碍卵圈扩展的前提下，经常保持巢内有充足的粉蜜，以促使工蜂多吐浆喂虫，培育身体健壮的新蜂。在大流蜜期间，摇蜜时也不能把贮蜜一次扫光，应采取轮脾勤取蜜的方法，这样既能预防天气突然变化，稳定蜂群情绪，又能保证蜂蜜的产量和质量。在越夏度秋和越冬期间，更需保持巢内有充足的粉蜜，以减少群势的退缩，保证越夏和越冬的安全。

4. 造新脾更换旧脾

抓住有利时机多造新脾来更换旧脾，是养好中蜂关键措施之一。造脾是蜜蜂的本能，特别是中蜂喜爱新脾，厌恶旧脾，蜂王也爱在新脾上产卵，所以饲养中蜂必须年年更换巢脾。

中蜂造脾必须具备适宜的温度和良好的蜜粉源条件，同时要抓住蜂群内有较多泌蜡蜂和适宜的时机造脾。春季蜂群更换新蜂后的繁殖期、主要蜜源进入花期而蜂群未发生分蜂热之前、大流蜜时期以及发生自然分蜂收捕回来的蜂群，都是插础造脾的好时机。一群中蜂每年要争取修造 8～10 张的新脾，才能达到年年更换巢脾的目标。

5. 保持蜂群密集

中蜂喜欢密集，常年保持蜂多于脾和安静，是饲养中蜂的关键措施之一。蜂脾比例是蜂群适应自然、谋求生存所表现的一种生活方式。中蜂通过长期的自然选择，形成了固定的特有蜂脾比例，但其蜂脾比例是随着整个蜂群各个阶段生长和繁殖的不同而发生差异。

在自然蜂巢里由于巢脾是固定的，所以蜜蜂只能被动的适应这种差异。而新法饲养在活框蜂箱内的中蜂，人们可以主动地随着蜂群各阶段的生长和繁殖情况，灵活地确定蜂群的蜂脾比例。中蜂的自然蜂巢近似球形，表面积小而中空大，表面积小便于密集保温，中空大适于扩大繁殖。中蜂这种密集的外表，是它扩大和加速繁殖的需要。自然蜂巢这种外实有利于保温保湿，内虚则繁殖时仅需要为数不多的哺育蜂就可负担哺育工作。新法饲养的活框蜂箱，由于巢脾呈长方形，四周都有木框，且框距也比自然蜂巢大，所构成的蜂巢难成近似球形，蜂群必须用更多的蜜蜂去护脾和保温。因此，新法饲养的中蜂应常年保持蜂多于脾。

中蜂的蜂脾比例应根据中蜂哺育能力的大小与哺育时的情况来确定，具体包括一只蜜蜂的哺育力、每张巢脾应有的蜂数和巢内哺育幼虫等三个方面的情况。据汪由金测定：一只春季新蜂平均的哺育力为 4.28 只；中蜂通常是蜜粉与蜂儿的混合巢脾，蜂儿仅占全脾的 50%左右的面积，每张巢脾应有蜜蜂总数仅需 1556 只；而一张巢脾上同时进行哺育工作的仅需要 14.5 只哺育蜂。由此可见，即使在幼虫多的情况下，巢脾上的哺育蜂也是稀疏的。因此，在保温良好、蜜粉丰富的情况下，中蜂在春季繁殖时期，只要每框蜂有1500只以上，就可以算作蜂脾相称，达到每框蜂有2000只就是蜂多于脾。

实践证明，在春季繁殖期，保持蜂多于脾，可使较多的蜜蜂作为蜂巢外围的保温，有利于保持育儿所需的恒温恒湿；在流蜜期，保持蜂多于脾，可使贮蜜快，蜂蜜早成熟，产量高；越夏度秋时期，保持蜂多于脾，有利于蜂群防暑降温，防御胡蜂和巢虫等敌害的侵犯，提高蜂群的降温能力，群势退缩小；越冬时期，保持蜂多于脾，有利于蜂群集结，消耗蜂蜜省，越冬安全。

（四）周年管理技术要点

中蜂在一年的生长发育过程中，依繁殖规律，一般可分为停卵阶段、恢复阶段、发展阶段、分蜂阶段和生产阶段。在自然状况下，中蜂的停卵阶段比较短，恢复阶段缓慢，而分蜂阶段常处于发展阶段的后期，甚至贯穿于整个生产阶段之中。这种情况，对于培养强群夺取高产是不利的。因此，养蜂者必须善于帮助蜂群度过恢复阶段，迅速发展群势，提早分蜂，然后及时培养强群或集中群势，迎接生产阶段。如在主要流蜜期早的地区，应采取措施，提早换王，或控制分蜂于生产阶段之后。

1. 中蜂繁殖期的管理

中蜂繁殖期管理的任务是帮助蜂群迅速度过恢复阶段，发展群势。因此，管理上应采取双王群夹箱饲养，并相应集中群势，以维持巢内正常的育儿温度，使蜂王提早产卵；同时要及时调整巢脾，促进卵圈扩大，加速蜂群的繁殖。

早春天气变化无常，气温较低，日夜温差大。虽然中蜂个体耐寒力较强，但并不意味蜂群繁殖的温度可以低一些。因此，蜂群应排在向阳、避风、干燥的地方，并加强人工保温。晴天应及时换晒箱内的保温物，以利提高巢温，促使蜂王提早产卵。由于气候的影响，巢内温度往往很不均衡，常会产生卵圈偏于巢脾的一端。在气候良好，工蜂足够分布时，宜将巢脾作前后对调，使卵圈迅速扩展到全框。当有 3 框子脾时，往往会出现两大一小或两小一大的现象，可将小子脾调入中央，让其扩大。待子脾多占巢脾面积的50%～60%时，就可以加脾让蜂王产卵。早春气温低，粉源充足而泌蜜少，要根据蜂群饲料的丰歉进行饲喂，以刺激蜂王产卵。一般每 3 天喂一次，每次每群喂 0.2～0.5 千克的糖浆。

当新蜂相继出房、已经全部代替老蜂时，表明蜂群已度过了恢复阶段，并迅速向发展阶段推进，群势转强。一般来说，全场蜂群发展是不会平衡的，可以抽出强群的蛹与弱群的幼虫脾调换，这样既可以充分发挥强群的哺育力，又能使弱群迅速发展。

当群势发展到一定程度、巢内拥有 4～5 框子脾时，常出现分蜂热。这对群势的继续发展和蜜粉源的充分利用是不利的。因此，要采取有效措施进行控制，以利蜂群的繁殖和高产。要控制中蜂的分蜂热，必须在蜂群未出现分蜂情绪之前就进行诱导，并根据不同情况区别对待，将全场的蜂群分别组织成产卵群、哺育群和蛹脾群。产卵群占全场一半的蜂群，每群只需要 2～3 足框蜂和一只产卵力较强的蜂王。产卵群内放一片小蛹脾和一片蜜粉脾，中间放一片新脾供蜂王产卵。当新脾产满卵以后，立即抽给哺育群哺育，并再加入一片新脾。哺育群是继产卵群之后组成的。每个哺育群一般以 5～6 足框蜂为宜，巢内保持 2 个蜜粉脾和 1 个蛹脾，放在两侧，中间放卵虫脾。当卵虫脾变成蛹脾后，就及时调到蛹脾群，同时再调入卵虫脾。在大流蜜期之前，产卵群和哺育群都可以循环依此做法。蛹脾群起先是老劣蜂王的蜂群，以后改由王台或处女王群组成。每群一般有 4～5 足框蜂，放蛹脾 6～8 个，并加强保温和饲喂。待蛹脾大部分出房，新王交配产卵后，可作为采蜜群。按上述方法组织不同型的蜂群，可使工蜂处于积极工作的状态，从而避免分蜂热，并有雄厚的实力迎接流蜜期。

2. 中蜂流蜜期的管理

流蜜期指各地主要蜜源植物开花的时期，是养蜂生产的黄金季节。因此，要及时组织采蜜群，集中蜂群的优势投入采蜜。

中蜂群势较小，又喜密集，难上继箱；工蜂扇风头朝外，巢内水分不易散发，箱内潮湿和育虫区与贮蜜区不易分开。根据这些特点，在流蜜期间，要采取"强群取蜜、弱群繁殖"，"新王群取蜜、老王群繁殖"，"单王群取蜜、双王群繁殖"等措施，并根据"流蜜前期发展群势，中期补充延续群势，后期进行调整群势"的原则，正确处理好采蜜与繁殖的矛盾。同时应掌握"早取子脾周围蜜，轮脾勤取蜜"原则进行取蜜。这样既可以避免蜜压脾引起分蜂热，保持工蜂采集的积极性，又能安定蜂群情绪，保证蜂蜜质量。

采蜜群一般由原来的蛹脾群组成，要求有 8 足框蜂和一只优良的新王，放脾 8～10 框，其中 3～4 框为蛹脾，其余的放空脾和1～2 个巢础框。也可以用框式隔王板把采蜜群分为育虫区和贮蜜区，育虫区内放 1 个卵虫脾和 2 个空脾；贮蜜区内放 1 个子脾，其余为空脾和 1～2 个巢础框。巢门开在两区之间，贮蜜区的巢门应占2/3以上。如果流蜜期短，为了集中力量采蜜，也可将蜂王提出来另外组织繁殖群；采蜜群内诱入王台或处女王。

流蜜期间，由于花香的刺激，蜜蜂的采集活动很兴奋。但它的兴奋程度又受到箱内空间大小的控制。如果箱内的巢房全部装满蜂蜜，蜜蜂的采集活动就会受到抑制，甚至发生怠工或分蜂热。而当蜂蜜被人们采收后，巢内贮蜜空间扩大了，又能刺激工蜂采集的积极性。因此，中蜂在流蜜期要做到早取蜜、勤取蜜，以促使它们采集的积极性，提高蜂蜜产量。黄河流域以北地区，中蜂群势可达

10 框以上，可采用浅继箱取蜜，不仅可以解决育虫与贮蜜的矛盾，而且可以提高蜂蜜的质量。

中蜂在流蜜期间，由于蜜囊中的花蜜会刺激蜡腺的发育，使蜡鳞不断地形成，造脾的速度特别快。夜间或阴雨天因巢外工作基本停止，有更多的蜜蜂参与造脾，造脾的速度更快。生产上要充分利用流蜜期多造新脾。

3. 南方中蜂越夏期的管理

蜜源缺乏和胡蜂为害，是南方中蜂越夏比较困难的主要原因。为了使蜂群能够安全越夏，保存有生力量，为秋季繁殖及迎接冬季流蜜期创造条件，在越夏期间应注意做到：具有当年的新王，具备一定的群势，巢内有充足的贮蜜，配备优良的新脾，保持蜂多于脾。因为新王的产卵力较强，在越夏期间停卵时间短，只要外界有零星蜜粉源，就能提早恢复产卵并维持一定的产卵力。所以，越夏蜂群应具有当年春末夏初培育的新王。具备一定群势的蜂群，对外界不良环境有较强的抵抗力，并能维持一定程度的繁殖。因此，越夏期的蜂群不能少于 3 足框蜂。巢内有充足的贮蜜，蜂群才会安定。3 足框蜂的蜂群，每日约需耗蜜 50 克以上，按 2 个月的越夏期算，每群需消耗 3 千克以上的贮蜜，检查时若发现缺蜜，应立即进行补助饲养。越夏蜂群配备新脾比较不容易滋生巢虫，蜂王也喜欢在上面产卵。所以越夏期间应抽出旧脾或劣脾，留下当年新造的仅育过 1～2 次虫的巢脾。越夏蜂群要集中群势，保持蜂多于脾或蜂脾相称，以利防除巢虫为害。

除按上述要求整理蜂群以外，越夏期间在管理上还需注意做好遮阴、严防敌害、饲水降温、保持安静和预防中毒。越夏高温季节，如果蜂箱受到烈日暴晒，会使巢内温度过高，轻者会引起工蜂强烈扇风，消耗大量贮蜜；重者会使巢脾受热熔坠，发生逃群。因此，越夏期间应把蜂群安置在通风凉爽的地方，并做好遮阴。胡蜂和巢虫是蜜蜂越夏期间最主要的敌害，应注意拍杀和定期清理箱底，对蟾蜍和蚂蚁等敌害也需注意防范。越夏蜂群为了降低蜂巢温度，提高湿度，常有大量工蜂采水散热，在缺水的地方应设人工饲水器，同时可经常在蜂箱周围洒水，以利降温增湿。越夏期间要为蜂群创造一个安宁的环境，不必经常开箱检查，应多作箱外观察，每隔 7～10 天进行一次快速检查就行。夏季常用药剂防治蚊蝇或农业病虫害，应注意预防蜜蜂发生中毒。

南方中蜂大约经过 2 个月的越夏度秋时期，到 9 月上旬以后，气候开始凉爽，野外陆续有粉蜜源植物开花，蜂群将再度进入恢复阶段。到 9 月底，越夏的老蜂已基本被新蜂所更替。在这段时间里，蜂群的群势虽然不能增长，但在质量上已经起了很大变化，新蜂生机勃勃，蜂群进入发展阶段。为了促进蜂群的繁殖发展，管理可参照中蜂繁殖期的管理。

4. 中蜂越冬期间的管理

由于我国各地冬季气温的差别很大，中蜂在不同地区越冬期的生活状态不一样，因此越冬期间的管理方法也不同。

(1) 华南地区 在广东、福建、广西、贵州和云南等省区的南部地区，地处南亚热带，冬季气温常在 10℃以上，外界有八叶五加和野桂花等冬季蜜源，于 11 月上中旬至翌年 1 月上中旬开花流蜜。由于八叶五加花味芳香，花蜜浓度高，对蜜蜂很有吸引力，蜜蜂采集非常活跃，常年每群中蜂可产蜜 10～25 千克，丰年可达 25 千克。为了充分利用这一天然蜜源，管理上可参照中蜂流蜜期管理的方法。但冬蜜期间，气温较低，群势也相对比较小。蜂群应排放在靠近蜜源且避风向阳的地方，并进行适当的保温。采蜜群的群势也相对偏小，一般有 4～5 足框蜂就可以，但要注意集中群势，保持蜂脾相称或蜂略多于脾，同时要采取轮脾取蜜，到流蜜后期应注意留足饲料。

(2) 长江流域地区 长江流域的南方各省及秦岭以南的广大地区，地处亚热带和北亚热带，冬季日平均温度在0～10℃之间，蜂王的产卵量极少或处于停卵阶段。管理上要注意留足饲料，根据各地的气候特点进行适当的内包装，但不必作箱外保温，尽可能保持蜂群安静和结团过冬。

(3) 黄河以北地区 在黄河、秦岭以北的广大地区，地处温带，冬季平均气温长期在0℃以下，蜂群处于越冬结团状态。管理的关键是创造条件，使蜂巢内的温度稳定维持在－4～2℃，让蜂团保持安静。因此要选择好越冬场地，包装好蜂箱，加强越冬管理。

蜂群的越冬场地，应选择在背风、干燥、安静的地方。阳光照射的地方，白天需要草帘遮挡，以防工蜂出巢飞行。

中蜂较耐寒，包装时间不宜过早，待气温降至－8℃以下才进行外包装。中蜂包装不宜过厚，以“宁冷勿热”为佳。

越冬期的蜂群管理，主要是通过箱外观察和听诊来掌握情况，非特殊原因不开箱检查，但要保证蜂群有足够的饲料和注意防除鼠害。

(五)“乱蜂团”的预防和处理

中蜂发生合同分蜂，大量迁飞逃群，以及有趋向物吸引时，往往会引起同场几群甚至几十群聚集在一起，形成一个大蜂团，这就是所谓的“乱蜂团”。在乱蜂的飞翔和响声的吸引下，会导致越来越多的蜂群倾巢而出，也会吸引附近蜂场的蜂群加入这个行列，使这个聚集的蜂团越来越大，甚至有箩筐或水桶那样大的蜂团。此时由四面八方聚集在一起的乱蜂，互相咬杀，死蜂遍地，蜂王有的被杀死，有的被工蜂围困落在地上，有的在蜂团外围乱爬。如不及时处理，在3～5天内会使几十群甚至上百群的蜜蜂覆灭，使蜂场造成惨重的损失。

1. “乱蜂团”发生的原因

中蜂发生“乱蜂团”的原因，主要有迷巢、疾病、缺蜜、分蜂和趋向物等方面。

因迷巢引起的“乱蜂团”，常发生于迁场后开箱的当天为多。主要是蜜蜂对新环境不熟悉，加上排列过密，巢门一致，蜂路模糊，而且又同时开箱造成的。

因疾病引起的“乱蜂团”，常见于蜂场的蜂群普遍发生幼虫病，没有及时治疗，致使蜂群都接近断子造成的。

因缺蜜引起的“乱蜂团”，是全场蜜蜂几乎都处于饥饿状态，恋巢性差而弃巢迁逃。

因分蜂时引起的“乱蜂团”，多发生于久雨初晴，蜂场上许多蜂群的自然王台普遍成熟，分蜂期一致的情况下造成的。

因趋向物引起的“乱蜂团”，一般发生于排在装有棕色瓷瓶的高压电线杆下的蜂场。由于高压电线在棕色瓷瓶上会产生较强的磁场，使采集蜂归来时失去地球磁场的导航作用，而被吸引到瓷瓶上鸣号、飞绕、激怒、发臭。随着被吸引的蜜蜂数量不断增加，吸引力也不断增强，致使成千上万的归巢蜂纷纷投入“乱蜂团”，集结在瓷瓶的周围。

2. “乱蜂团”的处理办法

“乱蜂团”的规模大、影响广、处理难，必须注意预防。预防的办法，首先应加强饲养管理，保持适宜的环境条件，使蜜蜂采集勤奋，有较强的恋巢性；同时应根据中蜂认巢力较差的特点，排列时不宜过密，蜂路应宽敞，巢门方向应多样化。转地到场后要先喷水，待蜂群安定后才间隔分批开巢门，以增强蜜蜂的认巢能力。另外，由于高压电线棕色瓷瓶吸引所导致的“乱蜂团”难以处理，一般只好忍痛让其覆灭，所以蜂场一定要远离此类的趋向物，避免发生乱蜂团。

发生“乱蜂团”后，要根据不同情况，因地因时地及时处理，以尽量减少损失，处理的方法有以下几种。

（1）发现苗头，及时杜绝 当场上有少数蜂群发生分蜂或逃群聚集成团时，应立即关闭其他蜂群的巢门，并打开纱窗通气，待蜂团收捕处理后，才喷水打开巢门，不让事态扩大。然后于傍晚进行全场检查，寻找原因，及时采取措施加以纠正。

（2）寻找蜂王，分群收捕 当少数蜂群聚集成较小的“乱蜂团”时，应及时在原箱门前地上或蜂团下方的地上寻找蜂王。找到蜂王后立即逮住，有被工蜂围困的应马上解救，并把蜂王关进诱入器、空火柴盒或蜂箱纱窗内。然后喷水把蜂团分割收捕，抖入空箱，并诱入一只蜂王，暂时关闭巢门，待晚上蜂群安定后才开巢门。诱入的蜂王需经2～3天，被工蜂接受后才放出来。

（3）震团入袋、喷水分群 对于比较大的“乱蜂团”，可用能透气的大麻袋，张口从蜂团下方套入，猛击蜂团栖息物或将蜂团快速扫落袋中，并立即缚住袋口。同时，向装蜂团的麻袋喷水，使蜂团安定。然后分装到有巢脾的蜂箱内，关住巢门，打开纱窗，再行喷水。待傍晚蜂群上脾安定后，才开箱检查，寻找蜂王。如果第一次没有全部收净，可用上法，用收蜂笼或另一个麻袋收第二次。

（4）分析原因，消除乱团 在收捕“乱蜂团”的同时，要认真查明和分析原因，立即采取补救措施。如果是发生幼虫病，应及时喂药治疗；若是缺蜜断子，应先进行补助饲喂，然后补给卵虫脾；如是场地较小，排蜂过密，空间蜂路拥挤，应酌情搬走一部分蜂群；若遇有趋向物，如高压电线杆棕色瓷瓶的吸引，必须当夜迁移。

九、蜜蜂病敌害防治

蜜蜂在生长发育过程中，经常会遭受到病敌害的侵袭，在环境条件剧烈变化的情况下，当有害的生物和非生物因子超过蜜蜂机体抵抗力时，蜜蜂就会出现生理机能失常的状态。蜜蜂病敌害不仅严重影响蜂群的繁殖和生存，而且会降低蜂产品的产量和质量。因此，加强蜜蜂病敌害的防治，是养蜂生产中一个重要的环节。

（一）病敌害防治基本途径

1. 病敌害的种类

(1) 蜜蜂的病害 蜜蜂的病害，可分为传染性病害和非传染性病害两大类。在传染性病害中，根据病原体对宿主作用方式不同，又分为侵染性病害和侵袭性病害两种类型。

侵染性病害，是指由细菌、真菌和病毒侵入感染所引起的病害。常见的有美洲幼虫腐臭病、欧洲幼虫腐臭病、囊状幼虫病、中蜂大幼虫病、白垩幼虫病、麻痹病和黄曲霉病等。

侵袭性病害，是指由寄生性原虫、蜘蛛类动物或昆虫寄生所引起的病害。常见的有孢子虫病、寄生螨病、壁虱病和中蜂绒茧蜂病等。

非传染性病害，是指由饲料、气候以及毒物等不良环境条件所引起的病害。一般没有传染性，主要有下痢病、束翅病、枣花病、幼虫冻伤、蜂群伤热以及甘露蜜中毒、花蜜花粉中毒、农药中毒等。

(2) 蜜蜂的敌害 蜜蜂的敌害，是指那些直接捕杀蜜蜂或骚扰危害蜂群的有害昆虫和动物。主要有巢虫、胡蜂、蚂蚁、蟾蜍、老鼠和黄喉貂等。

2. 病敌害防治的基本途径

在防治蜜蜂病害的过程中，必须认真贯彻“以防为主、防重于治”的方针。其防治的基本途径主要有以下几个方面。

(1) 选育抗病品种 选择和培育抗病的蜜蜂品种，是防治病害的重要途径，是保证蜂群健康的根本。蜂群的抗病能力有强有弱，在养蜂实践中，必须注意选择抗病力较强的蜂群，然后有目的有计划地进行培育，有希望获得抗病的品种。

(2) 正确的饲养管理 在许多传染性病害中，虽有各种传播途径，但最主要是由于饲养管理不妥，而使病原物迅速传播，病害扩大流行起来。因此，正确的饲养管理，不仅可以断绝病害的传播途径，而且可以增强蜂体对病害的抵抗能力，减少发病或不发病。

(3) 进行蜂场消毒 蜂场消毒包括蜂箱、蜂具、巢脾以及场地等方面的消毒。它是预防和扑灭各种传染性病害的重要措施。

根据蜂场消毒的目的要求不同，可分为预防消毒、随时消毒和终期消毒三种。预防消毒是为了预防某种传染病害的发生而采取的消毒措施；随时消毒是在某种传染病已经发生的情况下，为防止病原物的积累、扩散以及重复感染所采取的消毒措施；终期消毒是在发病区消灭某种传染病以后，为彻底消除病原体而进行的最后消毒。

蜂箱和蜂具在保存或使用之前，都要经过消毒。北方于春季蜂群陈列或活动以后进行，南方则在冬闲时进行。全面消毒时，应先清出一批空箱消毒，然后逐批进行换箱消毒。蜂箱、隔板、闸板、旧巢框等最好用煤油喷灯的喷焰消毒；铁制管理用具或生产王浆用的工具，可用70%酒精消毒。此外，还可以根据不同蜂具分别采用日光暴晒、煮沸、5%～10%漂白粉溶液或10%～20%石灰水消毒。

(4) 采取回避防治 气候因子、外界具有毒物或有毒蜜粉源引发蜜蜂非传染性病害时，可针对发病的直接原因，采取回避的防治方法。例如因高温引发蜜蜂束翅病，可将蜂群迁到海滨有蜜粉源的地区。如果外界生长有毒蜜粉源或蜜粉源喷农药，蜜蜂采集时发生中毒或引起幼虫中毒，都需迁移回避，把蜂群搬离毒物区。对于蜜蜂敌害发生严重的地方，也可采取回避的防治方法。

(5) 药物防治 对有发病迹象或已感病的蜂群，除加强饲养管理外，还需进行药物预防或治疗。到发病季节，不论群内症状表现是否明显，都要进行药物预防；如蜂群已感病，并有明显的症状，则应根据病原不同，采用相应药物对病群进行治疗。治疗时用药要注意合理的剂量，一般以足框蜂数计算应使用的剂量比较合理。同时要讲究治疗时间和喂药方式，以取得较好的治疗效果。

(二) 蜜蜂侵染性病害防治

蜜蜂侵染性病害是由细菌、真菌或病毒侵入感染蜜蜂体内引起的病害。其侵染力强、危害严重，常见的有美洲幼虫腐臭病、欧洲幼虫腐臭病、囊状幼虫病、中蜂大幼虫病、白垩幼虫病、麻痹病和黄曲霉病等。

1. 美洲幼虫腐臭病

美洲幼虫腐臭病属细菌性病害，病原为幼虫芽孢杆菌。它在不利环境下会形成芽孢，能久年存活。要杀死芽孢杆菌，在煮沸的蜂蜜中需40分钟；在沸水中需经11分钟。病菌主要是通过被污染的饲料和巢脾传播，蜂体、蜂具也能沾染病原。一年四季蜜蜂幼虫均能感病，但主要发生在气温较高的夏、秋季节。

发病时死亡的多数是封盖后的幼虫，少数在封盖前或化蛹初期。受害的房盖色泽变深、下陷，而且常被工蜂啮破穿孔。虫尸腐解后呈黏液胶状，用牙签触它，可挑起5～8厘米长的丝，并散发出似鱼腥的臭味；虫尸干枯后呈暗褐色，紧粘房壁，工蜂难以清除。

防治美洲幼虫腐臭病，病群要进行换箱换脾，蜂箱、巢脾和蜂具均要消毒。巢脾可用4%福尔马林溶液浸泡24小时，然后甩净消毒液，再用清水冲洗干净、晾干后即可使用。药物治疗必须在人工清巢、彻底消毒换箱换脾之后进行，方能收到满意的效果。对轻病群可采用人工清巢方法，用镊子将病虫带茧衣一同清理出来，并用70%的酒精棉球消毒巢房；对重病群，必须采取换箱换脾彻底消毒的办法，烧掉烂子严重的子脾。病群的蜜脾应全部取出摇蜜，蜜需经煮沸40分钟，待冷却后加入药物喂蜂。

治疗时，可选择杀菌灵（抗生素加增效剂，此药治疗蜂病不会污染蜂产品）每框蜂0.5～1片、磺胺类药物1克、链霉素50万单位（或选用金霉素50万单位、土霉素40万单位、红霉素40万单位、卡那霉素40万单位）。使用时，每1000克糖浆中（糖∶水＝1∶1）加入上述剂量药物中的一种进行饲喂或灌脾，每框蜂用药物糖浆100～150毫升，每隔4～5天用药1次，连续用药至病愈。

治疗时，也可用0.1%的新洁尔灭水溶液250毫升，加入100万单位链霉素，装入手提小喷筒对准有蜂子巢脾喷雾。上述药水可喷50～100个脾。隔天喷1次，连治3～4次。

2. 欧洲幼虫腐臭病

欧洲幼虫腐臭病属细菌性病害，病原为蜂房链球菌。它主要是通过蜜蜂本身传播，蜂蜜、花粉和蜂具也能沾染病原。一年四季蜜蜂幼虫均能感病，但主要发生在春、秋两季。特别是群势较弱、巢温过低、蜜源缺乏时，可促使病情加重。

发病时死亡的主要是2～4日龄蜜蜂幼虫，也有少数幼虫在封盖后死亡。感病的幼虫外观失去光润，死虫体色初呈苍白色，后变成浅黄色，再渐转黑褐色而腐烂，也有未变色就很快腐烂的。用牙签挑出虫尸，虫皮容易破裂不能成细丝，具酸臭味；腐臭物不呈黏胶状，干枯后盘于房底，容易被工蜂清除。发病初期由于少量幼虫死亡，随即被工蜂清除，蜂王再度产卵，形成各虫期混杂在一起的不正常“花子”现象；如继续发展，幼虫未封盖即全部死亡，巢内看不到封盖子；更严重时，子脾全部腐烂，散发很浓的酸臭味，致使蜜蜂离脾、逃群。

中蜂对欧洲幼虫腐臭病的抗病力很弱，治愈后会复发，必须加强管理，注意防治。在早春应合并弱群，补充一些蛋白质饲料，以提高蜂群抗病能力。对患病严重的蜂群，应先换箱换脾，后再用药物治疗。换出的蜂箱和巢脾需用4%的福尔马林溶液消毒。

防治欧洲幼虫腐臭病，要特别注意加强蜂群的饲养管理，提高蜂群的营养水平，保持蜂群强盛密集，以提高抗病力，同时结合药物治疗，可以收到良好效果。治疗时在1000克糖浆中加入链霉素10万单位（或选用土霉素10万单位、四环素10～20万单位）。按每框蜂用药物糖浆50～100克进行饲喂，每隔3～4天用药1次，连续喂3～4次。

3. 囊状幼虫病

囊状幼虫病病原是一种圆形病毒。它主要通过蜜蜂本身传播，蜂蜜、巢脾和蜂具也能沾染病毒而传播。尤其是刚死的幼虫体有极强的传染性，一只幼虫尸体所含的病毒，可使3000只以上健康幼虫致病。西方蜜蜂对此病有较强抗病力，感病后可以自愈；而中蜂一经感染就容易蔓延流行，使蜂群遭受巨大损失。蜜蜂的幼虫一年四季均可感病，而以春、秋气温低于26℃时更容易流行，特别是群势弱小、饲料不足和保温不良的蜂群更易感病。

发病死亡的多是 5～6 日龄的幼虫或刚封盖的大幼虫，大约有 1/3 死于封盖前，2/3 死于封盖后。

死虫直卧巢房下方，头部翘起，体色先变黄白后转棕色，头部呈灰黑色，外皮成为坚韧而透明的囊，内部组织液中出现颗粒状物。死虫的房盖下陷，常被工蜂啮开或穿孔。此病在发病初期，少量死虫立即被工蜂清除，随后蜂王重新产卵而使子脾出现“花子”，与欧洲幼虫病初期的病状相似。患病群因新蜂少逐渐变弱，很容易发生逃群。

中蜂对囊状幼虫病的抵抗力较弱，但只要加强饲养管理，选用抗病蜂群育王繁殖，结合药物治疗，是能够控制此病的蔓延和危害的。做好蜂群的保温，不随便互调子脾，是预防此病的前提。为了减少病毒对幼虫连续感染，可利用蜂群从分群到新王产卵这段时间的断子期，或人为地幽闭蜂王，造成一段时间的断子期，来打断囊状幼虫病的流行环节，这是预防此病的重要手段。此外，在野外粉源不足的发病季节，用少量酵母片或维生素 B 加入糖浆饲喂蜂群，也有较好的预防效果。在平时应注意选择抗病的强群来培育蜂王，以更换病群的蜂王，可以大大提高蜂群的抗病力。另外，囊状幼虫病的病原不耐高温，蜂具和饲料蜜可用煮沸消毒。蜂箱清洗干净晒干后，再用硫黄烟熏 10～15 分钟，也能达到消毒的目的。

患病蜂群可选用下列中某一种药物防治：①用半枝莲（狭叶韩信草、向天盏）干草 50 克，加入适量清水，先以猛火煮沸，继以微火续煎 15～20 分钟，滤渣后，趁热配成浓糖浆，于傍晚可喂8～10 框蜂。蜂数多于或少于 8 框的，药量相应增减，每隔 5～7 天喂 1 次，直至病好为止。②用马鞭草 50 克、墨旱莲 50 克、大蒜头 25 克，加适量水煎煮后，过滤去渣，按 1∶1 比例配入白糖溶化，可喂 10 框蜂。每隔 3 天喂 1 次，直至病好为止。③用马鞭草 50 克、积雪草 50 克、车前草 50 克、刺苋 25 克，加入适量水煎煮后，过滤去渣，按 1∶1 比例配入白糖溶化，可喂 10 框蜂。每隔 3 天喂 1

次，直至病好为止。④用贯众 50 克、金银花 10 克、苍术 25 克、甘草 25 克，加适量水煎煮后，过滤去渣，按 1：1 比例配入白糖溶化，可喂 10 框蜂。每隔 3 天喂 1 次，直至病好为止。⑤病毒灵：每框蜂用半片、重病群用 1 片，溶解后配入糖浆，每隔 3 天喂 1 次，直至病好为止。

4. 中蜂大幼虫病

中蜂大幼虫病属病毒性病害，病原是一种球形病毒，为发生于冬末春初的一种发病急、危害大的病害。

蜂群患病时，2～6 日龄的幼虫均会死亡。初发病时，5～6 日龄的大幼虫先死，然后大小幼虫都死，封盖子不能羽化成蜂。患病的幼虫初呈苍白至淡黄色，后变黄色或褐色，以至黑色。虫体前半部颜色较深，严重时整张子脾由苍白变淡黄，进而呈黄泥色。小幼虫从弯曲部开始膨胀，死后伸直呈大“C”字形，无臭味，不易腐败，死后干瘪在巢房底，工蜂即涂上一层蜡，蜂王又在蜡上产卵，孵化后幼虫又死亡，所以在一个巢房内常可取出 2 条幼虫尸体。4～6 日龄的死幼虫，一部分皮脆呈溶解性，背线明显，工蜂清巢时要多次才能清理干净；一部分皮韧呈囊状，体液呈黄褐色颗粒结构，似隔天的豆浆。

患病蜂群的工蜂，体型变小，绒毛脱落；头、尾变黑，尾尖呈三角形，暴躁凶恶，易螫人；采集力、哺育力均减弱，多数死亡于采集途中；整张子脾烂时，工蜂不护脾，并在箱角、箱壁结团，全群工蜂呈黑色时即易逃亡。

治疗方法：病群经过换王断子处理后，每足框蜂用 1 克海南金不换加 6 万单位青霉素的糖浆喷喂，或用 8 万单位链霉素糖浆喷喂，半个月喷喂 1 次，有一定效果。

5. 白垩幼虫病

白垩幼虫病属真菌性病害，病原是蜂囊球菌。它主要是通过被污染的幼虫饲料传染的，多发生于春季或初夏，特别是在阴雨潮湿的环境条件下容易发生。

患白垩病的蜜蜂幼虫是在封盖后死亡的，以4日龄幼虫易感性最高。幼虫染病后，虫体即开始肿胀并长出白色的绒毛，充满巢房，体形可呈巢房的六边形状，然后皱缩、变硬，房盖常被工蜂咬开。病虫变为白色的块状是此病的主要特征。死虫体上长出的白毛是蜜蜂子囊球菌长出的气生菌丝；等到长出子实体后，病死幼虫的尸体便带有暗灰色或黑色点状物，有时整个虫尸都变为黑色，虫尸很容易从巢房中取出。

雄蜂的幼虫常常比工蜂幼虫更容易感染白垩幼虫病。这是由于气候寒冷时蜂群结团，蜂巢外缘幼虫常是雄蜂幼虫，护脾的蜜蜂数量不足以维持足够的巢温，而使其容易感染。

防治白垩幼虫病，可采用换箱换脾并结合药物治疗。首先将病群内所有的患病幼虫脾和发霉的蜜粉脾全部抽出来，换入清洁的空脾供蜂王产卵。换下的巢脾经硫黄或氧化乙烯消毒后使用。

病群经换箱换脾后，及时用0.5%的麝香草酚糖浆饲喂3～4次。麝香草酚不溶于水，应先用少量的95%酒精溶解，然后再混入糖浆中。也可以用白垩灭治疗，对病情稍轻的蜂群用药物均匀地铺撒蜂路；病情严重的蜂群用纱布包药物向巢房内均匀地垂撒，用药量每群约15克，隔7天用药1次，连续用药4次。

6. 蜜蜂麻痹病

蜜蜂麻痹病又称瘫痪病、黑蜂病，是一种成年蜂的传染病。病原有蜜蜂慢性麻痹病毒和急性麻痹病毒两种。病毒通过饲料传播，并存在于病蜂粪便中，因此蜂体、蜂具接触也会传染。病毒在

93℃温度中经30分钟可以杀死。

患麻痹病的蜜蜂有两种不同的病状，一种是大肚型，病蜂腹部膨胀，失去飞翔能力，行动迟缓，身体不停地颤抖，翅和足伸开，呈瘫痪状态，常被健蜂追咬；另一种是黑蜂型，病蜂绒毛脱光，身体发黑油光，而腹部不仅不膨大，反而会缩小。这两种病型在一年中常交替发生，早春和晚秋以大肚型为主，夏秋气温较高季节以黑蜂型为主。

更换蜂王是防治麻痹病的良好措施，异地引种避免近亲繁殖，是预防蜜蜂麻痹病的有效方法。此外，在春季应防止蜂群受潮，有个别群发病应及时隔离，并注意补充蛋白质饲料，配合多种维生素喂蜂，可提高蜂群的抗病力。病群每隔3～5天用升华硫黄粉末均匀撒在框梁上或蜂路上，每条蜂路撒1克左右，可以有效地控制麻痹病的发展。可采用每1000克糖浆中加入20万单位的新生霉素饲喂病群。每框蜂每次喂50～100克，每隔3～4天喂1次，可连续治疗3～4次。

7. 黄曲霉病

蜜蜂黄曲霉病又叫石头幼虫病或结石病，是一种真菌性病害，病原为黄曲霉菌。

黄曲霉菌常生长在贮存的巢脾，特别是蜜蜂粉脾上。黄曲霉菌的孢子被蜜蜂吞食以后，会在蜜蜂的消化道里萌发形成菌丝，菌丝会穿破肠壁，破坏组织，引起蜜蜂死亡。如果黄曲霉菌的孢子直接落到幼虫体上，就会在幼虫体上萌发成菌丝，菌丝穿透体壁，侵入组织，引起幼虫死亡。幼虫和蛹死后，最初呈苍白色，以后逐渐变干、变硬，表面长满白色菌丝和黄绿色孢子，充满半个巢房或整个巢房。蜜蜂感病以后，开始表现不安，以后逐渐变得虚弱无力，常爬出巢外而死亡，而且多数是幼蜂。

黄曲霉病发生的基本条件是高温潮湿，因而多发生在秋天多雨的时候。

防治蜜蜂黄曲霉病，首先对患病群进行换箱换脾，另以清洁无菌的巢脾供蜂王产卵。换出的带菌的巢脾，要用二氧化硫（硫黄粉燃烧）进行密闭消毒一昼夜。熏蒸消毒时，每张巢脾用硫黄粉 3～5 克。然后用 0.1％麝香草酚糖浆进行饲喂，每框蜂每次喂 50～100 克，隔 3 天 1 次，连喂 3～4 次。麝香草酚不溶于水，使用时应先用少量酒精溶解，然后才调入糖浆中。

（三）蜜蜂侵袭性病害防治

蜜蜂侵袭性病害是指寄生虫、螨类或昆虫等寄生在蜜蜂体内或体外，吸食蜜蜂的体液，使蜂群削弱以至衰亡的病害。常见的有蜜蜂孢子虫病、寄生螨病、蜜蜂壁虱病和中华绒茧蜂病等。

1. 蜜蜂孢子虫病

蜜蜂孢子虫病属成年蜂体内寄生虫病，病原是蜜蜂微弱孢子虫。

当蜜蜂感染微孢子虫的孢子以后，经过 10 小时就可出现裂殖体，经过 32 小时就可出现新的孢子，即完成一个生活周期。孢子会随蜜蜂粪便排出体外，到处污染。因此，病群中的饲料、巢脾、蜂具、蜂体都有病原，水源和周围环境均会被污染。

蜜蜂微孢子虫的孢子对外界环境具有很强的抵抗力。它在蜜蜂的尸体里可存活 5 年，在蜂蜜中可存活 11 个月，在巢脾上可存活 2 年，在水中可存活 113 天，在 4％的福尔马林溶液中 25℃时可存活 1 小时，在 10％的漂白粉溶液里，需 10～12 小时才能杀死它，但在 1％的石炭酸溶液里只能存活1 分钟。

蜜蜂孢子虫主要是感染成年蜂（包括蜂王），而幼虫和蛹都不致病。患病的蜜蜂，初期无明显的病状；病情发展到后期，由于孢子虫的寄生，蜜蜂变得虚弱和不安，个体缩小，头尾发黑，有时伴有下痢，最后爬出巢门，在地上爬行不久即死亡。取病蜂从其尾部缓缓拉出消化系统，可见中肠膨大，呈乳白色，无弹性，环纹也不清。而健康蜜蜂的中肠呈赤褐色，环纹明显，富有弹性。

工蜂被感染孢子虫后，寿命会缩短，而且会立即变更它的工作。例如幼龄的哺育蜂患病后，它会放弃哺育幼虫和侍卫蜂王的工作，而转向从事守卫和采集工作。蜂王较少感染，一旦被感染，会终止产卵并在几个星期内死亡。蜜蜂孢子虫病多发生于春、夏季节，入秋以后病情逐渐好转。

对蜜蜂孢子虫病必须采取综合性的防治措施。首先，必须将消毒措施与药物治疗结合起来；其次，要保证蜂群有充足的越冬饲料和良好的越冬环境，越冬饲料中不能含有甘露蜜。此外，对于患病群的蜂王，要用无病群培育的蜂王进行更换。蜂箱、蜂具和巢脾可用4%福尔马林溶液浸泡；也可用冰醋酸熏蒸消毒，每个蜂箱用98%的冰醋酸20毫升，若是5个箱体叠起来消毒，即需用100毫升的冰醋酸原液。经冰醋酸熏蒸消毒后的巢脾上的蜂蜜和花粉对蜜蜂无害，可继续饲喂。

患蜜蜂孢子虫病的蜂群，可选用下列一种药物治疗：①酸饲料。1000克糖浆内加柠檬酸1克或米醋50毫升或山楂熬成的水50毫升，在早春饲喂蜂群，可以抑制孢子虫病。喂时每框蜂每次50克，隔日1次，连喂3次。②酸饲料加合霉素。在1000克酸饲料中，加入20～40万单位的合霉素，调匀后喂蜂，喂法和喂量同酸饲料。③甲硝唑（灭滴灵）。1000克糖浆内加入甲硝唑2～3片，调匀后喂蜂，喂法和喂量同酸饲料。

2. 寄生螨病

西方蜜蜂及其杂交品种，在传染性病害中，危害最普遍而且最严重的要算寄生螨病。目前，在我国发生的寄生螨病有大蜂螨和小蜂螨两种。

(1) **大蜂螨** 又称雅氏瓦螨。雌成虫体，呈横椭圆形，体壳坚硬呈棕色，体表密生刚毛；雄成虫体较小，呈卵圆形，淡棕色。卵和前期的若虫为乳白色，后期若虫体背呈现褐色斑纹。

大蜂螨各个虫期均为营养寄生，一般在蜜蜂幼虫4～6日龄未封盖前潜入巢房内，特别喜欢找雄蜂的幼虫产卵。在蜜蜂幼虫封盖后第二日开始产卵，第三日开始出现若虫，第十日开始出现成虫，以后随幼蜂一起出房，寄生于蜂体上的肢节间。繁殖期成虫寿命约40天，北方越冬期可活3个月以上。因此，蜂体接触和子脾调换是大蜂螨传播的主要途径。

大蜂螨自春季蜂群出现幼虫就开始产卵，以后随着蜂群的发展而增多，寄生率和寄生密度一直保持相对稳定。但南方到了夏季，北方到了8月下旬以后，由于蜜粉源缺乏，群势下降，蜂螨的寄生率则急剧上升，常在此时暴发成灾。蜜蜂被大蜂螨寄生以后，由于吸食蜜蜂的血淋巴，会造成体质衰弱，采集力下降，寿命缩短；被寄生的蜜蜂幼虫，有的在幼虫期死亡，有的在蛹期死亡，幸而能羽化成蜂的，也常是翅足残缺不全，出房后不能飞翔。因此，受害严重的蜂群往往是死蜂、死蛹遍地，幼蜂到处乱爬，群势迅速衰退。

(2) **小蜂螨** 又称亮热厉螨。主要寄生在子脾上，很少寄生在蜂体上。因此，小蜂螨对蜜蜂幼虫和幼蜂危害更为严重，如不及时治疗，就有全群覆灭的危险。雌成虫体呈卵圆形，浅棕黄色，前端略尖，后端钝圆，其上密生细小的刚毛；雄成虫体呈卵圆形，淡黄色。卵细小、圆形、浅黄色。若虫初期呈乳白色，后期逐渐转深。小蜂螨主要靠子脾、巢脾和蜂具等传播。

小蜂螨寄生在子脾上，靠吸吮蜜蜂幼虫的血淋巴生育。雌螨一般在蜜蜂幼虫即将封盖时潜入巢房产卵。卵期只有15分钟，若虫期4～4.5天。成螨寿命长短与温度有密切关系，10～15℃为3.7～11天，30～35℃为9.6～19天，36℃时为6.8～17天。所以，在7

月份和9月份，分别是南北方小蜂螨危害最猖獗的时期。

小蜂螨寄生会使蜜蜂的幼虫和蛹严重受害。不但可使幼虫大批死亡，腐烂变黑发臭，而且可使蛹和出房的幼蜂变得残缺不全。小蜂螨不仅繁殖迅速，而且当一条幼虫被寄生死亡后，又会从封盖房穿孔爬出来，重新潜入其他即将封盖的幼虫房内产卵繁殖。在封盖房内重新繁殖成长的小蜂螨，随新蜂出房一同爬出来，再潜入其他幼虫寄生繁殖。因此，小蜂螨的危害性要比大蜂螨来得严重，特别是在高温季节更为危险。

(3) 防治方法 大蜂螨和小蜂螨往往同时在一群蜂中寄生，根据它们共同的生活特性，在蜂群停卵断子时期、蜂螨全部暴露时用药效果最好。若在蜂群繁殖期治螨，应采取分组治疗，即把全场蜂群分为两组，将第一组内所有的封盖子脾和大幼虫脾都抽出来分别加到第二组，而将第二组内的所有卵、小幼虫脾和部分蜜粉脾抽出，分别加到第一组内。趁第一组内无封盖子的时候，用药物连治2～3次。10天后再用同样的方法治疗第二组。另外，应对蜂王交尾成功开始产卵、尚无封盖子脾的交尾群进行彻底治螨。同时，要经常切除非种用群内的雄蜂。

目前国内治疗大、小蜂螨的药物很多，而且不断筛选出新的药物。下列几种对大、小蜂螨都有效的常用药物，可选择使用。①螨扑：系采用氟胺氢菊酯生产的片剂杀螨药，每箱悬挂一片在蜂脾间，即可长期落螨。治疗时，箱底应插入硬纸板收集落螨。此药是一种效果较好的治螨药，使用此药落螨率可达98%。②杀螨剂一号：是一种低效低毒的杀螨药，有效成分为双甲脒，以原液稀释成1/4000浓度的药液喷蜂和巢脾，可以取得较好的落螨效果。治疗时，箱底应插入硬纸板收集落螨。但此药对小蜂螨和巢房内的大蜂螨效果较差。③升华硫黄粉：单箱群取5克，继箱群取10克，均匀撒在硬纸板上，然后覆盖纱布插入箱底。每隔5～7天检查1次，收集落螨，连续21天即可抽出。④甲酸：又名蚁酸，每框蜂每次用85%甲酸1毫升，预先滴在滤纸上，然后将滤纸放在蜂群的框梁上，其上横放两根木条，再盖好覆布，使覆布不会与滤纸接触，最后盖好箱盖，让药液慢慢挥发，能有效地杀灭蜂体上和巢房内的蜂螨。治疗时，箱子底应插入硬纸板收集落螨。在治疗时，应交替使用不同的药物，以免因长期使用某一种药物而使蜂螨产生抗药性。

3. 蜜蜂壁虱病

蜜蜂壁虱病又称恙虫病，病原为武氏尘螨。武氏尘螨寄生在蜜蜂气管内。雌成虫发育期为12～21天，雄成虫只需4～12天。

武氏尘螨是以雌成虫在越冬蜂的翅基部越冬，很少在蜂王体上。当蜂群进入繁殖阶段，越冬螨从越冬老蜂体上移到4日龄的幼蜂体上开始繁殖。蜜蜂在呼吸和休息时，气门都是开着的，武氏尘螨可从气门侵入。进入前胸气门3～4天后，雌螨开始产卵，每只可产10粒卵。卵期3～4天，幼螨历期6～10天。雌螨的交配受精是在气管内进行的。

蜜蜂被武氏尘螨侵袭后，初期病变不明显，气管依然呈银白色或米黄色，并有环纹和弹性。经15～18天后，武氏尘螨在气管中大量增殖，气管开始呈淡黄色，布满不规则黑色斑点。侵袭27～30天后，蜜蜂气管壁变成黑色，失去弹性且容易破裂。武氏尘螨会刺穿蜜蜂气管吸食血淋巴，使病蜂逐渐衰弱，腹部膨大，油光发黑，两翅歪斜，并失去飞翔能力；身体常会不停地颤抖，有时翅膀还会自行脱落，有时会出现下痢现象。

在蜂群内武氏尘螨的传播依赖蜜蜂体间的相互接触。合并蜂群、转地饲养、盗蜂和迷巢蜜蜂等都会造成武氏尘螨的传播。

蜜蜂壁虱病的武氏尘螨的传播力很强，一旦发现蜂群受侵袭，就应立即隔离治疗，并严防盗蜂和迷巢蜂发生，病群的死蜂要收集烧掉。对病群应采取更换蜂王、留足饲料、早春提早排泄飞翔等措施。

患病的蜂群，可以选用下列一种药物治疗。①硝基苯合剂：硝基苯5份、汽油3份、植物油2份充分混合而成。治疗时，每群每次用药液3毫升滴在棉花球上，置于一张厚纸后放在蜂群的框梁上。隔3天加药1次，第三次后药量增至4毫升，连续熏治1个月。②甲基（或乙基）水杨酸。每群每次用药量为8～12毫升，滴在棉花球上，置于厚纸后放在框梁上。隔2天加药1次，连治10次。此药天气炎热时使用易引起蜜蜂中毒，要慎用。③薄荷脑。用薄荷脑20克加95％酒精，完全溶解后，洒在预先放置在箱内巢脾框梁上的棉花球上，每群每次用药量10毫升，隔20天后再添一次同样的药液。

4. 中华绒茧蜂病

中华绒茧蜂病是中蜂体内寄生虫病，病原为中华绒茧蜂。雌成虫长3毫米，体黑色，复眼黑色被毛，单眼3个凸起水泡状，翅透明而翅脉黑色，产卵器较长，伸出腹端；雄成虫稍小，茧白色，长6毫米，常在箱内与中蜂共居，以幼虫寄生在成蜂的腹腔内。

患病蜂起初症状不明显，待绒茧蜂的幼虫在成蜂体内成熟时，则见大量病蜂离脾，六足紧卧，伏于箱底、箱内壁或巢门板上。病蜂腹部稍大，丧失飞翔能力，螯针不能伸缩，捕捉时不螯人。被寄生率高的蜂群，采集情绪下降。若将有明显病态的工蜂捉入试管或玻璃瓶内，经过一段时间，可见绒茧蜂的幼虫从病蜂体内咬破肛门爬出，形似小蝇蛆，约20分钟病蜂便死亡。中华绒茧蜂幼虫爬行10分钟左右，待身体的水分稍干时即吐丝作茧，一个半小时后，结茧即可完成。蛹体成熟后，成虫咬破茧的一端，顶起盘形圆盖爬出，飞翔活跃，夜间不趋光。在蜂箱内可活30多天。它在秋季发生最盛，以茧蛹在蜂箱裂缝处或蜡屑内越冬。

防治中华绒茧蜂尚无有效的方法和药物。为减轻其危害，必须加强饲养管理，经常打扫箱底，定时换箱消毒，夏天可用烈日暴晒，春秋用开水烫箱。同时，在日常管理中，如有发现成虫，应随时捕杀。

（四）蜜蜂非传染性病害防治

蜜蜂非传染性病害，是由饲养、繁殖等不良环境条件所引起的病害，或由毒物所引起的中毒症。虽然它不会传染，但由于发病突然，死亡率高，范围广泛，所造成的损失也是不可忽视的。常见的非传染性病害有蜜蜂下痢病、蜜蜂束翅病、枣花病、蜜蜂幼虫冻伤、蜂群伤热、甘露蜜中毒、花蜜花粉中毒和农药中毒等。

1. 蜜蜂下痢病

蜜蜂下痢病又称大肚病，北方多发生在晚秋、冬季或早春季节，南方常在连绵阴雨季节发生。发病的主要原因是饲喂越冬饲料时对水过多，喂得偏晚，蜜不成熟或饲喂劣质越冬饲料；在越冬期蜂群受震动而吃蜜过多，或蜜蜂在活动季节因长期阴雨，蜜蜂长时间不能出巢排泄等。

患病的蜜蜂腹部膨大，飞翔困难，多在蜂箱外乱爬，同时会在箱底、箱壁、框梁上、巢脾上或巢门前排出大量黄褐色粪便。越冬期的蜜蜂往往会爬出巢门而冻死，造成蜜蜂大量死亡而引起春衰。

对于此病，要以预防为主。首先是在越冬期间，要给蜂群充足的优质饲料。若饲料没有留足，要及早补喂，保证蜜蜂有足够的时间酿造成熟的蜜，并让越冬蜂能适时进行试飞排粪。其次是越冬场所要保持干燥、安静。一旦发现病情，要及时提出病群中劣质蜜脾，换入优质成熟蜜脾。遇到气温在10℃以上晴暖天，应于中午取出箱内保温物，进行摊晒，并让蜜蜂排泄飞翔。对下痢严重的病群，应换进消毒过的蜂箱，同时调入优质蜜脾或喂给优质纯蜜，喂蜜时可掺入生姜水、大黄苏打片或每7～10框蜂加入食母生2片，以助消化，没有纯蜜，可喂2∶1的浓糖浆，并在糖浆中加入0.1%的酒石酸。

2. 蜜蜂束翅病

蜜蜂束翅病又称卷翅病，是蜜蜂一种生理性病害。多发生在长江流域以南地区7～8月芝麻、黄麻、西瓜花期。由于此时气候炎热干燥，粉源充足，蜂王大量产卵，工蜂对子脾护理不周，造成幼蜂翅膀发育不全。一般是当气温高达36℃以上，空气相对湿度在70%以下时，如蜂群内子脾多、蜜蜂少，再加上巢内缺蜜，就会使蜂巢内的湿度失调，不能保持蜂儿发育期所需要的温湿度。也有的是天气炎热，工蜂离脾散热，哺育不正常，造成幼虫缺乏营养而发生此病。

患病的蜜蜂多为刚羽化的幼蜂，主要病状是翅不能伸展，轻者翅尖卷束，重者翅面折叠。特别是边脾或边缘子脾的幼蜂患病更为严重。束翅的幼蜂，都在第一次出巢试飞时坠地而饿死。

蜜蜂束翅病发生时期虽然仅有30～40天，但如不及时采取措施，会造成蜂群新老蜂交替不上，给越夏带来困难。

防治蜜蜂束翅病主要是以防暑降温为中心，具体的措施如下：①选择阴凉近水的地方作越夏场地，如海滨、湖滨或河边等，避免把蜂群放在烈日直晒的地方。②要做好蜂群的遮阴工作，如场上无天然树木，应搭棚遮阴。③在束翅病发生时期，可采取在蜂箱内加水脾或框梁间加蜂路木条等方法，来调节蜂箱内的温湿度。④当蜂群缺蜜时，可用1∶1的糖浆饲喂。⑤应密集群势，适当控制产卵圈。

3. 枣花病

枣花病是发生在华北和西北地区枣花流蜜期的一种地方性病

害。是因天气炎热干旱，蜂群缺水，枣花蜜中含有致病的生物碱类和高钾盐类物质而造成的。此病发病规律如下：在山区和沙质土壤的病较重，在平原和湿润黏质土壤的较轻；气候干燥、刮西北风时病较重，雨水多、气候湿润时较轻；枣花期没有其他辅助蜜粉源的病较重，有其他辅助蜜粉源的较轻；枣树集中成片的地区病较重，枣树分散的地区较轻；蜂群在气流强的环境下病较重，反之则较轻；西方蜜蜂病较重，中蜂较轻。

患枣花病的主要是采集蜂。病蜂初期呈现腹部膨大，失去飞翔能力，两翅平伸或竖起在巢门前的地上作跳跃式的爬行；随着病情加重，病蜂仰卧在地，腹部不停地抽搐，最后痉挛而死。

死蜂常堆集在蜂箱附近的凹处地上，死后翅膀张开，腹部缩小并向下钩，吻伸出，用脚踩时会发出“啪啪”的响声。

防治此病，一是选择气流较缓、湿度较大、遮阴度高、有其他辅助蜜粉源的场地。二是做到蜂箱严密无缝，并在蜂箱四周及场地上经常喷洒水，每次取蜜后在箱内加一张灌 1/4 的水脾，以保持蜂群一定的湿度；三是进入枣花场前，应贮存一定数量的粉脾作为蜂群的补充饲料，并在枣花流蜜期，每天傍晚喂些酸饲料（在 1∶1 的糖浆中加入 0.1%柠檬酸或冰醋酸）。对于病情严重的蜂群，可用甘草生姜水或甘草绿豆汤配成糖浆，并在每千克糖浆中加入 40 万单位的青霉素或磺胺噻唑 1 克，调匀后用手提喷雾筒喷脾，每天 1 次，连续喷 5～7 次。

4. 蜜蜂幼虫冻伤

蜜蜂幼虫冻伤是低温引起的，多发生在早春气温较低或寒流侵袭的弱群内。一般是在一段晴暖天气后使子脾扩大，突然遇到寒流低温，在保温不良，脾多蜂少的蜂群里，因蜜蜂密集收缩，致使边脾或子脾外缘的幼虫冻伤。被冻伤引起死亡的幼虫，死后不变软，呈灰白色后渐变黑色并有腐败气味，幼虫尸体干枯后易被工蜂清除。若是封盖子被冻伤，死蛹较难清除，工蜂需咬破房盖后才能将其拖弃。

防治蜜蜂幼虫冻死，主要是加强饲养管理，在早春繁殖期，要经常保持蜂脾相称或蜂多于脾，使蜜蜂能密集护脾。对一些弱群应采取合箱饲养或进行合并，同时要加强巢内保温，不要经常开箱检查。对饲料不足的蜂群要进行补充饲喂，遇到寒流低温天气，应增加箱外保温，并缩小巢门，以提高蜂群的御寒能力。

5. 蜂群伤热

蜂群在转地运输过程中，因群强拥挤或通气不良，最易发生蜂群伤热。蜂群在越冬期间因包装过早且过于严密而受闷，也会造成蜂群伤热。在蜂群内部高温潮湿的情况下，蜜蜂会大量死亡。

蜂群伤热的最初阶段，蜜蜂呈现极度不安，处于冲动状态。不安和冲动增加了蜜蜂的运动量，也增加了糖的代谢。蜜蜂冲动时会释放大量的热量，引起巢温的升高，巢温的上升又加剧蜜蜂冲动。这种恶性循环引起巢内的高温，会造成蜜蜂体内的酶失去活性，蛋白质发生变性，最后导致蜜蜂死亡。同时，由于蜜蜂冲动产生大量二氧化碳，加上冲动蜜蜂大量拥到气窗，堵塞了铁纱，使箱内外空气交换中断，致使巢内严重缺氧，极度的窒息也会造成蜜蜂大量的死亡。因此，严重伤热时，不仅蜜蜂成群死亡，甚至还会发生坠脾蜜流，伤热死亡的蜜蜂全身潮湿发黑，似用水洗过一样。

蜂群在越冬期也会发生伤热，主要表现为烦躁不安，不结团，蜜蜂常会飞出巢外。开箱检查，可见箱内湿度大、温度高，水蒸气遇冷会在箱壁上凝结水珠。严重时，箱内保温物、巢脾潮湿，箱壁、箱底流水；蜜脾发酵变质；蜜蜂腹部膨大，并伴有下痢。

当蜂群出现伤热时，应立即打开巢门，放走部分冲动的老蜂，加强通风，也可以向蜂群喷些冷水，以降低温度。若在越冬期发生伤热，可适当扩大巢门和减少保温物；同时将发霉变质的蜜粉脾抽出，换进优质的蜜粉脾。

6. 甘露蜜中毒

蜜蜂甘露蜜中毒是养蜂上普遍发生的一种中毒症，以早春和晚秋季节发生较严重。此外，南方的夏秋之交蜜源中断的高温季节，或北方蜂群越冬期间，也时有发生蜜蜂甘露蜜中毒的情况。

甘露蜜包括甘露和蜜露两种。甘露是在高温干旱季节由蚜虫、介壳虫等昆虫寄生在松、柏、杨、柳等木本植物以及高粱、玉米、甘蔗等禾本科作物上所分泌的甜味物质；蜜露是植物受到外界气温的激烈变化影响而分泌的含糖汁液。

在外界蜜源缺乏时，蜜蜂才会采集甘露和蜜露，并运回巢内酿成甘露蜜。甘露蜜中含有较多的聚合糖、糊精和无机盐，蜜蜂吸食后不易消化，这是引起蜜蜂中毒和下痢的主要原因。

蜜蜂甘露蜜中毒的特点是采集蜂和青壮年蜂死亡较多。患病蜂腹部膨大，失去飞翔能力，常在框梁上或巢门外爬行，有时在蜂场附近的杂草上结成小团。越冬蜂甘露蜜中毒，常发生散团并有蜜蜂飞出巢门被冻死。解剖观察，病蜂的中肠内充满糖浆状的体液，有的呈半透明状，有的呈灰色，有的呈黑色；后肠一般都是紫色或黑色，里面充满暗褐色或黑色的并具有黏性稀粪便。严重时还伴有下痢，蜂王和幼虫也会死亡。

为了防治此病，蜂场应远离有甘露蜜的植物，并把采进蜂箱的甘露蜜全部摇出，换入优质饲料。患病的蜂群可饲喂大黄苏打糖浆，一个10框蜂群每次用药6片（每片0.2克），每日1次，连喂3次。

7. 花蜜花粉中毒

发生蜜蜂花蜜花粉中毒的原因，是蜜蜂采食了有毒植物，如藜芦、油茶、茶花、毛茛、乌头、白头翁以及杜鹃等蜜粉。

藜芦的花粉含有藜芦碱，对蜜蜂有毒。油茶和茶花的蜜中含有较高的多糖成分，蜜蜂食后会引起营养生理障碍，造成消化不良，并非蜜中有毒。其他有毒蜜粉源植物由于数量少，引起蜜蜂中毒的情况不常见。

发生花蜜中毒的蜜蜂，初由兴奋转入抑郁状态，然后翅、足、触角及腹部麻痹，蜜囊充满花蜜，中肠无变化。病蜂在箱内外慌张爬行，轻的可以治愈，重者死亡。

发生花粉中毒的病蜂，腹部膨大，中肠和后肠内充满花粉粒构成的黄色糊团，它们不安地到处爬行，最后死亡。

防治蜜蜂蜜粉中毒的方法，是在有毒植物的地方，种植一些与其同期开花的辅助蜜粉源植物，并用条件反射的办法训练蜜蜂到这些辅助蜜粉源植物上去采集，以尽量避免蜜蜂去采集有毒蜜粉源。发现此病后，应立即摇出有毒蜂蜜，抽出有毒粉脾，同时用1：1的甘草水糖浆进行饲喂。若中毒严重，应立即迁场。

8. 农药中毒

蜜蜂农药中毒是养蜂生产上存在的一个严重问题。农民在作物花期经常喷洒农药，令养蜂者非常头痛。特别是在北方油菜和棉花流蜜期间，南方柑橘和荔枝开花流蜜期间，常因喷洒农药造成蜜蜂惨重的损失。

发生农药中毒时，常是全场性的蜜蜂大量死亡，而且是越强群死蜂越多，死亡的蜜蜂多数为采集蜂。中毒的蜂群呈现极度不安，秩序混乱，爱蜇人；提脾检查时，蜜蜂无力护脾而坠落箱底。中毒的蜜蜂常回不了蜂巢或爬出巢门，在地上翻滚、打转，身子不停地抽搐，最后痉挛而死。死蜂两翅张开，腹部钩曲，吻伸出；严重时，箱内的幼虫也会中毒，有的会从巢房脱出，俗称“跳子”。

为了预防蜜蜂农药中毒，养蜂场应与当地的农业主管部门取得联系，共同协商喷药的时间、地点、技术措施和蜂群喷药期间的管理办法，做到互利互惠。尽量做到统一在花前花后喷药，这样既不会影响蜜蜂的采集，也不会在花期喷农药影响作物的开花授粉。确需在花期喷农药，要提前通知蜂场暂时迁场回避，或暂时关闭巢门。关闭巢门时间的长短，依农药的残效期不同而异，一般为1～5天。关闭巢门时，最好将蜂群搬到黑暗的室内，打开通气窗，经常洒水，使室内保持湿润、空气流通。此外，在使用农药时，以不影响农药药效和损害作物的前提下，可在农药溶液中适当加入石炭酸、碳酸烟精、樟脑油或煤焦油等蜜蜂驱避剂，可减少蜜蜂采集发生中毒。

当蜂群发生农药中毒时，除及时采取措施外，必要时应清除蜂群内有毒的饲料，并立即用1∶1的糖浆或甘草水糖浆进行补充饲喂，同时结合药物解毒。如果中毒的农药是乐果、敌敌畏等有机磷制剂，可用0.05%～0.1%的硫酸阿托品或0.1%～0.2%的解磷定溶液进行喷脾；如有机氯农药中毒，可用绿豆100克、甘草100克、金银花50克，加水2000克，煎汁喷脾，同时加喂糖浆，以增加未中毒蜜蜂的抗病力。

（五）蜜蜂主要敌害防除

蜜蜂的敌害是指那些直接捕食和骚扰蜜蜂的天敌动物给蜜蜂造成危害。主要天敌动物有昆虫类的巢虫、胡蜂、蚂蚁；两栖类的蟾蜍；兽类的老鼠、黄喉貂、黑熊等。此外，次要的天敌动物还有蜻蜓、蟑螂、食虫虻、人面天蛾、蜘蛛和鸟类等。

1. 巢虫

巢虫是蜡螟的幼虫，常见的蜡螟有大蜡螟和小蜡螟两种。大蜡螟的幼虫体长可达8厘米，小蜡螟幼虫的体长不足2厘米。

巢虫的发育期为20～140天，其长短视气温而定，气温越高，发育越快，一般每年可繁殖2～4代。巢虫一般蛀食没有蜜蜂栖息的空巢脾，在气候温暖时，也会毁掉一些弱群的蜂巢，使蜂群削弱或飞逃。

蜡螟的成虫白天隐藏在蜂箱的缝隙中，晚上活动。雌虫与雄虫在夜间交尾后潜入蜂箱，将卵产在蜂箱缝隙中与箱底的蜡屑里。幼虫孵化出来后，先在蜡屑中生活2～3天，然后上脾为害。它在巢脾上蛀食蜡质、蜜汁和花粉，打洞穿成隧道，吐丝作茧，毁坏巢脾，伤害蜜蜂的虫蛹，致使许多蜂蛹在羽化前死亡，封盖子脾上因而出现大量蛹盖被工蜂啮开露出白色头部的死蛹，俗称“白头蛹”（图47）。中蜂对巢虫的抵御能力差，因此受巢虫危害较为严重，更需注意防除。

图47　巢虫在巢脾上危害情况

库存或抽出来的巢脾，如果没有及时密封消毒或采取保护措施，常会成批遭巢虫蛀食而变成一堆废渣。巢虫爬上巢脾并开始在巢房底穿成隧道及其吐丝作茧时，蜜蜂是难以清除它的。危害严重时，摆脱的唯一办法就是全群弃巢逃跑。

防除巢虫的方法，主要是采取预防措施结合药物熏杀。首先，必须饲养强群，保持蜂脾相称，经常清除箱底的蜡屑污物，保持蜂箱清洁，更换陈旧巢脾。其次，在夏秋巢虫为害严重的季节，可采用轮流熏蒸的方法消毒蜂箱和没有子脾的巢脾。当蜂群内巢上出现巢虫时，应及时进行清除，可将有巢虫为害的巢脾的蜜蜂抖掉，放在阳光下，用起刮刀敲打框梁震动巢脾，使巢虫爬出后杀死；已经穿成隧道的，可顺着隧道用镊子在端点拨开巢房壁从房底镊出巢虫。贮存的巢脾和蜂蜡要及时密闭保存，并定期用药剂熏蒸，要随时清理一切的残脾碎蜡，旧巢框需用开水脱蜡杀虫。

旧法饲养的中蜂，若巢虫危害严重，可用小勺或小碗盛100～150毫升的醋，然后放入一个烧烫的小石块，立即将勺子塞到箱内巢脾下端的箱底上。这时，会引起蜂群兴奋，“嗡嗡”地叫，有一些巢虫受刺激坠落箱底，便可清除消灭。

2. 胡蜂

胡蜂是蜜蜂的大敌，特别是南方山区蜂场，在夏秋蜜粉源缺乏的季节，常因胡蜂为害而遭到巨大的损失。

当野外蜜粉源丰富的时候，胡蜂也采食花蜜和花粉，很少侵犯蜜蜂。但到入夏以后，胡蜂已经大量繁殖，此时若蜜粉源缺乏，它们就转来集中为害蜜蜂，在野外或巢门前捕杀蜜蜂，劫食蜜囊中的贮蜜，或以蜜蜂的肌体饲喂其幼虫。如果大胡蜂咬破巢门大批侵入蜂箱后，蜜蜂全群无法抵御时就会被迫逃群。

为害蜜蜂的胡蜂，种类很多，但在南方主要有大胡蜂、小胡蜂和黄胡蜂3种。

大胡蜂俗称马蜂，体长3厘米以上，全身黑褐色，腹部胖大，有金黄色环纹，尾部有螯针。它飞行时会发出“嗡嗡”响声，性情凶猛，上颚锐利，能咬破木质巢门攻入蜂巢，蜜蜂对它毫无办法，而且食量很大，对蜂群的危害最大。人畜被螯痛苦难堪，甚至有生命危险。

小胡蜂即普通胡蜂，俗称虎头蜂，体长2厘米左右，全身黑褐色，有细小的黄色环带，尾部有螫针，它个体较小而飞行迅速灵活，常出现在蜂群巢门前骚扰，并捕食蜜蜂，对蜂群有一定的危害。

黄胡蜂俗称黄蜂，体长约2厘米，但身体比较修长，几乎全身都是黄色，头部有黑色斑纹，腹部基脚有黑色带，尾部有螫针。它个体较小而飞行迅速灵活，也常会在蜂群巢门前骚扰，并捕食蜜蜂，对蜂群有一定的危害。

防除胡蜂为害，最根本的措施是寻找其巢穴进行灭除。在胡蜂危害的季节里，巢门可安上隔栅栏或钉几个铁钉，中蜂可采用圆孔巢门，以防胡蜂入侵。另外，可采取人工捕杀、诱杀、毁巢或毒杀等方法来消灭胡蜂。

当蜂场上发现有胡蜂在巢门前低飞骚扰时，可用木板、扫帚等工具扑打，并把打死的胡蜂放在箱盖上，待其他胡蜂来拖尸时可乘机消灭。

诱杀时用剧毒无味的农药，拌在切碎的畜禽肉内，然后盛在盘碟内，放在蜂场附近置于桌椅上，让胡蜂取食后中毒死亡，但应用时要注意人畜的安全。

农村不易引起火灾的地方，毁除胡蜂巢穴多采用在夜间黑暗时用火烧，然后用长竹竿毁巢，并可食用胡蜂幼虫。但山林地区不可采用此法，否则易引起山林火灾，而应采用毒杀为宜。进行毒杀时可用敌敌畏等毒药黏附在棉花球上，棉花球绑在一根细小的短棒上，短棒又插入长竹竿尾端的竹筒内，然后对准胡蜂巢穴的出口处将棉花球塞入胡蜂巢内，经过一天就可将整群的胡蜂杀死。

3. 蚂蚁

蚂蚁会在蜂箱底、副盖上筑巢，特别是南方早春低温阴雨季节更为常见。蚂蚁从箱缝或巢门钻进箱内吸食蜂蜜和死蜂，造成蜂群混乱不安，影响蜜蜂的内勤活动，还会致使弱小群发生逃跑。

引诱蚂蚁上箱的原因，一方面是管理粗放，特别是饲喂蜂群时糖浆外溅，切除雄蜂和割除赘脾时随地乱扔；另一方面是蚂蚁习性所决定，特别是早春低温阴雨季节，蚂蚁常于蜂箱底或副盖上借温避雨营巢，并繁殖后代。

防除蚂蚁骚扰蜂群，首先必须清除蜂箱周围的杂草。饲养少量蜂群的蜂场，可采用箱架，并在箱架脚垫水碗，经常注意加水，可防蚂蚁上箱；蜂群多的蜂场，不可能采用箱架的，可在蜂箱四周的地面上撒些生石灰或食盐，以驱除蚂蚁。当蚂蚁进入蜂箱时，在蜂箱内四角撒些食盐，有一定的驱除作用。此外，可以进行诱杀，即用硼砂 60 克、白糖 400 克、蜂蜜 100 克、水 1000 毫升，充分溶解后，分装在小碟、小碗内，放在蚂蚁经常出没的地方，可以收到很好的毒杀效果。但应于毒饵上覆盖铁纱，以免蜜蜂吸食中毒。

4. 蟾蜍

蟾蜍又称癞蛤蟆，体形肥大，全身灰黑色，腹部白色，背部疣状突起，头部两侧有毒囊。

蟾蜍白天隐匿在瓦砾、石缝、杂草丛中或蜂箱底下，在夏秋季的夜间或雨后会爬到蜂箱的巢门前捕食扇风的蜜蜂。蟾蜍不怕蜂螫，食量很大，一只蟾蜍一个晚上可吞食数十只蜜蜂，并会在蜂箱周围拉下带有蜜蜂躯体的粪便。

防除蟾蜍，首先应清除蜂场周围的杂草、砖头、瓦石等杂物，使蟾蜍没有躲藏的地方。可用砖头、木棍或竹片等物将蜂箱垫高 30 厘米，使蟾蜍不能接触巢门捕食。也可以在蜂场或蜂箱周围开掘深 50 厘米、宽 30 厘米的深沟，使蟾蜍进沟里爬不出来，无法捕食蜜蜂。

5. 老鼠

老鼠是北方蜂群越冬期的大敌。它不仅会直接啮食蜜蜂，毁坏巢脾，更严重的是会骚扰蜂群。在蜂群越冬期管理不善，让老鼠潜入蜂箱，就会给蜂群带来损害。轻者使蜂群越冬不良，增加饲料消耗；重者使蜜蜂散团离脾，造成全群覆灭。

防除老鼠的方法，首先是应做好预防工作，防止老鼠进入越冬室，除了避免将带有谷粒的稻草放入越冬室以外，还要将越冬室里的鼠洞用带有铁屑或玻璃碎片的混凝土填塞。其次是蜂箱的巢门要开得低一些、长一些，巢门口钉上几个小铁钉，使蜜蜂能出入而老鼠进不去。发现鼠害时，应选择晴暖天的中午开箱检查，消灭老鼠。

6. 黄喉貂

黄喉貂又称黄猺、黄腰屎、蜜狗等，是南方山区蜜蜂的一大敌害。黄喉貂的体形似猫，但头部与体躯都较长，四肢较短，爪锋利；头部的背面、侧面、颈背、四肢和尾为棕黑色或黑色，自肩部到臀部由黄色逐渐成深棕色，下颌到嘴角部略带白色，喉部黄色，腹部棕色或黄色，有的带褐色；体重1.5～2千克，体长55～65厘米，身高20厘米左右，尾长40～44厘米。

黄喉貂喜居山林，多在夜间活动，嗅觉灵敏，行动迅速，枪弹难以击中，且善于攀登高处；出游活动时，多雌雄成双；杂食性，喜食蜜蜂和蜂蜜，更喜食子脾。黄喉貂常在冬春严寒季节里为害蜂群，不仅能在夜间毁箱为害，白天也偶尔在蜂场追逐蜜蜂。受害蜂群秩序大乱，脾破蜜流，轻者群势下跌，重者整群覆灭或逃群。

养狗是山区蜂场防范黄喉貂简单易行的办法。

7. 黑熊

黑熊在东北叫黑瞎子。到东北林区放牧的蜂场，经常遭到黑熊的袭击，致使蜂箱破碎，蜂群覆灭，损失甚大。

由于黑熊不能随便捕杀或枪杀，一般只能采取驱逐的方法来防备，常用的有火吓和声赶两种。

火吓：在蜂场后侧比较宽阔的地方，晚上烧旺火堆，黑熊怕火，不敢靠近蜂场，但必须严防火灾。

声赶：在蜂场周围绕上一条离地 30 厘米的走线，一头固定，一头绑在帐篷边的小铁桶上，小铁桶大半只摆在箱顶，小半只露悬在外面。黑熊进场时触动走线，小铁桶即落地发出声响，帐篷内的养蜂员闻声再敲响铁器，并发出呐喊声，就能赶走黑熊。如能安装报警器来察报黑熊动静，效果更好。

十、蜜蜂产品及其应用

随着养蜂事业的发展，蜜蜂产品的种类也不断增多。按其产生的过程大体分成三类：第一类包括蜂蜜、蜂花粉和蜂胶，是由蜜蜂直接采集植物上产生的天然原料再经蜜蜂加工而成的。第二类包括蜂王浆、蜂蜡和蜂毒，是蜜蜂吸食了第一类某些产品经新陈代谢同化后，重新由腺体分泌出来的腺液。第三类包括蜂王幼虫、雄蜂蛹和巢脾，是蜜蜂卵孵化后吸食了第一、二类部分产品在一定条件下生长发育而成的；巢脾是以蜂蜡为原料经工蜂筑造的。上述三类都是蜜蜂的直接产品，而用蜜蜂产品为原料加工的制品已经日益增多。

（一）蜂蜜

蜂蜜是蜜蜂采集了植物花内外蜜腺分泌的甜汁，并经蜜蜂酿造而成的。蜂蜜按生产方式可分巢蜜和分离蜜；按生产季节可分春蜜、夏蜜和冬蜜；按蜜源种类可分油菜蜜、荔枝蜜、龙眼蜜、八叶五加蜜等。

1. 蜂蜜的成分

蜂蜜由于蜜源、产地和成熟程度不同，它的主要成分和含量也不同，而且具有不同的色泽、芳香和味道。

蜂蜜的成分比较复杂，现已从中检出有180多种的物质，除葡萄糖、果糖等糖分外，还含有氨基酸、维生素、矿物质、酶、酸、芳香物质等有效成分，具备了天然营养品的特点。

(1) **水分** 通常成熟蜂蜜的含水量为17%～22%（40～43波美度）。若高于22%，有效成分即明显减少，容易发酵变质，不宜久贮。

(2) **糖类** 蜂蜜总含糖量达75%以上，占干物质的95%～99%，其中葡萄糖占40%以上，果糖占47%以上。此外，还有麦芽糖、松三糖、棉籽糖等。蜂蜜是糖的接近饱和的水溶液，其比热甚高，1千克蜂蜜可产生热能13.65兆焦，比牛奶高5倍，是一种最佳的能源食物。

(3) **氨基酸** 蜂蜜中含有0.2%～1%的氨基酸。主要有赖氨酸、组氨酸、精氨酸、天门冬氨酸、苏氨酸、谷氨酸、脯氨酸、甘氨酸、丙氨酸、胱氨酸、缬氨酸、蛋氨酸、亮氨酸、异亮氨酸、酪氨酸、尼古丁氨酸和β-氨基酸等。蜂蜜中所含的氨基酸主要来源于花粉。

(4) **维生素** 蜂蜜中的维生素含量与所含蜂花粉量有关。其中以B族维生素最多，每100克蜂蜜中含B族维生素300～840微克。

(5) **矿物质** 蜂蜜中含有0.03%～0.9%的矿物质，尽管含量不高，但其含有量和所含种类之比，与人体的血液接近。主要有铁、铜、钾、钠、镁、锰、磷、硅、铝、铬、镍等。深色蜜的矿物质含量比淡色蜜高。

(6) **酶类** 是一种特殊的蛋白质，具有极强的生物活性。蜂蜜中的酶类来源于蜜蜂唾液。主要有转化酶、淀粉酶、还原酶、磷酸酶，葡萄糖氧化酶等。国际市场上以淀粉酶值在8.3以上的蜂蜜为合格商品。

(7) **酸类** 正常蜂蜜的pH在3以下，最高不超过4。酸对调整蜂蜜的风味和口感起着重要作用。蜂蜜中的酸类，有机酸主要有葡萄糖酸、柠檬酸、乳酸、醋酸、丁酸、甲酸和苹果酸；无机酸主要有磷酸、盐酸等。

(8) **芳香物质** 蜂蜜因含有不同芳香性成分，所以具有不同的香气和味道。这些芳香物质来源于蜜源植物花瓣或油腺所分泌的挥发性香精油及其酸类，主要成分是醇及其氧化物，还有酯、醛、酮、游离酸等。

此外，蜂蜜中还含有0.2%～1%的胶体物质；0.1%～0.4%的抑菌素，每100克蜂蜜中有1200～1500微克乙酰胆碱；还含有微量的色素、激素等其他有效物质。

2. 蜂蜜的性质

新鲜成熟的蜂蜜是透明或半透明的黏稠胶状液体。在20℃温度时，40～43波美度蜂蜜的比重为1.3821～1.4230。浓度越高，比重越大。蜂蜜呈酸性反应，易溶于水，具有结晶的特性。在冬季，大部分蜂蜜都能结晶，尤以13～14℃时结晶最快，而在40℃以上时，结晶蜂蜜又溶化成液体状态。含水分较多的蜂蜜，由于溶液的过饱和程度降低，往往不能全部结晶，能结晶的葡萄糖沉到底部，稀薄的果糖和维生素浮在上层。不同花种的蜂蜜，结晶的速度和形成的结晶颗粒的大小也不一样。

蜂蜜中常带有酵母菌，在温度适宜的条件下，酵母菌能迅速生长繁殖，分解部分的糖产生酒精和二氧化碳，使蜂蜜产生气泡的现象叫“蜂蜜发酵”。通常蜂蜜含水量在21%以上（41波美度以下）时，就有利于酵母菌生长繁殖，水分含量越高，蜂蜜就越容易发酵变质。发酵蜂蜜所产生的气泡，有较大的膨胀能力，装在密封的玻璃瓶中的蜂蜜，常被发酵蜂蜜所胀破，发酵蜂蜜也会使塑料桶扭曲变形，所以应经常检查。室温在10℃以下时，蜂蜜不易发酵，较高的温度（20℃以上）会促使蜂蜜发酵。轻度发酵的蜂蜜，可用双层锅隔水加温到60℃并保持半小时，就可将酵母菌杀死，然后除去液面的泡沫，再装桶密封保存。

蜂蜜还有吸湿的特性，它能从空气中吸收水分，这是由于蜂蜜中的果糖有很强吸湿性的缘故。例如，含水量17%的蜂蜜，置于空气相对湿度81%的环境下，经过105天，含水量会增加到32%。相对湿度越大，蜂蜜含水量就增加越多；反之，相对湿度小于58%，蜂蜜中的含水量也会随着相对湿度的减少而降低。

3. 几种主要蜂蜜的特征

由于蜜源种类的不同，蜂蜜的色、香、味也随之不同。每一种蜜源的蜂蜜，都具有自己特有的色泽、香气和味道等特征。

(1) **油菜蜜** 为浅琥珀色，略带菜叶气味，食味甜润；极易结晶，结晶粒特别细腻，成白色油脂状。

(2) **柑橘蜜** 一般为浅琥珀色，味清甜而芳香，有柑橘味；易结晶，结晶粒细腻成油脂状。

(3) **紫云英蜜** 为特浅琥珀色，气味清香，食味鲜甜；不易结晶，结晶粒细腻。

(4) **荔枝蜜** 为浅琥珀色，芳香馥郁，有强烈的荔枝味，食味浓甜；不易结晶，结晶粒粗。

(5) **龙眼蜜** 为琥珀色，气味浓郁，有龙眼干的香味，食味浓甜芳香；不易结晶，结晶粒较粗。

(6) **刺槐蜜** 为水白色，透明，具有特殊的清香味；不易结晶。它是我国优良的蜂蜜之一。

(7) **苕子蜜** 为特浅琥珀色，气味芳香，但甜味不如紫云英蜜；不易结晶，结晶细腻，乳白色。

(8) **枣花蜜** 为琥珀色，味甜，具有特殊的浓烈气味，浓度很高；不易结晶，结晶粒粗。

(9) **乌桕蜜** 为琥珀色，甜中略有酸味；易结晶，结晶粒粗。

(10) **荆条蜜** 浅琥珀色，气味芳香；结晶细腻，白色。

(11) **椴树蜜** 为特浅琥珀色，气味芳香；结晶洁白细腻。它是我国优良的蜂蜜之一。

(12) **棉花蜜** 为琥珀色，香味较淡，但味甜而略带微涩，成熟后消失；极易结晶，呈粗粒状，色较白。

(13) **桉树蜜** 为琥珀色，新蜜桉醇味较浓，贮久后渐淡，甜而微酸；不易结晶，呈细粒状。

(14) **荞麦蜜** 为深琥珀色，有浓烈的荞麦气味，颇有刺激性；不易结晶，呈粗粒状，结晶后色变浅。它是蜂蜜中较次的品种。

(15) **八叶五加蜜** 也称鸭脚木蜜，为琥珀色，气味芳香，但食用时尾味稍苦后回甜，用开水冲饮不会变酸；易结晶，结晶细腻，呈白色或淡黄色。南方称“冬蜜”，有较高的药用价值。

(16) **野桂花蜜** 也称柃木蜜，为水白色或特浅琥珀色，透明，味极芳香；结晶乳白色，细腻。它是我国优良蜂蜜之一。

(17) **野拔子蜜** 为浅琥珀色，新蜜有草香味；结晶乳白色，颗粒细腻而质地较硬，有“云南硬蜜”之称。

4. 蜂蜜的质量标准

蜂蜜的质量与蜜源的种类、蜜中含水量、生产贮藏条件等有着密切的关系。

(1) **品种及纯度** 蜂蜜要求纯正，不掺杂，不掺假，不含杂质。单一花种的蜂蜜为纯正；两种以上花种的蜂蜜混在一起为掺杂；蜂蜜中掺入蔗糖浆、葡萄糖浆为掺假；蜂蜜中混有蜡屑、死蜂、死虫和杂质的，都会影响品质。

(2) **色泽** 蜂蜜按色泽可分水白色、特白色、白色、特浅琥珀色、浅琥珀色、琥珀色、深琥珀色等。一般色泽浅淡者，大多气味芳香，滋味可口，质量较佳。

(3) **水分** 国内蜂蜜要求含水量在25%以下（即39波美度以上），而出口蜂蜜的最高含水量不得超过18%（42波美度）。

(4) **糖分** 按我国的部颁质量要求，蜂蜜中的还原糖应在65%以上，而蔗糖需在5%以下。

(5) **气味** 正常无异味。

(6) 酸度 最高 pH 为 4。

(7) 淀粉酶值 即表示淀粉酶的活性，可用哥德法测定。出口蜂蜜的淀粉酶值要求不低于 8.3，而且是越高越好。

(8) 费氏反应 用于检查蜂蜜中是否掺入蔗糖以及是否新鲜。纯正新鲜的蜂蜜，费氏反应为负号。

(9) 重金属含量 因蜜源污染或蜂蜜加工贮藏条件不良等，会在蜂蜜中混入重金属，影响人类健康。英国规定蜂蜜中含铅不得超过 2 毫克/千克，含锌不得超过 50 毫克/千克；欧洲共同市场规定蜂蜜中含铅不得超过 1 毫克/千克，含锌不得超过 17 毫克/千克；我国规定蜂蜜中含铅不超过 1 毫克/千克，含锌不超过 25 毫克/千克。

此外，还有花粉、抗生素和农药残留量等的规定标准。

5. 蜂蜜的简易检验

蜂蜜的简易检验的内容主要有含水量、淀粉酶值、掺假掺杂、含重金属、含甘露蜜等。

(1) 蜂蜜含水量的测定 一般是采用波美氏比重测定法。测定前要先探一下底层的蜂蜜是否有结晶。若未结晶，可将要检验的蜂蜜装到量筒内，也可以在原装蜂蜜里，把表面的泡沫拨开，放入一个竹篾圈，然后把波美比重计擦干净，轻轻而垂直地插入量筒里或竹篾圈的中央，任其向下沉。直到不能下沉而停留在某一刻度时，此刻度即为该蜜的波美度。然后根据波美度从表 5 找出该蜂蜜的含水量、比重和含糖量。如果蜂蜜已经结晶，应先将其隔水加热熔化，待冷却后再行测定。

测定蜂蜜时的标准温度为 20℃，如果蜜温高于此温度时，要以系数 0.0477 乘以所增加的蜜温度数，再加上所测得的度数，就是蜂蜜的真实浓度。例如蜜温为 30℃时，测得的浓度为 40 波美度，实际浓度为［（30－20）×0.0477］＋40＝40.477 波美度。

表 5　蜂蜜含水量与波美度、比重、含糖量对照表

含水量（%）	波美度（20℃）	比重	含糖量（%）
27.0	38.0	1.3561	71.1
26.0	38.5	1.3625	72.2
25.0	39.0	1.3689	73.2
24.2	39.5	1.3755	74.2
23.1	40.0	1.3821	75.4
22.3	40.5	1.3887	76.2
21.2	41.0	1.3955	77.2
20.2	41.5	1.4022	78.1
19.2	42.0	1.4091	79.1
18.1	42.5	1.4160	80.3
17.0	43.0	1.4230	81.3

(2) 淀粉酶值的测定　称取被测蜂蜜 10 克，溶于 50～70 毫升蒸馏水中，加入酚酞指示剂 2～3 滴，用氢氧化钠浓度为 0.05 摩尔/升的溶液中和。将此溶液倾于 100 毫升容量瓶中，用蒸馏水稀释至标线。取大小相同的试管 12 只，做好序号标记，按表 4 分别加入蜂蜜试样溶液、蒸馏水、氯化钠浓度为 0.1 摩尔/升的溶液、乙酸浓度为 0.2 摩尔/升的溶液和 1%淀粉溶液，摇匀后立即将所有试管同时浸入 45～50℃水浴锅中，使试管液面浸入水浴锅水面约 2.5 厘米，在此温度下放置 1 小时。取出后立即在冷水中冷却，随即在每一试管中加一滴碘浓度为 0.1 摩尔/升的溶液，摇匀后立即观察。此时，各试管中的颜色顺次由黄色经红色、紫红色、紫色至蓝色，根据紫红色试管号数，从表 6 查出淀粉酶值。必要时可多加一滴碘溶液再观察。

表6 蜂蜜淀粉酶值表

试管序号	蜂蜜试样溶液（毫升）	蒸馏水（毫升）	氯化钠溶液浓度0.1摩尔/升（毫升）	乙酸溶液浓度0.2摩尔/升（毫升）	1%淀粉溶液（毫升）	总容量（毫升）	淀粉酶值
1	10.0	4.0	0.5	0.5	1.0	16	1.0
2	10.0	2.5	0.5	0.5	2.5	16	2.5
3	10.0	0	0.5	0.5	5.0	16	5.0
4	7.7	2.3	0.5	0.5	5.0	16	6.5
5	6.0	4.0	0.5	0.5	5.0	16	8.3
6	4.6	5.4	0.5	0.5	5.0	16	10.9
7	3.6	6.4	0.5	0.5	5.0	16	13.9
8	2.8	7.2	0.5	0.5	5.0	16	17.9
9	2.1	7.9	0.5	0.5	5.0	16	23.8
10	1.7	8.3	0.5	0.5	5.0	16	29.4
11	1.3	8.7	0.5	0.5	5.0	16	38.5
12	1.0	9.0	0.5	0.5	5.0	16	50.0

(3) 蜂蜜掺假掺杂检验法 蜂蜜掺假掺杂，主要有掺白糖、掺饴糖和掺淀粉等，目前出现有掺入果脯糖浆和葡萄糖浆的现象，因其与蜂蜜的主要成分相似，所以给检验检测带来一定的困难。

① 掺白糖检验法：蜂蜜中掺入白糖后，蜂蜜的物理性状就会发生变化，使蜂蜜的特有甜味改变。纯蜂蜜味甜、浓香．后味长；而掺白糖以后，味虽甜，但后味短，香味差。从稠度上看，用一根筷子插入蜂蜜中，垂直提出，纯蜂蜜在下淌时速度慢，黏性大，有挂丝；掺白糖的蜂蜜下淌的速度快，黏性小，不挂丝。用纱布过滤，纯蜂蜜不易过滤或过滤速度慢；掺白糖的蜂蜜容易过滤，且过滤速度快。掺白糖的蜂蜜，结晶板硬，用手指捻搓结晶粒不易捻

碎，有砂粒感，将结晶粒放在嘴里不易溶化；而纯蜂蜜结晶粒的透明度差，结晶粒较松软，用手搓捻结晶粒，无砂粒感，结晶粒放到嘴里很快溶化。

检验时采用费氏反应的方法最为准确，方法即取被测的蜂蜜 20 克置于小烧杯中，加入 20 毫升水搅匀，然后取出其中的 10 毫升置于试管中，加入 5 毫升的乙醚，在 1 分钟内摇动 45 次，尔后静置。待上层乙醚澄清后，将乙醚小心地倾入另一试管中，可得到约 2 毫升的乙醚萃取液。然后再滴入 3～4 滴间苯二酚盐酸溶液于乙醚萃取液中，并振荡观察其颜色，如在 1 分钟内出现樱桃红者，即为正反应，说明该蜂蜜中掺有白（蔗）糖。

② 掺饴糖检验法：取被测蜂蜜 1 份放入试管中，加净水 4 份搅匀，然后逐渐加入 95％酒精，如出现许多白絮状物，说明该蜂蜜中掺有饴糖。

③ 掺淀粉检验法：取被测的蜂蜜 2 克，加净水 20 毫升，煮沸后冷却，加碘液 2 滴，如有蓝色、绿色或红色出现，说明该蜂蜜中掺有淀粉。

(4) 蜂蜜含重金属检验法 在蜂蜜中加入茶叶水，经过搅拌，如含有重金属，蜜茶水会变成灰色或褐色，而且是含量越多，颜色越深。这是由于茶叶水里含有多酚类物质，能与蜂蜜中的重金属起化学反应，生成一种有颜色的盐类物质。

(5) 蜂蜜中含甘露蜜的检验法 甘露蜜含有较多的糊精、蔗糖和矿物质，蜜蜂食后不易消化，所以不能作越冬饲料。甘露蜜呈暗褐色或暗绿色，在巢房中容易结晶。检验时，取蜂蜜 1 份，加水 1 份，搅匀后取混合液 1 毫升，加入 95％酒精 9 毫升充分摇匀。如出现混浊现象，说明该蜂蜜中含有甘露蜜。

6. 蜂蜜的贮存

蜂蜜是弱酸性的液体，能与金属起化学反应。因此，严禁使用白铁皮镀锌桶和不涂料或涂料脱落的黑铁皮桶贮存蜂蜜。必须采用非金属的容器，如缸、木桶或无毒塑料桶贮存蜂蜜。盛放时，不要超过容量的75%。

需要入库长时间贮存的蜂蜜，事先应经澄清过滤。滤去下沉颗粒，刮去上浮杂质。澄清的时间为3天左右。

蜂蜜要贮存在干燥、通风、密封、清洁、无异味和没有阳光照射的仓库内。库内温度最好保持在5～10℃，最高不超过20℃，相对湿度在70%以下，库内严禁放农药等毒物。贮存成熟蜜的容器要加盖封严，避免吸收空气中水分还潮而发酵；贮存未成熟蜜的小口密封桶，热天可把小口盖旋松，以免发酵后气体胀破桶。贮存的蜂蜜应定时检查，如发现贮蜜容器渗漏或蜜质发生变化时，要及时处理。

7. 蜂蜜的用途

目前，蜂蜜已广泛应用于医疗、食品、化工、酿造和饮料等方面。

(1) 蜂蜜在医疗上的应用 蜂蜜不仅是营养丰富的天然佳品，而且是对许多疾病具有良好疗效的医家良药。明代李时珍在《本草纲目》中阐述了蜂蜜的药用功能：“生则性凉，故能清热；熟则性温，故能补中；甘而和平，故能解毒；柔而濡泽，故能润燥。缓可以去急，故能止心腹、肌肉、疮疡之痛；和可以致中，故能调和百药，而与甘草同功。”现代医学将蜂蜜用于临床，也取得了明显效果。服用蜂蜜可促进消化吸收，增进食欲，镇静安眠，提高机体的免疫功能，增强身体抵抗力。特别是对虚弱无力、神经衰弱、病后恢复期、老年病、发育异常、营养不良等疗效更好。蜂蜜还可以外用，对治疗许多外科病、眼病、皮肤病有效。

蜂蜜在内科治疗上常用于胃溃疡、十二指肠溃疡、支气管炎、喉炎、哮喘、肺结核、肝炎和胆道疾病等。在外科治疗上常用于外伤、冻疮、冻伤、手足皲裂、烧伤、溃疡外伤、皮肤病等。此外，蜂蜜可促进儿童生长发育，特别是可提高对锌、钙、磷的摄取量。

(2) 蜂蜜在食品上的应用 在食品加工上以蜜代糖可使糕点色泽鲜润，气味清香，甜而不腻，不易风干，贮存期长。因此，蜂蜜在名特产品中得以广泛应用。例如北京茯苓饼、河北的蜂蜜麻糖、山西运城的糖豆角、驰名全国的闻喜煮饼、昆明的硬壳云腿月饼等产品都是以蜂蜜为辅料。为了解决面包“硬化”的难题，在制作时用 7.5 千克蜂蜜代替 12.5 千克白糖，成品面包存放 2～3 天后仍然松软有弹性，4～5 天后也很少掉屑。

蜂蜜中的转化糖容易被酵母菌利用，因而可以用以生产发酵饮料，例如蜂蜜酒、蜂蜜汽酒、蜂蜜醋、蜂蜜酸奶等产品。

(3) 蜂蜜在其他方面的应用 美国人利用蜂蜜作为发酵果汁的澄清剂，最适的用量为 2%～4%，不仅费用省，不要什么条件，而且澄清效果比酶法澄清高 10～20 倍。

许多国家在烟草工业中，早已应用蜂蜜来提高卷烟的质量。因蜂蜜中的果糖具有吸湿性，能使卷烟长久贮存不干燥，抽起来软绵、香味浓厚。

在制造油墨中掺入适量的蜂蜜，可使油墨滋润，防止硬化干裂。

（二）蜂花粉

蜂花粉是蜜蜂从植物的花蕊中采集而来的花粉。它是蜜蜂延续生命的基本营养素，是蜜蜂生存所必需的蛋白质、氨基酸、脂肪以及维生素等营养物质的主要来源。

1. 蜂花粉的成分

蜂花粉的营养成分要比花粉全面、复杂。具有独特的保健作用和神奇的医疗价值，为“天然食品之冠”。但各种蜂花粉因植物来源不同，所含的成分种类及含量也不同。蜂花粉所含营养成分大致是：水分3%～15%、蛋白质20%～25%、糖类40%～50%、脂类5%～10%、矿物质2%～3%，还有维生素、酶类、激素、核酸及其他有效成分。

(1) 蛋白质与氨基酸 氨基酸是蛋白质的基本构成单位，也是蛋白质的分解产物。蛋白质大约由20多种氨基酸组成，其中亮氨酸等8种人体自身不能合成，必须从食物中摄取，故称为必需氨基酸。蜂花粉中几乎含有人类迄今发现的所有氨基酸，且都呈游离状态，能直接被人体吸收。一个活动量较强的成年人，每日食用20～25克蜂花粉，就能满足全天的氨基酸消耗量。

(2) 糖类 蜂花粉中所含糖类，主要是葡萄糖、果糖、蔗糖、糊精、半纤维素、纤维素等。这些都是人体的主要能源，是心脏、大脑等器官活动不可缺少的营养物质。来源不同的蜂花粉中糖类的含量有差别，一般是含葡萄糖3.5%～11.8%、果糖14.2%～24.8%、蔗糖2.3%～7.2%，淀粉3%～8%，半纤维素3.5%～15.2%、纤维素0.18%～0.76%，还有少量的糊精。

(3) 脂类 为脂肪和类脂的总称。脂肪即脂肪酸与甘油结合的酯，类脂包括磷脂、糖脂、类固醇、萜类及蜡等。不同植物花粉的脂肪含量有差异，如茶蜂花粉含脂肪仅2.34%，属于低脂肪的花粉。蜂花粉所含脂类中不饱和脂肪酸占60%～91%，远比动植物油脂中的含量高，例如猪油含不饱和脂肪酸为6.3%，菜籽油为14.2%。不饱和脂肪酸是人体不可缺少的营养物质，有增强毛细血管通透性、促进动物精子形成等作用。

(4) 矿物质 蜂花粉中含有丰富的矿物质元素，有钙、钠、磷、镁、硅、铁、铜、钴、锌、钡、锰、钛、镍、硼、钼、铝、锆、铅、铬、钇、钒、硒、锂等。这些矿物元素对维护和保持人体的生命活动起着重要的作用。人体可以合成某种维生素，却无法合成常量和微量元素，必须从食物中摄取。

(5) 维生素 蜂花粉是天然的多种维生素浓缩物，含量高，种类齐全。根据苏松坤等的测定，在每100克茶蜂花粉中含维生素A 0.79毫克、维生素B_1 0.09毫克、维生素B_2 2.74毫克、维生素C 1.20毫克、维生素D 0.02毫克、维生素E 6.6毫克、维生素K 0.3毫克。

(6) 酶类 蜂花粉中含有多种酶，现已鉴定出的达80多种，主要有转化酶、淀粉酶、过氧化氢酶、磷酸酶、还原酶、果胶酶、肠肽酶、胃蛋白酶、胰酶和酯酶等。例如每克干茶蜂花粉中含有超氧化物歧化酶（SOD）203.80微克、淀粉酶6067微克、过氧化氢酶321.90微克。酶作为催化剂，能使摄入人体的营养成分进行分解和重新合成，以便被机体的组织细胞所利用。

(7) 激素 蜂花粉中的激素主要有雌激素、促性腺激素。从蜂花粉中提取的促性腺激素，经过进一步提纯可得到促卵泡激素和黄体生成素，对治疗男女不孕有一定的效果。

(8) 核酸 核酸对蛋白质的合成、细胞的分裂和复制以及生物遗传起着重要作用。每100克蜂花粉中约含核酸2120毫克，为富含核酸食物的鸡肝、虾的5～10倍。核酸的存在，大大提高了蜂花粉的医疗保健价值，由于核酸有促进细胞再生和延缓衰老的功能，有助于治疗免疫功能低下和肿瘤疾病。

(9) 其他有效成分 蜂花粉还含有丰富的黄酮类化合物、多种有机酸、色素和抗菌、抗病毒等物质。每100克蜂花粉中含有黄酮类化合物约2550毫克，能起到抗动脉硬化、降低胆固醇和抗辐射作用。蜂花粉因有多种生物活性物质的存在，对人体的多种生理器官功能有着重要的调节作用和广泛的医疗效能。

2. 蜂花粉质量标准

蜂花粉作为天然的可以直接冲泡饮用的蜂产品，要求较高的质量标准。目前我国尚未制定出蜂花粉的统一质量标准，只根据生产和食用的实践，并参考国外蜂花粉的质量标准，提出几项质量指标。

(1) **感官指标** 主要包括蜂花粉团的外形、颜色、纯洁度、干燥度、坚硬度、味道等。

优质的蜂花粉颗粒整齐、颜色一致、无杂质、无异味、无霉变、无虫迹、干燥好、品种纯。干燥程度好的蜂花粉团颗粒大小基本一致，将蜂花粉团拿在手里轻搓，有坚硬感，不易捏碎。蜂花粉含水量要求在8%以下，最高不得超过12%。

(2) **卫生指标** 包括杂质、细菌总数、致病菌、农药残毒等。优质蜂花粉的泥土、蜜蜂残体等杂质不得重于5%；细菌总数每克蜂花粉应小于3万个；真菌菌落每克蜂花粉应小于100个，不得检出致病菌和农药残毒。

3. 蜂花粉的干燥方法

通过脱粉器截脱下来的新鲜蜂花粉，一般含水量都在37%以上，在室温下，其中的酵母菌及其他微生物会使蜂花粉很快发酵变质。因此，必须及时对新收集的蜂花粉进行干燥处理。

(1) **晾晒干燥法** 将蜂花粉薄摊在纱盖或大面积的细纱网上，厚度不超过2厘米，放在阴凉干燥处进行晾干。晾干过程中要注意勤翻动。若在室外晾晒，可将摊摆蜂花粉的细纱网架垫高，离开地面50厘米，蜂花粉上方1米高处用白布或透明塑料布遮盖，这样可减少日光直晒花粉，避免阳光曝晒致使蜂花粉营养品成分的损失。同时也可以减少灰尘或杂质的污染。

(2) **远红外线干燥法** 中国农业科学院蜜蜂研究所研制的YHG-1型远红外线蜂花粉干燥箱，具有体积小、重量轻、携带方便、干燥能量强、投资少的特点。有干燥蜂花粉效率高、成本低、省工时的优点；缺点是蜂花粉中某些生物活性物质会受到部分损失。

(3) 化学干燥法 选用硅胶、无水硫酸镁、无水氯化钙或熟石膏等作干燥剂。干燥时，将收集的新鲜蜂花粉，喷以2%的蜂胶酒精浸出液或适量的70%的酒精。目的是杀灭细菌或抑制其繁殖。然后把蜂花粉盛于托盘里，放于置有干燥剂的宽口蜂蜜桶中，密封24小时，蜂花粉水分可降到10%以下。如有必要可进行第二次干燥，直至达到干度要求。

干燥剂用量，每干燥1千克蜂花粉，需用2千克硅胶，无水硫酸镁或无水氯化钙1千克，熟石膏需用2.5千克。硅胶或经过氯化钴处理的无水硫酸镁或无水氯化钙，使用一次失去吸水能力时变为红色，在锅里加热烘炒或用烘箱烘烤变为蓝色，仍能恢复吸水能力可继续再用。

采用这种干燥方法简单、易行，对蜂花粉成分无任何影响。

(4) 微波干燥 采用微波炉瞬间干燥法，效果也较好。家用小型微波炉，每次在托盘内放置蜂花粉1千克，使用低档（180瓦，30%功率）1分钟，品温可达55℃，取出摊晾3～5分钟，再重复1～2次，可使新鲜蜂花粉含水量降到8%以下。烘干时应严格控制时间，太久会烧焦。微波炉干燥还可起到灭菌作用，且对蜂花粉的营养成分没有影响。

(5) 其他干燥法 蜂花粉干燥，还有升华干燥法、强通风干燥法、真空冷冻干燥法等。这些方法投资大，适用于大规模生产。

4. 蜂花粉的包装与贮存

经过干燥处理的蜂花粉，在贮存前应根据其品种、纯度、含水量等进行分级定级等，并剔除混入的砂粒、蜂尸残体等杂质，然后用较厚的食品塑料袋包装，每袋1～5千克，袋口要密封。

(1) 冷藏法 将干燥分装好的蜂花粉放入－1～5℃的冷库贮存，一年内营养成分不会有什么变化。若温度更低，效果更好。

(2) 常温贮存法 将干燥处理好的蜂花粉，在贮存前，按50千克蜂花粉喷洒95%酒精1千克，立即用较厚的塑料布分装，扎口密封，置于通风良好干燥无鼠害的地方贮存。

5. 蜂花粉的应用

蜂花粉可应用于食品、医疗保健、化妆品等领域。

(1) 蜂花粉在食品上的应用 我国古代的劳动人民不仅对食用花粉有深刻的认识，而且创造出许多花粉食品的制作方法。例如长沙马王堆出土的文物中就有关于药粥的记载，所谓药粥就是用花粉制作的米粥。而“花粉蜂蜜浆”是我国古代的传统食品。到宋代时其制作方法：每10千克蜂蜜中加入1千克花粉，先将蜂蜜在砂锅中炼沸，滴水未散时将花粉加入即成。清代王士雄著的《随息居饮食谱》记述了松花糕的制法：将白砂糖加水熬炼好，再加入松花粉即可。除此外，还有榆钱糕、玫瑰糕、九花饼等多种的“花糕”和“春饼”。花粉酒也是千百年来深受我国人民欢迎的养生美酒。蜂花粉的食用方法很多，最简单的方法是将花粉密封蒸煮消毒变软后，与蜂蜜混合搅拌后食用。在食品工业上，已经生产出花粉蜜膏、花粉口服液、花粉晶、花粉芸豆糕、花粉巧克力、花粉健美酥等多种产品。同时可以制成蜂花粉酒、花粉汽酒、花粉冲剂、花粉露及各种花粉饮料。

(2) 蜂花粉在医药上的应用 蜂花粉气味甘平无毒，主治心腹寒热，利小便、消淤血，久服轻身益气，延年益寿。因此，蜂花粉制剂适用于体力衰弱、疲倦不堪、食欲不振的患者。服用蜂花粉制剂后的患者，精力恢复快，食欲增进，睡眠良好，对小儿贫血也有特效。

蜂花粉可治疗慢性前列腺炎。蜂花粉是恢复肝功能的高级营养剂。据报道，给慢性肝炎患者每日服两茶匙蜂花粉，一个星期后肝功能有明显好转。蜂花粉还能促进内分泌的发育，提高内分泌腺的分泌功能，特别对妇女更年期综合征有较好的疗效。此外，蜂花粉对艾氏腹水瘤细胞的生长有明显的抑制作用；对动脉粥样硬化和神经官能症等也有一定疗效。

(3) 蜂花粉在化妆品上的应用 蜂花粉被誉为“能食的美容剂”，是最佳营养型的天然美容品，对皮肤没有副作用。由于蜂花粉中含有丰富的氨基酸、天然维生素和各种活性酶及激素，所以对改善皮肤外观、延长妇女青春期有明显的作用。目前以蜂花粉为主制成的化妆品种类很多，如花粉雪花膏、花粉香粉、花粉生发水、花粉美容霜等。

(4) 蜂花粉在畜牧业上的应用 国外研究证明，蜂花粉对初生牛犊和仔猪病原微生物有杀伤效果。用蜂花粉补充饲喂畜禽，能促进它们生长，加强再生能力，提高断奶牛犊血液中的血红素和蛋白质含量。同时蜂花粉能有效地防止断奶牛犊的某些疾病。因此，用蜂花粉饲喂畜禽是一种理想的强壮剂和抗菌剂。蜂花粉富含氨基酸、维生素和矿物质等生物活性物质，将它作为畜禽的添加饲料，可以促进畜禽的生长发育。

（三）蜂王浆

蜂王浆是青年工蜂头部营养腺分泌出来的浆液。在蜂群中是蜂王的食品，也是各型蜜蜂幼虫的乳品，更是蜜蜂的主要产品之一。

蜂王浆珍稀名贵，出产奇特，成分复杂，有着极强的保健功能和奇异的医疗效用，但人们对其应用价值的认识时间还不太长。1954 年，当年 80 高龄的罗马教皇皮奥十二世染病卧床，生命垂危时，他的主治医生加利亚基西采用蜂王浆为他治疗，竟使他神奇般地转危为安，并以惊人的速度恢复了健康。1957 年，死里回生的教皇亲自参加世界养蜂会议，谈了自身服用蜂王浆的体会。从此蜂王浆得到了社会的承认和公众的青睐，也引起全世界营养学家和医学科学家的重视。

我国自1958年中国农业科学院蜜蜂研究所成立后，立即开展蜂王浆的生产试验和加工利用的研究，经过40多年的发展，1958年蜂王浆的产量仅1吨，2000年已达1600多吨。

1. 蜂王浆的性质

新鲜蜂王浆呈乳白色或淡黄色，只有个别呈微红色。蜂王浆颜色的深浅，主要取决于生产时的蜜粉源颜色深浅、王浆老嫩程度及质量的优劣。若产浆期蜜粉源植物的花粉色重，移虫后取浆时间较长，或存放方法不当引起变质，或掺有伪品的蜂王浆颜色变深；反之，则浅。

新鲜蜂王浆呈半透明的乳浆状，为半流体，呈朵块形花纹，有光泽，手感细腻，微黏，无气泡，无杂质。具有独特的气味，微香甜，较酸、涩，有较重的辛辣味。蜂王浆部分溶于水，呈悬浊液；部分溶于酒精，产生白色沉淀，放置一段时间后分层；能溶于浓盐酸或氢氧化钠中。蜂王浆的比重略大于水而低于蜜，pH3.5～4.5，常温下易发酵。

2. 蜂王浆的成分

蜂王浆的成分相当复杂，一般含水量62.5%～70%，干物质占30%～37.5%。干物质中的蛋白质占36%～55%，转化糖20%以上，脂肪7.5%～15%，矿物质0.3%～3%，还有一定量的未知物质。蜂王浆中含有人体必需的各种氨基酸和丰富的维生素，以及有机酸、酶、磷酸化合物、激素、核酸等多种生物活性物质。还含有一种特殊的专属性成分叫10-羟基-2-癸烯酸。

(1) 蛋白质 蜂王浆中蛋白质含量相当高，其中2/3是清蛋白，1/3是球蛋白，其含量与人血液中的清蛋白、球蛋白的比例相近。

（2）氨基酸 蜂王浆中含有 20 多种氨基酸。除蛋氨酸、缬氨酸、亮氨酸、异亮氨酸、赖氨酸、苏氨酸、色氨酸、苯丙氨酸八种人体本身不能合成又必须的氨基酸外，还含有精氨酸、组氨酸、丙氨酸、谷氨酸、天门冬氨酸、甘氨酸、胱氨酸、脯氨酸、酪氨酸、丝氨酸、γ-氨基丁酸等。

（3）糖类 蜂王浆干物质中含有 20%～39%的糖类。其中，葡萄糖占含糖总量的 45%，果糖占 52%，麦芽糖占 1%，龙胆二糖占 1%，蔗糖占 1%。

（4）脂类 蜂王浆中含有大量的脂肪酸。每 100 克蜂王浆干物质中含有脂肪酸 8～12 克。其中，皮脂酸占 15%，羟基癸烯酸占 25%，羟基癸烷酸占 5%，软脂酸占 5%，油酸占 5%。每 100 克蜂王浆干物质中还含有 2～3 克其他脂类。其中，苯酚占 30%～50%，蜡占 30%～40%，还有磷脂、糖脂、24-亚甲基胆固醇等。

（5）矿物质 亦称无机盐或灰分。蜂王浆中含有多种矿物质，每 100 克蜂王浆干物质中含有 0.9 克以上，有的高达 3 克。其中，钾 650 毫克，钠 130 毫克，钙 30 毫克，镁 85 毫克，铜 2 毫克，铁 7 毫克，锌 6 毫克，还有锰、钴、镍、硅、铬、金、砷等。

（6）维生素 蜂王浆中含有丰富的维生素，以 B 族维生素最多。其中有 B_1、B_2、B_6、烟酸、泛酸、肌醇、叶酸、生物素等。乙酸胆碱的含量也相当高，每克蜂王浆中含量达 1 毫克，从而对蜂王浆的价值起着重要的作用。根据分析测定，每 100 克蜂王浆中含维生素 B_1 0.690 毫克，维生素 B_2 1.390 毫克，维生素 B_6 1.220 毫克，烟酸 5.980 毫克，肌醇 11 毫克，叶酸 0.04 毫克。

（7）有机酸 蜂王浆中除含有琥珀酸等多种有机酸以外，还含有特殊的 10-羟基-2-癸烯酸。这种有机酸是自然界其他物质中所没有，只有蜂王浆内才有，故称王浆酸，它是蜂王浆的代表物质之一，含量达 1.4%～4%，分离出来的纯品呈白色晶体。10-羟基-2-癸烯酸在新鲜蜂王浆中多以游离形式存在，性质比较稳定，有极强的杀菌、抑菌作用，并有较高的抗癌功能，从而大大提高了蜂王浆的食用及医疗效果。

(8) 酶类 蜂王浆中含有多种酶类，主要的有异性胆碱酯酶、抗坏血酸氧化酶、酸性磷酸酶、碱性磷酸酶。此外，还有脂肪酶、淀粉酶、转氨酶等主要酶类。

(9) 磷酸化合物 每1克蜂王浆中含有磷酸化合物2～7毫克，其中主要组成是能量代谢不可或缺的ATP（腺苷三磷酸）。ATP是能量的源泉，对加强调节机体代谢，提高身体素质，防治动脉硬化、心绞痛、心肌梗死、肝脏病、胃下垂等病症，有着显著的作用或较好的补益。

(10) 激素 蜂王浆中含有调节生理机能和物质代谢、激活和抑制机体、引起某些器官生理变化的激素。主要有性激素、促性激素、肾上腺皮质类固醇、肾上腺素等，还含有类胰岛素的激素，此类物质有降低血糖的作用。

(11) 核酸 蜂王浆含有丰富的核酸，每克蜂王浆中含核糖核酸（RNA）3.9～4.8毫克，含脱氧核糖核酸（DNA）201～223微克。

3. 蜂王浆的质量标准

蜂王浆具有天然物质的复杂特点，目前我国没有颁布蜂王浆的质量标准，仅根据国内研究，收购和加工部门的内部指标，并参考国外蜂王浆的标准指标提出以下的质量要求。

(1) 颜色 新鲜蜂王浆为乳白色至淡黄色。春浆或取浆时间短的为乳白色；夏秋浆或取浆时间超过68小时的带淡黄色。

(2) 形态 新鲜蜂王浆呈乳浆状、朵块形。如压紧在玻璃板间观察，其粒子是粗大的，有纽扣形颗粒。

(3) 光泽 新鲜蜂王浆微黏，具有光泽感。

(4) 纯度 纯正的蜂王浆无幼虫、蜡屑、花粉、蜂蜜等杂质，无气泡。

(5) 黏稠度 新鲜蜂王浆稍有黏稠，陈浆会使黏稠度提高。

(6) 气味 新鲜蜂王浆略带特有的芳香味。若将少量蜂王浆放在铁板上灼烧，会产生蘑菇味。

(7) 滋味 新鲜蜂王浆有明显的酸、涩，带辛辣，回味略甜，不得有发酵、发臭等异味。

(8) pH 新鲜蜂王浆呈酸性，pH为3.5～4.5。

(9) 溶解度 将1克新鲜蜂王浆溶解在10毫升水中时，即呈混浊的乳白色；而溶解在10毫升的氢氧化钠溶液中，则呈透明。

(10) 理化指标 含水量不得超过70%；灰分不得超过1.5%；总糖不得超过15%；10-羟基-2-癸烯酸在1.4%以上，不得检出淀粉。

(11) 细菌指标 每1克蜂王浆中杂菌总数不得超过300个，其中霉菌总数不得超过100个，不得检出致病菌。

4. 蜂王浆的简易检测

(1) 感官检验 根据上述蜂王浆质量标准的要求，采用观感、手感、嗅感和味感等方法，对蜂王浆的颜色、状态、气味和滋味等方面进行判断检验。

(2) 水分测定 采用减压加热干燥法测定，即精确称取蜂王浆样品2克，置于恒重的称量瓶中，放入减压干燥箱，在温度为75℃、压力为2.7～4.0帕时，干燥至恒重，取出称量瓶于干燥器中，冷却30分钟后称重，然后进行计算。

$$水分(\%)=\frac{称量瓶和样品重量(克)-称量瓶和样品干燥至恒重后的重量(克)}{称量瓶和样品重量(克)-称量瓶的重量(克)}\times 100$$

(3) 灰分测定 采用坩埚灼烧法测定，即精确称取蜂王浆样品1.5克，置于已灼烧至恒重的坩埚中，缓缓灼烧至完全炭化，冷却至室温，加入浓硫酸0.5～1毫升，使其湿润，缓慢加热至硫酸蒸气除尽，放入高温炉，在700～800℃之间灼烧至完全灰化，移置干燥器内冷却30分钟，直至恒重，精密称重。计算公式：

$$灰分(\%)=\frac{灼烧至恒重的坩埚和样品重量(克)-坩埚和灰分的重量(克)}{灼烧至恒重的坩埚和样品重量(克)-灼烧至恒重的坩埚重量(克)}\times 100$$

(4) 淀粉测定 称取蜂王浆试样0.2克，置于50毫升烧杯中，加入蒸馏水10毫升加热至沸，冷却至室温，加入1.3%碘液数滴，不得显蓝色。

(5) pH测定 蜂王浆pH的高低与蜂王浆贮存时间长短、贮存方法的好坏、腐败和掺假程度有关。贮存时间过长或贮存方法不当，腐败变质或掺有柠檬酸等物质的蜂王浆，其pH增高；掺有淀粉、米糊、乳品的蜂王浆，其pH下降。pH测定，最简便的方法是试纸测定，撕一张试纸插入蜂王浆中片刻，取出后根据其显示的颜色与标准色板对照，即知pH值。新鲜蜂王浆的pH一般为3.5～4.5，此法简便易行，很适合验收时采用。

(6) 掺假检验 蜂王浆采用阿贝氏折光仪测定，在20℃时为25.5%～27.5%，若蜂王浆中混入蜂蜜、糖分等其他折光性物质，会使折光度增大。若将1克蜂王浆溶解在1%氢氧化钠10毫升溶液中，纯正蜂王浆是透明的，如掺有乳品的呈混浊状态。

5. 蜂王浆的贮存

新鲜蜂王浆有怕强光和高温的特性。如果贮存方法不当，容易发酵变质，降低营养价值，甚至完全失效。因此，新鲜蜂王浆要注意贮存好，其方法有以下几种。

(1) 低温贮存 养蜂场生产的新鲜蜂王浆，装瓶后要立即放入冷藏瓶内，依靠冷藏瓶内的冰块作短期低温保存，以便成批送到收购部门或加工厂。加工厂应将经过质量检验合格的新鲜蜂王浆，通过100目丝绢减压过滤，然后包装进行冷冻（－2℃）贮存，以作食品或药品等原料。如能真空密封，速冻贮存，效果更佳。

(2) 用蜂蜜贮存 购买少量作为食用的新鲜蜂王浆，可用蜂蜜作短期贮存。即在每千克的蜂蜜中，加入50～100克蜂王浆，用玻璃棒或竹棒搅匀后装在棕色玻璃瓶内盖严。这样在常温下可贮存3～6个月。

(3) 用白酒贮存 每千克40°～50°的白酒中加入250克新鲜蜂王浆，搅拌均匀后装在棕色玻璃瓶内密封，在常温下可贮存3～6个月。

6. 蜂王浆的应用

蜂王浆作为一种天然营养滋补剂，被广泛地应用于人体保健、疾病治疗等多方面，实属健体除患、延年益寿之佳品。因此，蜂王浆在保健医疗、食品饮料、化妆品上和农牧业上有着广泛的用途。

(1) 在保健医疗上的应用 我国将蜂王浆大量用于保健医疗上是始于1958年以后，经过50多年的临床治疗和食用实践证明，蜂王浆对抗衰老延年益寿、营养不良症、神经系统病、肝脏病、肠胃病、心血管疾病、关节炎、口腔病、抗癌变、抗辐射及其一些外科疾病有较好的疗效或补益。

①抗衰老延年益寿：蜂王浆能抗衰老，使人延年益寿，其作用机理归纳为七个方面。一是蜂王浆能清除人体内过剩自由基。蜂王浆中所含超氧化合物歧化酶（SOD）是自由基的主要清除剂，服用蜂王浆可增强人体清除自由基的能力。二是蜂王浆能增强人体免疫功能。试验和实践证明，蜂王浆对骨髓、胸腺、脾脏、淋巴组织等免疫器官和整个免疫系统可产生有益的影响，能激发免疫细胞的活力，调节免疫功能，刺激抗体的产生，增强人体免疫功能。三是蜂王浆能调节人体内分泌功能。蜂王浆含有调整内分泌代谢和调节生理机能的多种激素，其含量对人体非常恰当，是天然性激素最佳补充物。四是蜂王浆能抑制脂褐素的产生。蜂王浆不仅能使机体内脂褐素下降，延缓自由基的形成，同时蜂王浆中有大量活性物质，

能激活酶系统，使脂褐素排出体外，降低其含量，促进皮肤细胞新陈代谢，延缓皮肤细胞衰老，消除老年斑。五是蜂王浆中核酸的作用。服用蜂王浆可使人体内核酸得到补充，从而延缓衰老的进程。六是蜂王浆能抗基因突变和抗肿瘤作用。蜂王浆中的王浆酸、蜂王物质、生物喋呤等高生物活性物质，可通过刺激环状-磷腺甙的合成，使蛋白质螺旋结构和氨基酸序列正常化，从而使受肿瘤破坏的结构正常化，并对癌细胞有抑制作用，因而能延长人类的生命。七是蜂王浆能起营养平衡和综合作用。蜂王浆有助于维持营养平衡，延缓衰老。总之，蜂王浆抗衰老、延年益寿是其复杂的有效成分综合作用的结果。

②营养不良症：蜂王浆含有丰富的多种营养物质，对各种营养不良患者均有良好的疗效。对婴幼儿营养不良并发症患者尤为有效。

③神经系统病：服用蜂王浆对神经衰弱有显著疗效，可以迅速改善患者的食欲和睡眠，自觉症状明显减轻或全部消失。脑力劳动者服用蜂王浆，智力敏捷，精力充沛，工作能力及效率提高，且情绪饱满，入睡快，梦幻少。蜂王浆对精神分裂症有不同程度的疗效，可使精神趋向稳定，抑郁变乐观，生活欲望增强，逐渐使狂躁者变为通情达理，生活能够自理，直到安静如常，完全恢复理智。蜂王浆还可治疗肾神经官能症、子宫功能性出血、坐骨神经病、植物神经张力障碍等神经系统病症。

④肝脏病：蜂王浆对损伤后的肝组织有促进再生作用，用以治疗传染性肝炎可以收到满意的效果，而且没有任何副作用。

⑤肠胃病：服用蜂王浆可以有效预防和治疗萎缩性胃炎。同时可以缓解胃及十二指肠溃疡、慢性胃炎、无食欲、胃下垂等病症。

⑥心血管疾患：蜂王浆有调节血压的作用，同时有降低血脂和胆固醇、防治动脉粥样硬化的功能。此外，对缺铁性贫血有理想的疗效。

⑦关节炎：蜂王浆有极强的抗炎作用，用以治疗慢性关节炎、脊柱型关节炎、风湿性关节炎可显示出理想的效果。

⑧口腔病：用蜂王浆治疗复发性口疮、口腔黏膜扁平苔藓和充血糜烂可取得较好的效果。

⑨抗癌变抗辐射：蜂王浆有较强的抑制癌细胞生长、扩散的功能。给接受射线治疗的患者服用蜂王浆，既可有效地提高治疗效果，还可成功地防止射线治疗所产生的副作用。因此，临床上将蜂王浆用于肿瘤病人放射治疗和化学治疗的辅助药，效果甚佳。

⑩外科疾病：用蜂王浆或制品治疗牛皮癣、结节病、疣症、红斑狼疮等外科疾病，均可获得满意的效果。

(2) 蜂王浆在食品饮料上的应用 当前许多食品厂已经广泛地将蜂王浆添加到食品或饮料中，制成了蜂王浆巧克力、蜂乳奶粉、蜂乳晶、蜂王浆奶糖等产品，也有将蜂王浆作为食品强化剂添加在面包、饼干、口香糖中，既有利于强身健体，又有利于防治疾病。营养饮料是当今市场上的新型饮料，蜂王浆酒、蜂王浆汽水、蜂王浆可乐、蜂王浆蜜露、蜂王浆冰淇淋等堪称为营养饮料的上品。

(3) 蜂王浆在化妆品上的应用 蜂王浆添加到化妆品中，可以促进和增强表皮细胞的生命力，改善细胞的新陈代谢，减少代谢产物的堆积，防止弹力纤维变性、硬化，滋补皮肤，营养皮肤，使皮肤柔软，富有弹性，面容滋润，推迟和延缓皮肤的老化。

蜂王浆化妆品在国内外市场上，都受消费者的欢迎。主要品种有蜂王浆雪花膏、蜂王浆珍珠霜、蜂王浆柠檬蜜、蜂王浆营养霜、蜂王浆杏仁蜜、美加净蜂王露、蜂王浆檀香粉等。蜂王浆化妆品不但有保护皮肤、营养皮肤的作用，还可以预防和治疗多种皮肤病，并且不会发生过敏反应和其他副作用。

(4) 蜂王浆在农牧业上的应用 蜂王浆在植物的组织培养、畜禽饲养方面也显示出良好的作用。例如，将蜂王浆添加到香菇菌的培养基中，生长率明显加快。将蜂王浆添加到仔猪的饲料中，可以减少仔猪白痢，生长迅速，毛色红润；添加到母禽的饲料中，能提高产蛋率8.8%～13.9%；添加到肉兔、肉鸽等饲料中，可大大加快其生长发育。总之，在农牧业上使用蜂王浆有着广阔的前景，有待进一步开发利用。

（四）蜂蜡

蜂蜡是工蜂蜡腺分泌出来的脂肪性物质，蜜蜂用其修筑巢脾，封闭蜂蜜及蜂蛹房盖。纯正的蜂蜡为光滑的乳白色或黄色的固体块，用途甚为广泛。

1. 蜂蜡的成分

蜂蜡的主要成分为高级脂肪酸和高级一元醇合成的酯。含14%～16%碳氢化合物质，31%直链-羟基乙醇类，3%的二醇类，31%的羟基酸类和6%的其他物质。此外，还含有少量的色素及芳香物质。

2. 蜂蜡的性质

纯正的蜂蜡呈白色或黄色至暗棕色。这与巢脾的新旧有密切关系。因为巢脾经过贮存蜜粉和育儿，花粉中的类胡萝卜素侵染和育儿茧衣的积聚，使巢脾的颜色加深，故溶解所得蜂蜡的色泽就比较深。

蜂蜡有一种类似蜂蜜的香味，口嚼时有轻微的味道。蜂蜡能溶于苯、甲苯、松节油、氯仿等有机溶剂中，微溶于冷酒精，不溶于冷水。在加热过程中，当温度达到90～100℃时，熔化了的蜂蜡表面出现泡沫，这种泡沫会一直上涨而溢出容器，蜂蜡的沸点是300℃，在沸腾时蜂蜡变成烟，而不是蒸气。沸腾的蜂蜡随即分解成二氧化碳、乙酸以及其他简单的挥发性物质。

3. 蜂蜡的等级标准

1982 年 12 月 31 日，我国商业部颁布了蜂蜡的部颁标准。根据蜂蜡的色泽、杂质含量等特性进行分等。

一等蜂蜡：颜色乳白、鲜黄，表面无光泽，有波纹，一般中间突起。断面结构紧密，结晶粒细，上下颜色一致。苯不溶物（杂质）不超过 1%。酸值中蜂为 4～9，西蜂为 15～23。有蜂蜡气味，似蜂蜜和花粉味。碘值 6～13，皂化值 75～110，比重 0.954～0.964，折光率 1.4410～1.4430。

二等蜂蜡：颜色呈黄色，表面无光泽，有波纹，一般中间突起。断面结构紧密，结晶粒细，下部颜色稍暗。杂质不超过 2%。其他同一等。

三等蜂蜡：颜色棕褐色，表面无光泽，有波纹，一般中间突起。断面结构紧密，结晶粒细，下部颜色较暗，但不超过 1/3。杂质不超过 4%。其他同一等。

不纯的旧巢脾蜡，暂列为等外蜂蜡。

4. 蜂蜡纯度的检验

(1) 感官检验 纯蜂蜡色泽鲜艳，有韧性，无光泽，不松散，不粘牙，用牙能咬成透明的薄片，不穿孔。用手推蜡面发涩，用指掐时无白印，敲打时声音闷哑。用火烧时，蜡液滴在草纸上匀薄，不浸草纸；蜡滴在水中，成透明薄片，手捻不易碎。

(2) 熔点检验 用一小片蜡块粘在温度计的玻璃球上，浸入烧杯的温水中，慢慢加热，观察其开始熔化时的温度。如果不到 60℃就开始熔化，说明含有其他蜡。

(3) 掺肥皂检验 在试管内装入 1/2 容量的 50%酒精，再放入一小块蜂蜡，加热煮沸，冷却半小时过滤。在滤出液中加入少量水，然后放入一片蓝色试纸，不断摇动。经 15 分钟，试纸不变色为纯蜂蜡，试纸变红即掺有肥皂，因蓝色试纸在碱性溶液里会呈红色。

(4) 掺淀粉检验 将试品放入适量50%酒精，煮沸溶化后静置冷却。然后撇去表面蜡皮，于蜡皮下的溶液中注入几滴碘酊，若呈蓝色、绿色或红色，则蜂蜡掺有淀粉类。

(5) 掺食盐检验 按上法取蜡皮下的溶液于试管中，注入几滴硝酸银溶液，若有白色沉淀，说明蜂蜡中掺有食盐。因白色沉淀物是食盐中的氯离子与硝酸银溶液中的银离子生成的氯化银。

5. 蜂蜡的贮存

蜂蜡的贮存与巢脾贮存相似，即把蜡块用纸封密放在巢脾贮存室或贮存箱内，经熏蒸消毒后贮存。刚收集加工的蜡块，也可以放在双层塑料袋里密封贮存。

6. 蜂蜡的应用

早在1000年以前，我们的祖先就用蜂蜡照明。现代工业上的蜂蜡可作为金属防锈、防腐的保护剂，各种机器的润滑和电器绝缘及防水材料。飞机、电子、铸造、纺织、印刷等许多行业都需要它；蜂蜡还可以用来调制药膏，做丸药外壳，制作牙齿模型等；蜂蜡在农业上可用于果木嫁接及生产植物激素等。

(1) 蜂蜡在医药上的应用 蜂蜡在医药上可用于牙科模型、丸药包衣、培养剂、栓剂等方面。用蜂蜡15～20份、牛脂15份、橄榄油8份、樟脑3.5份、海盐2.5份的混合物，可治疗溃疡和皮肤病。用碳酸钙10份、精滤蜂蜡16份、矿物油60份、纯松脂18份混合搅拌均匀，可用于治疗慢性乳腺炎、湿疹、烧伤、创伤、癣、皮炎、精囊炎、乳头状瘤和脓肿。

(2) 蜂蜡在工业上的应用 蜂蜡具有防锈、防腐蚀的作用，应用于飞机机身表面，可增强机体的防腐功能。用蜂蜡作为辅料的润滑剂效果显著，可起到减小机器摩擦的作用。玻璃工业在原料中加入1.2%～1.5%的蜂蜡，可降低黏滞性而提高成品率。蜂蜡在铸造、印刷、化工、光学仪器、制革、纺织、造纸、油漆、化妆品等工业上的应用也十分广泛。用蜂蜡制作的化妆品有搽脸膏、油脂、口红、胭脂、发蜡等。

(3) 蜂蜡在农牧业上的应用 蜂蜡作为嫁接果树的接木蜡，可以有效地提高嫁接成活率。也可将其与棉油和松香混合制成黏着剂，涂在果树上，以防止害虫危害果树。

1975年美国密执安立大学教授里斯发现三十烷醇对农作物的增产作用，从此人们从苜蓿、向日葵、玉米等叶片上皮的蜡质中提取三十烷醇，但数量很少；而从蜂蜡中提取三十烷醇，不仅成本低、产量高，而且质量好，其纯度可达90%以上。三十烷醇是目前天然植物激素中生理活性最强的一种生长调节剂，经过试验证明，其对32种农作物均有增产作用。

养蜂业本身需利用蜂蜡制作巢础等。

（五）蜂胶

蜂胶是蜂群的副产物，是一种有着较强黏性的固体状物质。

1. 蜂胶的成分

蜂胶的主要成分有黄酮类化合物，酸、醇、酚、醛、酯、醚类以及烯、烃、萜、甾类化合物和多种氨基酸、脂肪酸、酶、维生素、微量元素等。由于蜂胶中有效成分非常复杂，使其具备了优良天然药物的特点。

2. 蜂胶的性质

蜂胶为黄褐色、棕褐色、灰褐色或青绿色的不透明的固体状，表面光滑或粗糙，折断面呈砂粒状。其味芳香，燃烧时发出树脂的特殊芳香气味，品尝味苦。有黏性，36℃时质软，黏性较强，低于15℃时变硬变碎，可以粉碎。熔点60～70℃，比重1.112～1.136，易溶于乙醚、氯仿、乙醇和氢氧化钠。

3. 蜂胶的质量标准与检测

蜂胶尚未有统一的质量标准，一般除凭感观对其物理性状进行评估外，还采用化学鉴定法、蜂蜡与杂质含量测定法来检验蜂胶的质量。

(1) 化学鉴定法 采用化学法可鉴定蜂胶的酸值、碘值、过氧化值和皂化值。

酸值：表示样品中游离酸的含量，是中和1克样品中酸性成分所用氢氧化钾的毫克数，其参考指标为40.27毫克。

碘值：指1克样品所能吸收碘的毫克数，用样品所能吸收碘的重量百分比表示。其参考指标为24.21%。

过氧化值：指1千克样品中含有过氧化物的毫克当量，用于说明样品是否已被氧化而变质，亦用质量分数表示。其参考指标为0.040%。

皂化值：指1克样品完全皂化时所需氢氧化钾的毫克数。表示样品中游离的和化合在酯内的脂肪酸的含量。其参考指标为174.80毫克。

(2) 蜂蜡与杂质含量测定法 称取蜂胶样品5克，按1∶4的比例用酒精提取，经过18～20℃温度下24小时，再置于5～7℃温度下冷却2小时，使不溶物沉淀。然后将溶液分离出来，再用酒精对不溶物洗两次，所剩沉淀物即为蜂蜡和杂质总含量。有必要时可进一步对沉淀物进行提取。即将酒精不溶物置于四氯化碳溶液中数小时，充分搅拌。因蜂蜡溶于四氯化碳，分离出的沉渣即为夹杂物。原酒精不溶物总量减去四氯化碳不溶物重量为蜂蜡含量。

由于蜂胶质量标准和检测技术还未完善，而蜂胶产品在市场上又很畅销，所以有人即用树胶来代替蜂胶作为原料，致使蜂胶产品市场受到严重影响。

4. 蜂胶的作用与应用

蜂胶的作用直到20世纪才引起科学家、医学界和养蜂界的重视，其研究、利用和生产从此得到了发展。

(1) 蜂胶的作用 经过研究证明，蜂胶具有抗病菌、抗霉菌、抗病毒、抗原虫的作用，并且可促进机体免疫功能，促进组织再生，促进动物生长发育。同时可作局部麻醉和抑制植物萌芽的作用。

(2) 蜂胶在临床上的应用 蜂胶作为一种天然药品已被广泛地应用于临床，利用蜂胶治疗多种疾病，也取得了显著的效果。在皮肤科方面，蜂胶制剂可用于治疗脚鸡眼、带状疱疹、扁平疣、寻常疣等病毒病，毛囊炎、汗腺炎、疖等球菌病，皮肤结核等杆菌病和某些真菌病，还有晒斑、皲裂、湿疹、神经性皮炎、脱屑性红皮病、斑秃等皮肤病。在耳鼻咽喉科方面，用蜂胶油膏或滴剂可治疗中耳炎或鼻炎。在口腔科方面，蜂胶广泛应用于复发性口疮、口腔糜烂、溃疡和真菌损害等口腔科疾病。在内科方面，用蜂胶治疗胃及十二指肠溃疡、肠炎、高脂血症等可收到良好效果。在外科方面，蜂胶软膏可用于烧伤、下腿慢性溃疡、肛裂等疾病。在妇科方面，蜂胶可用于治疗宫颈糜烂、糜烂性宫颈外翻、宫颈内膜炎、阴道炎、阴道滴虫等病症，以及妇科手术后阴道创面的愈合等。在肿瘤方面，用蜂胶提取液治疗恶性肿瘤有一定效果。

(3) 蜂胶在兽医上的应用 蜂胶软膏治疗牲畜口蹄疫，创处愈合速度快；治疗家兔乳腺炎有良好效果；治疗仔猪湿疹经4～5天就治愈。蜂胶酒精浸出液对鸡伤寒沙门氏菌、猪丹毒杆菌、牛败血巴氏杆菌、马腺疫链球菌、大肠杆菌、绿脓杆菌等都有抑制效果。

同时，蜂胶可治疗牲畜腹泻、肠炎病、中毒性消化不良，绵羊胃肠病和肺病，羔羊粪石症，鸭雏副伤寒病，仔猪佝偻病，家畜呼吸器官疾病等。

(4) 蜂胶在种植业上的应用 蜂胶可用作植物嫁接的接木蜡和植物种子的保鲜剂。蜂胶对植物致病细菌、真菌和病毒有较强的抑制作用，在防治农作物病虫害方面具有美好的前景。值得指出的是蜂胶无毒，对农作物无药物残留和任何副作用，是一种天然的农业病源抑制剂。

(5) 蜂胶在其他方面的应用 用蜂胶制作的化妆品，是高级的皮肤滋润剂，既有利于保护皮肤，又能防治某些皮肤病，有助于坏死表皮剥落，促进表皮更新，能使皮肤柔润。用蜂胶制作的漱口水，香味溢人，清凉适口，可除去口臭，消除牙菌，刺激唾液分泌，改善口腔卫生。蜂胶对黄曲霉菌有较强的抑制作用，以其做防腐剂，用于食品制作、保存等方面效果甚为理想。如水产品加工使用蜂胶作防腐剂，可使鱼虾储存期延长两三倍。在干燥后的新鲜花粉中加入0.2%的蜂胶酒精浸液，密封贮存一年，其新鲜度可保持良好。

（六）蜂毒

蜂毒是蜜蜂用其螫针刺向敌害时，从螫针内排出的毒汁。蜂群中的三型蜂，只有工蜂的毒汁较多可以利用。在生产中是采用各种方式激怒蜜蜂，让蜜蜂排毒，将毒汁排入特定的接受盘中收集起来，成为有很高医疗价值的蜂毒。

1. 蜂毒的性质和成分

蜂毒是一种具有芳香气味的无色透明体，比重为1.1313，pH5.0～5.5。蜂毒易溶于水和酸，不溶于乙醇。蜂毒溶液在室温下很快挥发干燥。蜂毒含水分80%～88%；干物质中，蛋白质占75%，灰分占3.67%（其中含有钙0.26%、镁0.49%、磷0.42%，还有钾、钠、氯等）。干品蜂毒成分稳定，加热至100℃长达10天之久，它所具有的生物活性仍保持不变；干蜂毒密封以后，放在干燥条件下，可保存数年。但是蜂毒容易被消化酶破坏，使其主要成分肽类物质失去活性。

多肽类物质是蜂毒中的主要成分，占干蜂毒的70%～80%，是蜂毒抗炎症、抗细菌、抗辐射和抗风湿性关节炎的有效成分。

蜂毒中含有多达55种以上的酶类物质，主要为透明质酸酶、磷脂酶A_2、酶抑制剂。

蜂毒中除了大量肽类物质外，还存在许多非肽类物质，例如氨基酸、糖类、脂类、多巴胺等。蜂毒中还含有胆碱、甘油、磷酸、蚁酸、脂肪酸等。

2. 蜂毒的作用与应用

在蜂毒不同成分中，普遍认为蜂毒肽产生的医疗效应最为广泛。如在动脉内注入中剂量的蜂毒肽，能抑制神经肌肉突触兴奋的传导，有激活血小板凝集的作用。蜂毒肽有抗心律失常、降低血压、抗炎症和抑制肿瘤细胞的作用。

蜂毒应用于临床已有几百年历史。近年来蜂毒在临床上应用十分广泛。蜂毒能治疗多种疾病，特别是对风湿性关节炎、神经炎、心血管疾病、妇女更年期综合征、老年性机能障碍和月经失调有较好的疗效。

（七）蜂王幼虫和雄蜂幼虫（蛹）

蜂王幼虫和雄蜂幼虫（蛹），是蜜蜂卵孵化后吸食了蜂王浆和蜂粮，在一定条件下育成的，是蜂群中的自然产物。

蜜蜂幼虫应用于医疗，在我国已有两三千年历史，在《神农本草经》中将蜜蜂幼虫列为上品，记载着：蜂幼虫味甘平，主风头，除蛊毒，补虚羸伤中。久服，令人光泽，好颜色，不老。梁代《名医别录》中记载：将蜂子酒渍后敷面令人悦白；蜂子轻身益气，治心腹痛，面目黄；蜂子主治丹毒，风疹，腹内留热，利大小便，去浮血，下乳汁，妇女带下病。

1. 蜂王幼虫

蜂王幼虫也叫蜂王胎，是从王台里的王浆表面取出来的幼虫，属于生产蜂王浆的副产品。蜂王幼虫以蜂王浆为食，不但幼虫本身具有极丰富的营养，而体表黏附着蜂王浆，其成分与蜂王浆相似。生产1千克蜂王浆一般可收0.3千克的蜂王幼虫。

蜂王幼虫含有丰富的蛋白质、氨基酸、维生素、脂肪、糖类、胆碱、激素和酶等活性物质。冻干的蜂王幼虫粉总含氮量8%以上，蛋白质含量占干物质的48%，脂肪含量在15%左右，蜂王幼虫含有16种氨基酸，其中赖氨酸和谷氨酸含量最高。

蜂王幼虫体内含有丰富的昆虫混合激素。其中保幼激素和脱皮激素最为丰富。这些激素对人体的新陈代谢和平衡有调节作用。能通过刺激环状-磷酸腺苷的合成，促使蛋白质螺旋体结构和氨基酸序列正常化，从而有助于受肿瘤等疾病破坏的细胞结构正常化。

蜂王幼虫是一个活的动物体，体内含有丰富的酶类，这些酶会使死去的蜂王幼虫腐败变黑，有效成分被破坏。因此，在取蜂王浆时，尽量保证蜂王幼虫完整无缺，夹取的蜂王幼虫应立即放入60%的酒精中，密封，在5℃避光的条件下保存。最好采用真空冷冻干燥的方法，除去幼虫体内大部分水分，使蜂王幼虫的成分稳定，在常温下长期保存也不失其医疗价值。

用于制作医疗保健药品的蜂王幼虫，其质量要求是：虫体为乳白色，不得呈褐色、灰黑色或黑色；具有新鲜幼虫的特有腥味，不得有其他异味；具有光泽、幼虫体完整。蜂王幼虫不得用水或乙醇冲洗，不得掺入其他幼虫。重金属含量不得超过 20 毫克/千克，砷盐不得超过 1 毫克/千克。

我国用冻干粉生产的“蜂皇胎片”，可以应用于肝炎患者，对白细胞减少症有较好的疗效，在服用蜂皇胎片的同时接受放射线治疗仍能使白细胞回升或保持稳定。

食用新鲜的蜂王幼虫，临床证明能调节中枢神经系统，改善机体机能，既能振奋精神、增加食欲、增强体力，又能益智安神、改善睡眠，是一种新型的滋补强壮品。

2. 雄蜂幼虫（蛹）

雄蜂幼虫是由未受精卵发育而成的。繁殖季节蜜粉源充足的条件下，在有分蜂热的蜂群中会大量出现雄蜂幼虫。雄蜂除极少数有幸与处女王交配外，在蜂群中别无他用，而且要消耗大量的饲料。过去养蜂生产中往往采用割蜜刀将其封盖切除，让工蜂拖弃，这样不仅消耗了蜂群大量的精力和饲料，而且增加了许多劳动强度。因此，如能将雄蜂幼虫集中采收加以利用，可为人类提供营养价值很高的医疗保健食品，同时可增加养蜂者的经济收入。一般是采收 10 日龄的幼虫和 22 日龄的雄蜂蛹来制作药品、食品和罐头。

雄蜂幼虫以蜂王浆和蜂粮为食，吸收转化为高营养成分，其营养价值高于牛奶、鸡蛋。经过分析表明：雄蜂幼虫含水分 72%～80%，干物质 28%～30%。干物质中粗蛋白质占 41%，粗脂肪占 26.05%，糖类占 14.84%，17 种氨基酸占 29.91%，还含多种矿物质和维生素。但不同发育阶段的雄蜂幼虫营养成分含量也不同。

雄蜂幼虫有奇特的滋补强壮作用，国内已经研制了多种类型的雄蜂幼虫食品和蜂蛹罐头投放市场。国外有利用雄蜂幼虫制成“蜂胎灵”“幼虫干冻粉”“蜂胎普乐灵”等，用于治疗神经官能症、儿童智力发育障碍、各种口腔疾病、气管炎和支气管炎等。

附　不同地区养蜂历

为了因地制宜、不失时机地搞好蜂群管理，现以福建、辽宁、新疆为例，介绍不同地区的养蜂历，供各地蜂场及蜂群转地饲养时参考。

（一）福建养蜂历

1月份

本月平均气温11.4℃。山区定地饲养的中蜂处于越冬阶段，蜜蜂活动少，消耗多，蜂王有一段停卵期；平原有油菜、蚕豆、十字花科蔬菜等开花。蜂群可以采集繁殖，但蜂王产卵不多。蜂群管理的要点是：

（1）蜂群要强弱搭配，进行夹箱双王饲养。

（2）紧缩蜂巢，保持蜂脾相称，以利于蜜蜂团集。

（3）加强人工保温，除了选择干燥、向阳、避风的场地外，还要做好箱内保温工作，早晚缩小巢门。

（4）没有特殊情况，不开箱检查，多做箱外观察；必要时，仅能在晴天中午做快速的局部检查。

（5）经常注意巢内的贮蜜情况，饲料不足的应及时补饲，防止蜂群饥饿。

2月份

本月平均气温10.4℃，且气候多变，时晴时雨。山区气温低，蜜蜂出勤少，蜂王恢复产卵的数量也极少，管理上仍可参照1月份的管理方法。平原地区油菜盛开，但由于气温低，粉多蜜少，蜂群繁殖缓慢，群势难以增长。蜂群管理的要点是：

（1）进行奖饲，促进蜂王产卵。

（2）调整子脾，扩大卵圈。

（3）修整巢脾，勤扫箱底。中蜂如发现有咬毁旧脾现象的，可将被咬的旧脾切去下部的2/3，让蜂群重修，供蜂王产卵。同时，要经常打扫箱底的蜡屑污物。

(4) 意蜂更应加强保温。中蜂应于晴暖天的中午，翻晒箱内保温物，以免湿度过大而降低巢温。

3月份

本月平均气温13.3℃，气温虽有提高，但不稳定，时有寒流阴雨。山区外界虽有蜜粉源植物开花，但蜜量很少，蜂群繁殖缓慢，管理上可参照2月份平原地区蜂群的管理方法。

平原地区油菜、紫云英相继开花，蜜蜂采集活跃，蜂群度过恢复阶段，群势发展迅速，有些强群会出现雄蜂，产生分蜂热。蜂群管理的要点是：

(1) 当群势发展时，应视情况及时添加产卵脾，以供蜂王产卵；强群可插础造脾。

(2) 夹箱饲养已满箱的蜂群，应拆开作单群饲养。发展已满箱的意蜂可加继箱，并视情况撤去保温物。

(3) 以强补弱，平衡发展。可将强群中的成熟蛹脾抽出与弱群的卵虫脾调换，帮助弱群迅速发展。

(4) 对贮蜜较多的蜂群，可以抽出粉蜜脾，补给饲料不足的蜂群，也可以适当取蜜。意蜂可开始生产王浆。

(5) 当强群中雄蜂即将出房或刚出房时，可着手进行人工育王。待王台成熟时，即可进行人工分群。

(6) 中蜂发现有欧洲幼虫病或囊状幼虫病的苗头时，应及早防治，并注意防止农药中毒和盗蜂。

4月份

本月平均气温18℃，气候暖和。山区粉蜜源都有，蜂群发展迅速，管理上可参照3月份平原地区蜂群的管理方法。

平原地区正当柑橘、荔枝开花流蜜，是蜂群分蜂和采蜜时期。蜂群管理的要点是：

(1) 做到人不离蜂，以便及时收捕可能发生的分蜂群。

(2) 及时组织具有新王的强群投入采蜜，以争取多收蜜，并大力生产王浆和插础造脾。

(3) 注意控制分蜂热，以防工蜂怠工。

(4) 采蜜的同时应兼顾繁殖。在组织采蜜群的同时，可利用剩余的蜂王组成小群繁殖，以便在流蜜后期补充采蜜群，为采收龙眼蜜打下基础。

(5) 本月是中蜂囊状幼虫病的高峰期，应特别注意防治。

5月份

本月平均气温 21.7℃，气候适宜。山区蜂群继续发展，并普遍产生分蜂热，应注意收捕或进行人工分群。同时，要注意防治幼虫病，并做好采收小暑蜜的准备工作。

平原地区龙眼开花流蜜，可继续采蜜。蜂群管理的要点是：

(1) 调整蜂群，补充群势，及时转到龙眼区采蜜、生产王浆和造脾。

(2) 准备进山采小暑蜜的蜂场，在采收龙眼蜜的同时应兼顾繁殖。

(3) 不准备进山采小暑蜜的蜂场，应在龙眼花期再培育一批新王，以更换剩下的老王，并在蜜源末期留足饲料。蜜源结束后，要调整群势，意蜂拆去继箱，搬到有蜜粉源的地方去繁殖。

6月份

本月平均气温 25.3℃，气温较高。平原地区有成片的窿缘桉开花流蜜的地方，仍可进蜜；同时有各种瓜类，可以培育一批越夏蜂。

山区是小暑蜜源的流蜜盛期，蜂群管理的要点是：

(1) 山乌桕流蜜期间，要做到边采蜜、边繁殖、边造脾，意蜂仍可生产王浆。

(2) 培育一批新王，以更换剩下的老王。

(3) 流蜜末期，要留足越夏饲料，并注意预防盗蜂。

(4) 蜜源结束后，意蜂应及时撤离山区，到平原瓜区或黄麻区繁殖。

7月份

本月平均气温 27.9℃，天气炎热，蜜源稀少，仅有瓜类和黄麻等开花。大暑以后，蜂王逐渐开始停卵。蜂群管理的要点是：

(1) 越夏蜂群应有新王、优脾、足蜜和一定的群势。

(2) 要集中群势，抽出余脾。

(3) 做好遮阴，要把蜂群排在阴凉通风的地方，避免阳光直照，更忌午后的西照。

(4) 注意预防胡蜂为害。意蜂要趁断子期彻底治螨。

(5) 减少开箱，保持蜂群安静。在存蜜充足的情况下，每半个月检查一次蜂群即可。

8月份

本月平均气温27.6℃，天气炎热干燥，野外蜜粉源缺乏，敌害多，是蜂群越夏最困难的时期。蜂群管理的要点是：

(1) 注意喂水，并经常在场地和蜂箱周围喷水，以增湿降温。

(2) 随着群势的退缩，应及时抽出余脾，并经常清扫箱底，以防巢虫为害。

(3) 注意观察饲料丰缺，不足时应及时饲喂。放在黄麻区或瓜类区的意蜂，要大量喂糖，限制蜂王产卵，以防束翅病。

(4) 山区的蜂群应严防胡蜂为害。

9月份

本月平均气温25.5℃，天气逐渐转凉爽，野外有盐肤木、水稻、葎草等开花，蜂王开始产卵，蜂群恢复繁殖。蜂群管理的要点是：

(1) 进行奖励饲养，促进蜂王产卵。

(2) 继续注意遮阴和喂水。

(3) 继续预防胡蜂和巢虫为害。

10月份

本月平均气温21℃，气候适宜。山区有柃木、茶花及野菊花等开花；平原地区有柠檬桉、大叶桉等开花，蜜粉源都有所好转，蜂群再度进入发展阶段。蜂群管理的要点是：

(1) 继续奖励饲养，促进蜂王产卵。

(2) 准备采冬蜜的中蜂，应把全场的蜂群划分为主群和副群，并着重把主群培育成冬蜜的采蜜群。

(3) 及时加脾，扩大蜂巢；有条件造脾的蜂群，可以插础造脾。

(4) 注意防治敌害和盗蜂。

11月份

本月平均气温17.4℃，气温逐日下降。平原地区有枇杷、野菊花开花，蜂群仍可繁殖，培育越冬蜂；山区八叶五加、柃木、茶花继续开花流蜜。蜂群管理的要点是：

(1) 采冬蜜的蜂群，应排在靠近蜜源、整天有日照的地方。

(2) 山区日夜温差大，应适当保温。

(3) 培育一批新王，以便组织冬蜜的采蜜群。

(4) 采冬蜜的中蜂群，应有4～5足框群势。

(5) 应视进蜜情况，做到早取蜜，以防蜜压脾。

(6) 本月为中蜂囊状幼虫病高峰期，应注意防治。

12月份

本月平均气温13.5℃，天气较冷，有时会刮西北风，上中旬仍为八叶五加流蜜盛期，蜂群工作兴奋。蜂群管理的要点是：

(1) 要轮脾取蜜，以防天气变化。取蜜应在中午前后进行，以免子脾受冻。

(2) 取蜜应兼顾繁殖，注意培育一批越冬蜂。

(3) 需进行箱内保温。

(4) 流蜜后期，每足框蜂应留足0.5千克的饲料，并注意预防盗蜂。

(5) 蜜源结束后，要调整蜂群，转到平原蚕豆区或油菜区繁殖。

(二) 辽宁养蜂历

1月份

本月平均气温－12.9℃，东部多雪，西部多风。蜂群处在越冬期，管理要点是：

(1) 打扫场地和巢门前的积雪，掏清箱底死蜂和蜡屑，保持群内空气新鲜。

(2) 保持蜂群安静，注意防御鼠害。

(3) 户外越冬的蜂群，要缩小巢门，并用草帘遮严。

(4) 编制养蜂计划；修理和消毒蜂箱及其蜂具；生产巢础。

2月份

本月平均气温－8℃，蜂群继续越冬，管理要点是：

(1) 注意调节蜂窖气孔，保持窖内0～2℃的恒温。

(2) 听测蜂群声响，了解越冬情况，快速处理异常蜂群。如发现缺蜜群，应用蜜脾补给。

(3) 继续清掏箱底死蜂、蜡屑，防御鼠害。

(4) 中旬以后，应抓紧晴暖无风的日子，让蜂群进行飞翔排泄。

(5) 户外越冬群要注意气温变化，随时调节巢门。

3月份

本月平均气温－5℃，外界有耗子花、冰了花开放。下旬蜂群开始繁殖，管理要点是：

(1) 蜂群经第二次飞翔排泄后，中、下旬可加入粉脾，以满足蜜蜂育子的需要，并适当提高窖温3～5℃，继续越冬。

(2) 西部和南部地区，蜂群可于下旬出窖。但需加强保温，以促其提前繁殖。

(3) 进行巢脾分类、整理和保存，做好蜂群换箱准备。

4月份

本月平均气温－3℃，气候多变，寒潮频繁，外界有榆树、柳树、杏、蒲公英等相继开花。蜂群可以出窖繁殖，管理要点是：

(1) 清明前后，蜂群出窖后应排在背风向阳的地方，户外越冬群可撤除巢门帘，上盖保温物。

(2) 合并4框以下的弱群，拉开距离，联合包装保温。

(3) 紧缩蜂巢，做到蜂多于脾，并缩小巢门，防寒防盗。待中旬后，再逐渐加脾，并撤除箱外保温物。

(4) 彻底治螨。

(6) 开始奖饲，刺激蜂王产卵；及时切开蜜盖，扩大卵圈，并培育种用雄蜂。

5月份

本月寒潮减少，气温较稳定，外界有十字花科蔬菜、松树、桃、梨、刺槐、山楂等多种蜜粉源植物陆续开花，是全年粉源最多的月份。山区会产生粉压脾的现象，平原地区可自给有余。蜂群繁殖迅速，管理要点是：

(1) 应以繁殖为主，结合适当取蜜。

(2) 保持蜂脾相称，上旬继续奖饲，充分发挥蜂王的产卵力。

(3) 中旬以后，应加脾扩巢，调整子脾，注意防止分蜂热。

(4) 刺槐花期，可育王分群、产浆、造脾，并组织部分继箱采蜜。

(5) 注意预防巢虫为害。

6 月份

本月西部地区气候干燥，缺乏粉源，但有紫穗槐、酸枣、百里香等流蜜；东南地区雨水较多，外界又有刺槐、板栗、五味子、酸枣等开花，粉源充足。蜂群管理要点是：

（1）转辽东采完刺槐的蜂群，可就地利用板栗和其他粉源植物，繁殖分群和插础造脾。

（2）留在辽西的蜂群应注意补充花粉，供给饮水。

7 月份

本月是全年气温最高的月份，平均温度 25℃。外界有草木犀、苜蓿、牡荆、椴树、向日葵、盐肤木等开花，蜜粉充足，是全年主要的采蜜期。蜂群管理的要点是：

（1）组织大批强蜂采蜜，生产王浆；并把卵虫脾调整给繁殖群，减轻采蜜群的负担。

（2）加脾扩巢，可以脾略多于蜂，并注意群内通风，防止分蜂热。

（3）注意遮阴防暑。在高温干燥天气，应在场地上和蜂箱周围洒水，巢内加水脾，以降温增湿。

（4）注意防止农药中毒。

8 月份

本月平均气温 17～18℃，昼夜温差大。外界有荆条、胡枝子、棉花、芝麻、荞麦、向日葵等植物相继开花流蜜。蜂群可继续采蜜和繁殖，管理要点是：

（1）在胡枝子、荞麦流蜜前，要狠抓治螨。

（2）下半个月除组织一部分强群继续采蜜、产浆外，应注重繁殖，把主要力量放在培养越冬蜂上面。

（3）从胡枝子、荞麦和向日葵的流蜜中期开始，应贮备越冬饲料，抽出封盖占 2/3 的整蜜脾保存。

（4）下旬要开始紧缩蜂巢，保持蜂脾相称。

（5）山区要注意防御胡蜂等敌害。

9 月份

本月平均气温 10℃，昼夜温差大。外界有荞麦、晚葵花、瓦松、野菊花等开放。蜂群仍可繁殖，管理要点是：

（1）做到蜂多于脾，并缩小巢门，注意防胡蜂和盗蜂。

（2）上中旬要进行奖饲，继续培育越冬蜂。

（3）调整群势，合并弱群，使各群群势维持在8框以上，并注意保温。

（4）喂足饲料，每足框蜂应有2千克以上的贮蜜。

（5）做好越冬前的准备工作。

10月份

本月平均气温8.5℃，常有寒潮侵袭。外界虽有野菊花等粉源，但已无利用价值。蜂群应断子休整，保持越冬实力，管理要点是：

（1）抽出群内蜜脾，紧缩蜂巢。

（2）将蜂群迁到阴处，限制蜂王产卵或强迫其停卵，使蜂群适时断子，并进行彻底治螨。

（3）封盖子出尽后，应让新蜂飞翔排泄。然后撤出保温物，让蜂群在较低温的条件下生活，减少不必要的飞翔，以保持蜜蜂的越冬实力。

（4）准备好越冬场所及保温物。

11月份

本月平均气温0℃以下，经常有寒潮。蜂群已经结团，管理要点是：

（1）调整群势，使窖内越冬群有3框以上，户外越冬群有6框以上的群势。

（2）抽出空脾，加入封盖蜜脾和半蜜脾。安置时，应把半蜜脾放在蜂巢中央，全蜜脾放在两侧，并把蜂路放宽到13～15毫米。

（3）上旬开始箱外保温，户外越冬群应于中旬进行包装，窖内越冬群于月底入窖。

（4）做好蜂箱、蜂具和巢脾的消毒或保存工作。

12月份

本月平均气温－10℃以下，东部山区降雪频繁，而西部偏少。蜂群进入越冬期，管理要点是：

（1）保持蜂群安静。

（2）调节窖温，保持在－2～2℃。

（3）注意防御鼠害。

（4）修理蜂具，总结经验，打扫场地及蜂箱积雪。

（三）新疆（北疆）养蜂历

新疆土地广阔，地形复杂，气候千差万别，各地蜜粉源植物的种类、花期、泌蜜特点以及蜂群的管理方法差异很大。现仅以北疆为例，简略介绍各时期的管理要点：天山山脉横穿新疆的中部，天山以北为北疆，包括伊犁、乌鲁木齐、阿勒泰和石河子、奎屯、王家渠、北屯等7个垦区。从伊犁河谷到天山牧场，从准噶尔盆地南缘冲积扇平原到阿尔泰山地，生长着种类繁多的蜜粉源植物。从4～9月，这里的蜜粉源植物开花不断，而主要蜜源花期集中在6～8月。由于北疆冬季长达4～6个月，无霜期仅有4～5个月，所以当地蜂群在一年中的生活，仅能分为越冬期、恢复繁殖期、分蜂采蜜期和越冬准备期4个阶段。

12月到翌年3月份越冬期

在这段时间内，北疆气温很低，除伊犁地区外，其他地区1月份气温经常下降到－30℃。由于越冬期长，蜂群耗蜜多，管理比较困难，所以越冬蜂死亡率较高。因此，许多蜂场于11月上旬就转到东疆吐鲁番越冬或去南方繁殖。就地越冬的蜂群多以室内越冬为主，管理工作是：

（1）及时入室，保持室内黑暗、安静。

（2）注意调节越冬室内的温度，保持在－2～2℃。

（3）定期听测蜂群声响，了解越冬情况。必要时，可开箱检查，及时处理饥饿和下痢群。

（4）注意防御鼠害，定期清掏箱底和巢门的死蜂和蜡屑，保持群内空气新鲜。注意从蜂尸和蜡屑等方面判断蜂群越冬状况。

（5）修理蜂具，总结经验教训，制订生产计划。

（6）3月上中旬，应选择气温8℃以上的晴暖天气，让蜜蜂飞翔排泄，并做好蜂群出室的准备工作。

（7）到3月中下旬，蜂群可以出室。

3～5月份恢复繁殖期

这段时间气温逐渐回暖上升，外界有榆树、柳树、杨树、苹果树、桃树和蒲公英等相继开花。蜂群度过恢复阶段，并迅速发展壮大，管理工作是：

（1）出室后的蜂群，应排放在背风向阳的地方。

（2）选择晴暖天全面检查蜂群，合并无王群和弱群，并紧缩蜂巢，抽出余脾，做到蜂多于脾，同时要加强人工保温。

（3）清理箱底污物、蜡屑，进行治螨。

（4）进行奖励饲养，促进蜂王产卵。

（5）蜂王产卵正常后，可采取切开蜜盖、子脾调换等方法，扩大产卵圈。

（6）当子脾上有2/3封盖，或有少数新蜂出房时，就可以开始添加巢脾，逐渐扩大蜂巢。

5～9月份分蜂采蜜期

这段时间，白天温度高、日照长，昼夜温差大。外界有沙枣、草木犀、油菜、向日葵、瓜类、香薷、棉花、荞麦、玉米、高粱等植物相继连续开花、吐粉泌蜜，是北疆养蜂的黄金季节。南下繁殖的蜂群多在沙枣开花前返疆；就地越冬的蜂群也繁殖壮大起来，进入分蜂和采蜜时期。蜂群管理工作是：

（1）沙枣于5月下旬或6月上旬始花，花期半个月左右。它是北疆一年中第一个开花的蜜源植物，粉蜜俱佳。蜂群应以繁殖为主，取蜜为辅，一般年份群产蜜可达7.5千克左右。就地越冬的蜂群，应利用沙枣初花时育王，后期分群。但在育王前15～20天，需先培育种用雄蜂。

（2）草木犀是北疆商品蜜和越冬饲料的主要来源，其蜜冬季不易结晶。草木犀于6月中下旬始花，花期一个多月，流蜜期20～30天。这时，应组织强群夺蜜，并利用处女王或新王群取蜜，以提高产蜜量，一般年份群产蜜可达30～50千克。在取蜜的同时，应抽出封盖蜜脾，留足越冬饲料。

（3）油菜与草木犀同时开花。这阶段，在取蜜的同时，应利用老王群繁殖，并抓紧插础造脾。采完草木犀以后，应调整群势，及时转到向日葵或瓜类场地进行繁殖，也可结合适当取蜜。

（4）从7月中旬起到10月上旬，有香薷、棉花、荞麦等蜜粉源植物开花。香薷主要生长在天山北坡草原上，一般从7月20日左右进入盛花期，整个花期40天左右，强群产蜜可达20千克以上。棉花花期长达两个多月，从7月到10月上旬，每群可采蜜25～30千克。但北疆棉花喷农药多，对蜂群有影响，所以，有的蜂场这时转到吐鲁番采棉花蜜。吐鲁番棉花泌蜜丰富，群产蜜可高达100千克；但盆地气温高，蜂群只有排在树阴下的水沟边，才能提高产蜜量。

（5）8月下旬以后，气温渐凉，外界还有荞麦、秋油菜等开花，粉源也很丰富。但要注意保温，防止粉压脾，让蜂王有充分产卵的巢房；要抓紧培育适龄越冬蜂，并培育一批新王。

10～12月份越冬准备期

北疆多从9月下旬开始有早霜，外界蜜源也基本结束。10月份蜂王产卵下降，并逐渐停卵，蜂群出勤逐渐减少，最后结团。蜂群管理工作是：

（1）蜜源植物开花结束后，蜂群应及时转回蜂场。

（2）准备前往南方的蜂群，可就地调整，并于10月底做好转地的一切准备工作。

（3）蜂王停卵以后,应在断子期抓紧彻底治螨,并让越冬蜂飞翔排泄。

（4）10月份要修好越冬室。

（5）10月下旬或11月初，应在晴暖天调整群势，使每个越冬群有5～6足框蜂的群势。另外，可用夹箱饲养一些3框蜂左右的小群，以贮备一些蜂王。

（6）在调整群势的同时，要加入越冬用的封盖蜜脾。北疆越冬期长，每框蜂应有2千克以上的贮蜜。

（7）越冬蜂群多在11月中下旬入室,有的年份推迟到12月初才入室。

主要参考文献

[1] 中国农业科学院蜜蜂研究所主编．养蜂手册（第二版）[M]．北京：中国农业出版社，1996.

[2] 李炳坤．中蜂饲养技术问答 [M]．福州：福建科学技术出版社，1983.

[3] 李炳坤．实用养蜂手册 [M]．福州：福建科学技术出版社，1984.

[4] 陈盛禄，江水毛，林雪珍．怎样养好蜜蜂 [M]．杭州：浙江科学技术出版社，1983.

[5] 柯贤港主编．蜜粉源植物学 [M]．北京：中国农业出版社，1993.

[6] 宋心仿，邵有全．蜜蜂产品的生产与加工利用 [M]．济南：山东科学技术出版社，1988.

后 记

养蜂是投资少、见效快、效益高的一条实现增收的门路，更是山区农民脱贫致富的一条有效途径。

随着人民群众生活水平和对健康长寿期望的提高，蜂蜜、蜂王浆、蜂胶和蜂花粉这些纯天然的保健食品越来越受到人们的青睐。蜂产品不仅在国际市场总的需求趋增，而且在国内市场也逐步升温，开始通过产业化进入市场。

养蜂业是基本不消耗资源又无公害的产业，符合可持续发展战略的要求。随着科学技术的进步和农民认识水平的提高，利用蜜蜂为农作物授粉，将会逐渐成为一项高效的生物技术措施得到普及和应用。

为使养蜂这个老产业在调整农业结构中焕发生机，从复兴养蜂业的需要出发，本人根据40多年来从事养蜂生产、科研和教学的实践体会，并广泛吸取近几年来各地养蜂生产中适用的新技术和新经验，编写这本《实用养蜂技术》。本着通俗、易懂、实用的原则，书中阐述了整个养蜂生产过程的技术要领。希望本书能成为养蜂爱好者或初学养蜂者涉及和探索“蜜蜂王国”的一把钥匙，更希望她能成为养蜂人员发展生产、实现增收的技术指南。当然，蜂产品保健兴趣者也可以从中得到启迪。

由于本人水平有限，书中不妥或错误之处，恳请读者批评指教。

李炳焜